U0258783

连 接 一 切

互联网＋

国家战略行动路线图 张晓峰 杜军 主编

马化腾 等著

中信出版集团 · CHINA**CITIC**PRESS · 北京

图书在版编目（CIP）数据

互联网＋：国家战略行动路线图 / 马化腾等著；张晓峰，杜军主编.—北京：中信出版社，2015.7
ISBN 978-7-5086-5178-1

I. ①互…　II. ①马…②张…③杜…　III. ①互联网络–战略–研究–中国　IV. ①TP393.4

中国版本图书馆CIP数据核字（2015）第089832号

互联网＋：国家战略行动路线图

著　　者：马化腾　等
主　　编：张晓峰　杜　军
策划推广：中信出版社（CITIC Press Corporation）
出版发行：中信出版集团股份有限公司
　　　　　（北京市朝阳区惠新东街甲4号富盛大厦2座　邮编　100029）
　　　　　（CITIC Publishing Group）
承 印 者：北京通州皇家印刷厂

开　　本：880mm×1230mm　1/32　　　　　印　　张：14.25　　　字　　数：329千字
版　　次：2015年7月第1版　　　　　　　　印　　次：2015年8月第7次印刷
广告经营许可证：京朝工商广字第8087号
书　　号：ISBN 978-7-5086-5178-1/F · 3379
定　　价：58.00元

目 录 CONTENTS

目 录

"互联网+"：连接普惠经济

马化腾　腾讯主要创办人，董事会主席、执行董事兼首席执行官

今天"互联网+"一下子成了社会和业界追捧的热词，这是我两年前始料未及的。腾讯当时已在这个方向上积极探索了。

2013 年，我和马云、马明哲在上海一起推出众安保险时，就谈到了"互联网+"的实践。几天后的"WE大会"上，我再次提出"互联网+"是互联网未来发展的七个路标之一。

当时频繁提及"互联网+"，主要是想改变人们的一些固有看法。因为我们跟一些政府或传统行业的朋友交流时，发现他们很难理解我们在做什么。大家觉得，互联网是新经济、虚拟经济，跟自己所在的领域或传统行业没有太大关系，或是觉得互联网和传统行业存在冲突，是颠覆、取代、捣乱甚至对立的关系。

今天"互联网+"引发前所未有的热议，表明政府部门和各行各业对互联网的看法已有很大改变，甚至在某些领域，出现了虚炒"互联网+"概念的情况。

我一直认为，互联网不是万能的，但互联网将"连接一切"；不必神化"互联网＋"，但"互联网＋"会成长为未来的新生态。

随着移动互联网的兴起，越来越多的实体、个人、设备都连接在了一起。互联网已不再仅仅是虚拟经济，而是主体经济社会不可分割的一部分。经济社会的每一个细胞都需要与互联网相连，互联网与万物共生共存，这成为大趋势。

过去两年，我在各种场合提到最多的词可能就是"连接"。腾讯要做互联网的"连接器"，希望实现"连接一切"。连接，本身是互联网的基本属性。我们的 QQ（一款即时通信软件）、微信，首先就是为了满足人与人的连接这个最基本的需求。现在，我们把人与服务、设备和内容源等连接起来，开始实现互联互动，虚拟与现实世界的边界已经模糊。

连接，是一切可能性的基础。未来，"互联网＋"生态将构建在万物互联的基础之上。

"互联网＋"生态，以互联网平台为基础，将利用信息通信技术（ICT）与各行各业的跨界融合，推动各行业优化、增长、创新、新生。在此过程中，新产品、新业务与新模式会层出不穷，彼此交融，最终呈现出一个"连接一切"（万物互联）的新生态。

"互联网＋"与各行各业的关系，不是"减去"（替代），而是"＋"（加）上。各行各业都有很深的产业基础和专业性，互联网在很多方面不能替代。

我经常用电能来打比方。现在的互联网很像带来第二次产业革命的电能。互联网不仅仅是一种工具，更是一种能力，一种新的 DNA（脱氧核糖核酸），与各行各业结合之后，能够赋予后者以新的力量和再生的能力。如果我们错失互联网的使用，就好比第二次产业革命时代拒绝使用电能。

"互联网+"就像电能一样，把一种新的能力或DNA注入各行各业，使各行各业在新的环境中实现新生。比如，在互联网平台上，文学读者、影视观众、动漫爱好者、游戏玩家之间的界限变得越来越模糊。游戏、动漫、文学、影视也不再孤立发展，而是通过聚合粉丝情感的明星IP（知识产权）互相连接，共融共生。可以说，"互联网+"给各个传统文化娱乐领域带来了一种新生。腾讯提出"泛娱乐"战略，围绕明星IP打造粉丝经济，正是行业大势所趋。

"互联网+"是一种"寓大于小"的生态战略。在万物互联的新生态中，企业不再是社会经济活动的最小单位，个人才是社会经济活动的最小细胞。这使得传统企业的形态、边界正在发生变化，开放、灵活、"寓大于小"成为商业变革的趋势。

过去，企业自上而下地进行市场推广，现在则需要基于传感、数据去感知每个用户每个瞬间的位置、需求、行为，快速理解和响应每一个细胞的需求和行为，甚至和每一个不同的人进行情感交流，产生共鸣。

未来，如果一个企业不能通过"互联网+"，实现与个体用户的"细胞级连接"，就如同一个生命体的神经末端麻木，肢体脱节，必将面临生存挑战。

借用"信息熵"的概念来说，"互联网+"生态中，实现连接的层级单位越小，熵就越低，商业活动、社会经济的耗费就越少，效率就越高，确定性就越强，有序程度就越高，生态体系也越有活力。反之亦然。

　　"互联网＋"代表着以人为本、人人受益的普惠经济。局部、碎片、个体的价值和活力，在"互联网＋"时代将得到前所未有的重视。万物互联和信息爆炸带来的不是人的淹没，其实恰恰是人的凸显，每个人的个性更加容易被识别，消费者更灵活地参与到个性化产品和服务中去，实现以人为本、连接到人、服务于人、人人受益。

　　普惠经济也是一种集约型经济、绿色经济、共享经济，它能高效对接供需资源，提升闲置资源利用率，实现节能环保。例如，"互联网＋"在拼车、房屋互换、二手交易、家政服务等领域创新迭出，以"滴滴专车"为代表的共享经济正在井喷式发展，这为优化利用社会闲置资源、实现绿色环保，解决现代城市难题带来了新的思路。

　　腾讯参与"互联网＋"生态的方式，主要是开放协作，跨界融合。张小龙说："微信是一个森林，而不是一座宫殿。"我很认同。最近两年，腾讯对自己的业务做了大量减法，聚焦在最为核心的通信社交平台、内容游戏等业务上，其他则交给合作伙伴。这是几年来我们历经痛苦得出的结论，我们会坚定地做所有创业者最好的合作伙伴。我喜欢"自留半条命"这个说法，把另外半条命交给合作伙伴，这样才会形成一种生态。

　　腾讯的开放平台上，如今已有几百万合作伙伴，数亿用户。很难讲今天的腾讯只是腾讯自己，企业正逐渐变成无边界的开放组织。

　　现在包括BAT（百度、阿里巴巴、腾讯）三家在内的生态公司都在往这方面努力，可谓英雄所见略同。腾讯早走一点，但只是早一点碰壁，早一点改而已。我相信大家都会走向开放。不管是数据开放、云平台还是提供连接，我们都想把更多的信息孤岛连接到各自的生态体系，让更多传统行业在这个体系中共生、发展，让各自生态体系里的用户获得更高的生活品质。这是良性竞争，看谁做得更好，生态体系的黏性、用户量就会更多。

经济领域之外，"互联网+"在公共服务领域的运用空间也相当广阔。例如，微信公众号平台可以聚合多项民生服务功能于一体，把政府服务大厅建在智能手机上，这将推动中国服务型政府以及"智慧城市"的建设。

2015年4月中旬，腾讯与上海市签订战略合作协议时，有位政府官员在交流时提出，"互联网+"代表着未来，是一种全新的生活方式、生产方式，甚至是社会形态变化的一种趋势。我觉得这种说法很有道理，"互联网+"确有无限想象空间。

"互联网+"会成为未来经济社会的起跑线。摩尔定律与梅特卡夫定律，这两个指数型增长的效应叠加在一起会发生什么？

"互联网+"可能带来大量"弯道超车"的机会以及被超越的风险。例如，互联网正在成为中国包容性增长的动力，对于发展相对落后的农村地区和中西部地区，"互联网+"带来了跨越式发展的可能性。

在更广阔的国际竞争中，我们看到资源禀赋不同的各个国家，正重新聚集在"互联网+"这个起跑线上较量：发达国家希望继续抢占优势生态位，而发展中国家则希望借此实现弯道超车。时下大家热议的德国工业4.0和美国先进制造，都将互联网视为一个重要的基础和创新引擎。

回头看我们国家，工信部这个机构设置里，为什么把工业和信息产业放在一起管理？战略意义其实也早已明确。

2015年全国两会上，我再次提了"互联网+"的建议。很庆幸，李克强总理在《政府工作报告》中首倡"互联网＋"概念，正式提出"制订'互联网＋'行动计划"。对于在互联网行业一线工作十几年的人来说，这无疑是一个很大的振奋。

今天，在"互联网＋"的起跑线面前，不但我们互联网行业从业者，而且各行各业乃至整个国家，都需要把握难得的机遇窗口，做出至关重要的反应。

序　章

跨界·融合·连接一切

张晓峰　价值中国会联席会长，"互联网+百人会"发起人，"价值中国智库丛书"主编

"未来已经来临，只是尚未流行。"

如果说，过去我们对科幻作家威廉·吉布森（William Gibson）这句话的理解还不那么深刻的话，我们面对互联网、"互联网+"似乎都可以变成那位先知，以我们的亲身感受，来给出未来流行度的一个预判。

未必你不会再加上另外一句话："连接已无处不在，将来终连接一切。"

麦肯锡推崇iGDP（互联网经济占国内生产总值的比重），重点考察互联网在GDP（国内生产总值）中的贡献度；华为认为"连接"是新的生产要素，并推出"全球连接指数"，据以判断一个区域、一个行业的竞争力；近期腾讯亦发布"互联网+"指数。

乔布斯视"一切都将无缝连接"为苹果的持续竞争优势；扎克伯格 2014 年确立的脸谱网（Facebook）下个 10 年三大发展方向，排在第一位的就是"我们想要连接整个世界"；而张瑞敏的海尔通过"人单合一双赢"战略（"人"是员工，"单"是用户价值），将每个"人"和他的"用户价值"连接起来，人人是创客，"企业即人，人即企业"。

在 2013 年的 WE 大会上，马化腾曾提出了"互联网的未来是连接一切"的观点；2014 年，全球移动互联网大会上，腾讯首席运营官任宇昕对"腾讯是一家连接型的公司"进行了阐释；世界互联网大会上，马化腾进一步明确腾讯要回归本质，专注做"互联网的连接器"。在腾讯集团副总裁程武看来，"作为腾讯目前重要组成之一的互动娱乐业务，它的使命也应该是连接、维系人类一切的情感、梦想和想象"。

互联网、无缝连接、连接一切、跨界融合、协同创新，这些原来看起来不搭界的字眼，现在组合起来让每个人都可以生发出联想。

互联网的实质是一种关系，"互联网+"的实质是关系及其智能连接方式。互联网去中心化，降低信息不对称，重新解构了过去的组织结构、社会结构与关系结构，关系及其连接方式相对更具有随机性，主要是连接意义上的人工智能在发挥作用；"互联网+"真正实现了分布式、零距离，关系的建构与连接融汇了人的智能，是"人工智能+人的智能+群体智能"的交汇。

互联网是通过计算机的连接，部分地实现了人的连接、人和信息的连接；"互联网+"融合云计算、大数据、物联网等，实现人与人、人与物、人与服务、人与场景、人与未来的连接。

连接未来，就要让连接随时随地随需自然发生；连接一切，没有人这个核心，没有信任这个要素，"一切"就是空谈。敬畏人性让未来临近，强化信任让未来流行。

习近平和李克强正带领新一届政府着眼于人人、大众、万众这些小颗粒度的连接"细胞"，点亮从"人人皆可成才、人人尽其才"到"人人皆可创新、创新惠及人人"之火，用"互联网＋"连接人性，用"互联网＋"培育生态，用"互联网＋"锻造竞争优势。

什么是梦想？梦想就是可以对未来进行美好想象的空间。

什么是未来？未来就是有梦想、有创意、有努力的人融合在一起可以到达的地方。

什么是中国梦？中国梦就是通过有效的连接，让更多的人可以参与到梦想的设计中，让更多的创意、创新、创造集成交融，从而共创未来、各得其所！

谈"互联网＋"，还有一个关键词不得不强调，那就是"生态"。张瑞敏希望把海尔变成一个平台、一个自然界、一个生态系统；腾讯则通过打造具有生态性的开放平台"把半条命交给了合作伙伴"，他们下一步的目标是打造最好的生态性全要素众创孵化平台。"互联网＋"对于生态的建构、完善、要素匹配有独到的作用，不但可以实现跨界融合，而且促进信任产生、累积，再生发出更多的连接。所以，生态不仅给连接提供了环境，而且让连接自动生长。

本书的内容结构与逻辑关系非常清晰严谨，第一篇解构"互联网＋"及其时代，分析"互联网＋"的未来、中国的未来与我们共同的未来；第二篇是针对互联网产业，通过透析腾讯这个"互联网＋"的样本，寻找互联网产业通过自身融合以服务"互联网＋"的路径线索；第三篇在"行动"上进行洞察前瞻与样本剖析，尝试描摹国家、行业乃至个人的"互联网+"行动路线图。

感谢腾讯集团组织部分云中智库专家，对"互联网+"、"连接器"、"连接一切"进行系统的分析和解读，并允许对腾讯进行客观中立的剖析与观察。也特别感谢所有的作者用"互联网+"的方式完成了一次有关"互联网+"的合作，这种连接的确很神奇！

我们处于从传统社会走向全面信息社会的大变革时代，用户行为、商业行为、技术变革、商业模式变革、跨行业的融合等等都在发生巨大的改变，"互联网+"、连接、生态、信任、大数据、智力资本都成为生产要素、价值创造要素的一部分；从工业文明走向信息文明，走向连接一切的智慧世界，需要重塑新思维，建构治理与管理的新框架，唯有拥抱变化，才能拥有未来。

未来已经来临，你我让它流行！

"互联网+"的密码

18 世纪蒸汽机的出现和广泛使用引发了第一次工业革命，机器代替了手工劳动。19 世纪电力的大规模应用造就了第二次工业革命。电力革命给人类社会带来了巨大的进步。从 1986 年中国发出第一封国际电子邮件开始，经过近 30 年的发展，互联网在中国有了 6.49 亿用户，渗透率达到了 47.9%，互联网逐步从城市向农村渗透。现如今，互联网已经如电力般渗透到我们日常工作生活的每一个角落。

过去的 30 年时间里，互联网已经深刻改变了中国经济的格局和产业版图。第一个 10 年里，互联网更多应用于学术科研领域。第二个 10 年，互联网行业和传统行业和平共处，互联网催生了很多新经济，比如门户网站、游戏和电商等。第三个 10 年里，互联网逐步开始改变甚至颠覆了很多传统行业。

在大量的数据、案例分析和企业咨询的基础上，易观国际于 2007 年提出了"互联网化"的理念。我们认为，互联网对传统行业的改变会经历四个阶段。一是营销的互联网化，比如广告主从在报纸上做广告到在网络上做广告。二是渠道的互联网化，其最大推手是 2008 年开始的全球金融危机。电子商务的爆发式崛起正是渠道互联网化最显著的表现。三是产品的互联网化，这个进程从 2010 年开始，其最大推手是智能手机的爆发。智能手机上的 App（应用软件）操作代替了原有的实地操作，在很多方面实现了无纸化，为环保做出了贡献。四是当下正在进行的运营互联网化，企业完全实现数字化和网络化。

　　继 2007 年提出了"互联网化"理念之后，在 2012 年 11 月易观第五届移动互联网博览会上，我首次提出了"互联网+"理念。这个理念是对互联网化的进一步提升，给了各行各业一个互联网化的具体落地思路。

"互联网+"

　　这个表述的含义是，今天这个世界上所有的传统应用和服务都应该被互联网改变。如果这个世界还没有被互联网改变，就是不对的，一定意味着这里面有商机，也意味着基于这种商机能产生新的格局。传统的广告加上互联网成就了百度，传统集市加上互联网成就了淘宝，传统百货卖场加上互联网成就了京东，传统银行加上互联网成就了支付宝，传统的安保服务加上互联网成就了 360，而传统的红娘加上互联网成就了世纪佳缘……互联网只是工具，只是如电力一般的基础设施。互联网是一个无处不在的效率提升器。各行各业运用"互联网+"的本质是用互联网去找到行业的低效点，如同潮水一般没过企业营销、渠道、产品、运营各个环节的效率洼地，帮助企业实现增效转型升级。随着与传统行业融合的不断深入，互联网将爆发出更大的正向推动能量。

"互联网＋""＋"的是传统的各行各业。在中国互联网过往近30年的发展历程中，互联网与广告、零售、银行、通信等传统行业的结合，在造就百度、阿里巴巴、京东、腾讯等互联网优秀企业的同时，也为中国的经济转型升级提供了新路径和宝贵的经验。我们看到每一个传统行业都孕育着"互联网＋"的机会。越来越多的传统企业也已经把拥抱互联网提升为企业战略。但有的传统企业却寄望于找到"互联网＋"的黄金法则或普适办法，妄想可以一蹴而就。

我们必须指出，"互联网＋"没有普适的方法和路径。每个行业每个企业在互联网化的过程中，都应该有只适用于自身的路径。企业应该基于内部数据及外部大数据资源的利用，充分了解自身所处行业及关联行业的生态。从战略到意识，从能力到技能，从数据挖掘到量化决策，企业上至高管下到基层员工都要统一思想和步调，全身心地拥抱互联网，找到适合自己的"互联网＋"路径，利用互联网去优化、改造甚至重塑自我。在互联网化的过程中，每个企业都在"去中心化"。其核心就在于找到自身行业的本质，将其与互联网结合，把老中心打掉，建立更有利于自己、更大规模、更有效率的新中心。

在未来，每个行业都将是与互联网有关的行业，每个企业也都将是与互联网有关的企业。所谓的"互联网行业"、"互联网企业"将变成现在"电力行业"、"电力公司"一样提供互联网基础服务的行业和企业。

在寻找"互联网＋"的过程中，我们首先注意到了用户所处的环境变化。我们已经生活在一个多屏的时代。而各行各业所提供的服务会以上述"互联网＋"的公式存在，从而重新改造和创造我们今天所有的产品。

而对用户而言，他们未来不会关心他们接入的方式，不会关心他们所使用的操作系统。因为他们面对的每一个面都可以是一张接入互联网的屏，通过它们能将用户和互联网、企业所提供的应用和服务随时随地联系在一起。这就足够了。

也许对创业者来说，当熟悉了这样一条路径之后，我们基于"多屏全网跨平台"的理念，与行业结合，才有机会再往前迈一步。我们的传统行业才能真正地转型，从而创造新的局面。

在"互联网+"的实践前行路上，在创新方向的选择上，形容词比名词更重要。这就好像马车公司了解用户需要更好更舒适的马车。关注"马车"这个名词的企业，成了历史的炮灰，而关注"更好更舒适"的人创造了汽车。而在创新的落地上，名词又比形容词更重要。这就好比互联网金融的实质是金融，而不是互联网。互联网本身并没有创造新的供需关系，它只是工具，帮助各行各业创造更为广阔的发展空间。只有当企业内外部都不提"互联网+"的时候，企业才算真正走完了自己的互联网化之路。

展望未来，随着互联网与各行各业的融合越来越深入，具有高度人工智能的机器人将从科幻电影走入我们的日常生活。或许到了2025年，我们每个人都将拥有自己的机器人。当生物科技与互联网结合，人类自身也会成为互联网的一部分。

蒸汽机出现后，人类的生产效率开始大幅提升。颠覆性技术让整个人类社会向前迈出了一大步。生活在"互联网+"的时代，我们应该拥抱互联网，放飞梦想。2025年的我们将完成现在很多想都想不到的事情。

第一篇

"互联网+"为什么会成为国家战略？

第一章 "互联网+"纳入国家行动计划

　　信息化和经济全球化相互促进，互联网已经融入社会生活的方方面面，深刻改变了人们的生产和生活方式。我国正处在这个大潮之中，受到的影响越来越深。我国互联网和信息化工作取得了显著发展和巨大成就，网络走入千家万户，网民数量世界第一，我国已成为网络大国。同时也要看到，我们在自主创新方面还相对落后，区域和城乡差异比较明显，特别是人均带宽与国际先进水平差距较大，国内互联网发展瓶颈仍然较为突出。

　　　　——2014 年 2 月 27 日习近平在中央网络安全
　　　　和信息化领导小组第一次会议上的讲话

　　李克强总理在 2014 年《政府工作报告》中首次提出"互联网金融"的概念；在 2015 年《政府工作报告》中又推出"互联网+"的概念，要求制订"互联网+"行动计划。李克强总理不但对互联网金融的发展大为赞赏，肯定"互联网金融异军突起"。那么，究竟什么是"互联网+"？什么是"+"？"+"什么、为什么"+"、怎么"+"？它与创新驱动发展，大众创业、万众创新，乃至"中国制造 2025 有何关联？"互联网+"行动计划应该怎样破题？会带来怎样持续的影响？

什么是"互联网+"？

2012 年 12 月 7 日，习近平在参观考察腾讯公司时指出："现在人类已经进入互联网时代这样一个历史阶段，这是一个世界潮流，而且这个互联网时代对人类的生活、生产、生产力的发展都具有很大的进步推动作用。"的确，互联网已经融入社会生活的方方面面，深刻改变了整个社会的生产方式、生活方式、消费方式以及治理方式。而"互联网+"的提出可以说正是基于对这样一个趋势的深刻洞察和智慧因应。那么，问题来了——

"互联网+"是什么？

官方版："互联网+"是把互联网的创新成果与经济社会各领域深度融合，推动技术进步、效率提升和组织变革，提升实体经济创新力和生产力，形成更广泛的以互联网为基础设施和创新要素的经济社会发展新形态。[1]

马化腾版："互联网+"是以互联网平台为基础，利用信息通信技术与各行业的跨界融合，推动产业转型升级，并不断创造出新产品、新业务与新模式，构建连接一切的新生态。[2]

阿里版：所谓"互联网+"就是指，以互联网为主的一整套信息技术（包括移动互联网、云计算、大数据技术等）在经济、社会生活

---

[1] 国务院《关于积极推进"互联网+"行动的指导意见》，国发〔2015〕40 号。

[2] 马化腾 2015 年 3 月 15 日人代会建议案，《关于以"互联网+"为驱动，推进我国经济社会创新发展的建议》。

各部门的扩散应用过程。①

李彦宏版："互联网＋"计划，我的理解是互联网和其他传统产业的一种结合的模式。这几年随着中国互联网网民人数的增加，现在渗透率已经接近 50%。尤其是移动互联网的兴起，使得互联网在其他产业当中能够产生越来越大的影响力。我们很高兴地看到，过去一两年互联网和很多产业一旦结合的话，就变成了一个化腐朽为神奇的东西。尤其是O2O（线上到线下）领域，比如线上和线下结合。②

雷军版：李克强总理在报告中提"互联网＋"，意思就是怎么用互联网的技术手段和互联网的思维与实体经济相结合，促进实体经济转型、增值、提效。③

分析不同的版本，我们可以发现其内涵有共性，也有细微的差异。比如把马化腾版和官方版做比较，可以发现，尽管两者措辞不同，但从整体上看两个版本基本是在讲同一件事：发挥互联网在经济发展和社会生活中的基础性作用。从落脚点来看，二者表述略有不同：官方表述是"经济社会发展新形态"；马化腾提到的是"连接一切的新生态"。应该说前者更宏观，强调了整体、大局；后者更基础、更科技、更人性。

而对于"互联网＋"行动计划，报告提出将重点促进以云计算、物联网、大数据为代表的新一代信息技术与现代制造业、生产性服务

① 阿里研究院，《互联网＋研究报告》。

② 《李彦宏谈互联网与传统产业结合：化腐朽为神奇》，中国新闻网，2015 年 3 月 11 日。

③ 《让雷军告诉你："互联网＋"加的是什么？》，湖北网络广播电视台，2015 年 3 月 14 日。

业等的融合创新，发展壮大新兴业态，打造新的产业增长点，为大众创业、万众创新提供环境，为产业智能化提供支撑，增强新的经济发展动力，促进国民经济提质增效升级。

理解"互联网+"的四个要点

一是要走出"互联网+"工具论的狭隘视野，不能只是从实用主义的角度、以自我为中心做取舍；一定把它当作更具生态性的要素来看待，它就是我们的生存环境、我们的生活、我们的生命不可分割的存在。

二是就像每个人都有一个哈姆雷特一样，每个人也都有一个"互联网+"，它和你的时间、你的空间、你的生活、你的事业、你的行业、你的关系、你的现实世界与虚拟世界纠缠在一起。每个人都有权对"互联网+"做出定义、进行解读。所以，本书提供了寻找答案的线索，你不需要迷信别人的定义。读这本书前后，相信你对"互联网+"的看法会截然不同。当然，我也相信，你任何时间对"互联网+"给出的界定都不会是最终答案。

三是尽管"互联网+"具有动态性，但我还是想给你一个粗略的、先入为主的线索："互联网+"的特质用最简洁的方式来表述，只有八个字——"跨界融合，连接一切"。如果说连接一切更加代表了"互联网+"和这个时代的未来，那么，跨界融合是"互联网+"现在真真切切要发生的事情。独立TMT（电信、媒体和科技）分析师付亮也赞同"互联网+"就是连接一切。正是这种跨界、融合会面临各种可能与不确定性，所以就像第二点强调的，"互联网+"是动态的。

四是切忌孤立地看待、解读"互联网+"。"互联网+"是生态要素，当然，生态要素具有很强的协同性、全局性、系统性。其实我们综合地去看待创新驱动发展、大众创业万众创新、"中国制造2025"、智慧民生，会发现它们是无法分割、片面理解的，串起这些珍珠的线就是"互联网+"。有些人可能会跳将出来，说这是误读，是歪曲。他们坚定地认为"互联网+"就是工具，就是一个选择，李克强总理没那么讲云云。好在"互联网+"允许他们试错，因为"互联网+"主导的创新生态提供了试错纠错的平台。

"互联网+"不会是停留在字面上的一个概念，未来它对于产业、经济和整个社会都会有非常长远深刻的影响；而且一定会汇成一股越来越强大的力量，推动一个新时代的来临。

怎么理解"+"？为什么"+"？

理解"互联网+"要从不同层次来区别看待、整体把握，以便于更通透地考察"互联网+"。

理解"+"的五个层次

至少应该从以下层次来把握"+"，据此来制订计划，描绘路线图。

第一个层次：互+联+网。互联网是什么？连接，形成交互，并纳入网络或虚拟网络。ICT改变了距离、时间、空间，虚拟与现实都成为一种存在，每一个个体都被自觉不自觉地划分到不同的社群、网络。从另外一层意思上讲，互联网产业的企业、从业者也有一个连接、联盟、生态圈的问题，而不要囿于自己的一亩三分地，或者店大欺客，否则你根本没有"+"别人的能力。像在通用电气（GE）的倡导下，AT&T、思科（Cisco）、通用电气、IBM、英特尔（Intel）等公司就已经在美国波士顿宣布成立工业互联网联盟（IIC），以期打破技术壁垒，促进物理世界和数字世界的融合。

第二个层次："互联网+移动互联网+云计算+大数据+安全云库+物联网+万联网+产业互联网（如工业互联网、能源互联网）"。不管什么名头，连接是目标，互联互通是根本，是一体两面而不是曲高和寡。如果单纯去讲某一方面的网络，和连接本身就是对立的，更谈不上连接一切。同时，万物互联，不论何种网络，一定不要变成孤岛。

第三个层次："互联网+人"。移动终端是人的智能化器官，让用户触觉、听觉、视觉等都持续在线、无处不达。"互联网+人"，这是"互联网+"的起点和归宿，是"互联网+"文化的决定因素，也是"互联网+"可以向更多要素、更多方向、更深层次延展的驱动力之所在。

第四个层次："互联网+其他行业"。其他行业不能简单地归类为传统行业，互联网产业也需要自我革命、持续迭代，新兴行业要拥抱互联网，而创新创业更离不开互联网。现在进展最快的有"互联网+零售"产生的电子商务，"互联网+金融"出现的互联网金融，"互联网+通信"也越来越成熟。

第五个层次："互联网+∞"：∞代表无穷大，这就是连接一切的阶段。人与人、人与物、人与服务、人与场景、物与物，这些连接随时随处发生；不同的地域、时空、行业、机构乃至意念、行为都在连接。同时，后面也可能有各种各样的排列组合，这里面蕴含了形如"互联网+X+Y"这样的基本模式，比如"互联网+汽车后市场服务"，往往会再"+保险"、"+代驾"、"+救援"、"+拼车"等服务，这才能真正体现跨界与融合，才有可能产生细分领域的创新。

其实即便对于"+"本身，也需要有更结构化的体察和更超脱的定义，在不同的场景，其内涵与方式都是不一样的。一般地，它代表了连接，至于连接的基础、协议、方式、持续等可能要视情况而有很大的差异。

独立TMT分析师付亮指出了"+"的另外两种理解思路。[1]他认为"互联网+"第一个"+"应该是加速，而不是要破坏什么。互联网整个就是一个加速工具，而且一直在加速。我们现在已经在不断加速，速度越来越快，最近几年没有哪个行业离得开互联网。第二个"+"是破坏性创新。现在已经开始出现了，像互联网金融比较明显，要打破旧格局。整体互联网的环境已经出现，对所有行业的冲击力已经出现，没有哪个行业不重视它。

为什么"+"？

为什么要"+"，通过上面的分析，可能已经不言而喻了。第三章会为我们提供更多角度的认识。钱颖一教授就有自己独到的观察：现在大家都在讲互联网、移动互联网以及"互联网+"。互联网为什么可以"+"另外一个行业？因为互联网、云计算、大数据等技术，不仅仅提供了产业方面的革命，而是关系到N个产业的变化。

王俊秀认为，数据会穿越一切，用数据的力量重新定义各个行业，重新定义信息化。马旗戟也谈到了数据驱动的原因。为什么BAT在互联网时代会这么牛，是因为信息，因为数据，因为它们能够获取人与人、全世界之间、全宇宙之间发生的一切变化，并把它呈现出来。这个生产要素的组合是"互联网+"服务传统经济形态转型很重

---

[1] 微信公众号"腾云"，《云中智库专家研讨：你眼中的互联网+》，2015年4月3日。

要的一点。

出版人卢俊则认为：互联网做的就是关系，互联网连接一切，人和人、人和物、人和信息之间的关系产生了新的价值，中国人在这里面嗅到商业机会的能力是超越全球任何一个国家的；中国可以在这上面弯道超车，在信息产业、互联网上往前更进一步；"互联网＋"提供了互联网和任何行业的可能性，这是一个非常重要的逻辑。

而科幻作家韩松则指出，2015 年两会李克强在《政府工作报告》里讲的核心，就是释放创造力。他说，人民有无穷的智慧！我觉得"互联网＋"，特别是大的互联网公司，完全能够发挥积极的社会动员力和积极的文化影响力，去实现大家的梦想。[1]

当然，"互联网＋"成为国家战略，除了国家洞察、产业推动、竞争需要之外，新兴产业应用的跃升式发展也功不可没。想必大家都不会否认，电子商务、社交网络、互联网金融是"互联网＋"的破局者。它们的先行先试，既发现了痛点、创新了模式，又积累了经验、发现了问题。可以说，没有互联网金融、社交网络和电子商务的创造性实践，就不会有"互联网＋"被提到国家议事日程的今天。国信办主任鲁炜直言互联网是国家经济增长中的最大亮点，"因为网络的共享，中国的电子商务年交易额超过 1 万亿英镑，对经济增长的贡献率超过 10%，已经成为国民经济的最大增长点。中国如此，世界亦然。互联网正深刻改变着人们的生活，推动着社会的进步，引领着国家的发展，创造着世界的未来"。[2]

---

① 微信公众号"腾云"，《云中智库专家研讨：你眼中的互联网＋》，2015 年 4 月 3 日。

② 国信办主任鲁炜，在ICANN（互联网名称与数字地址分配机构）伦敦会议开幕式上的主旨演讲，《共享的网络共治的空间》，新华网，2014年6月23日。

细数互联网金融的前世今生，可以发现，它发端于西方，成就于中国。而且互联网金融也是伴随电子商务的发展而生发、成长的，特别是网络支付开启了第三方支付的新方式。无论是电子商务之于传统零售业，还是第三方支付这个互联网金融的有生力量之于电子商务，都是利用互联网跨界融合的结果，都是协同创新活生生的案例。

1998 年 PayPal 公司在美国成立，它在传统银行金融网络系统与互联网之间为商家提供网上支付通道。加上亚马逊支付、谷歌钱包等第三方支付公司的出现，美国一度占据全球互联网支付的主要份额。直到 2013 年，这个历史被改写了，美国才被中国超越。其背景除了移动通信技术快速发展、电子商务越来越被接受之外，支付宝、易宝支付、财付通等第三方支付工具加大自身创新力度也是重要的推动因素。

互联网金融的异军突起，正是"互联网+"的特征与要求——跨界融合。"互联网+金融"就是要通过融合实现创新，通过融合发现价值，通过融合提升效能和竞争力。互联网金融是"互联网+"创新最强的领域，被李克强总理称为"异军突起"；和传统行业的冲突与合作又像一部大戏天天在上演，恩怨情仇到现在也没有释怀。而双方在许多方面化干戈为玉帛、相逢一笑泯恩仇又充满了智慧。所以，读懂了互联网金融，也就对于"互联网+其他行业"有很强的可借鉴作用。

日前，全国首款习近平重要讲话 App "学习中国"正式上线。媒体评论说这再次展露出中国领导人全面拥抱互联网的决心。中央党校中国干部学习网常务副总编陈建才表示："理论学习只有和普通大众完全对接，整个民族才能提高理论自信。"

"互联网＋"与国家影响力

"互联网＋"：新常态·新引擎

"互联网+"与"双引擎"是"克强经济学"中一个最新而且颇具分量的模块。新常态不会自动翩然而至，要经历深刻的变革，需要"过五关"，方有可能迎来理想的新常态。中国这个庞大的经济体不像一部汽车，踩一下离合就可以换挡了，给点油门就可以加速了。再说了，这个庞然大物结构上还存在不小的问题，动态平衡差、调适能力弱，加之过去的惯性，所以，其切换难度之大、过程之艰辛可以想见。大家既要保持耐心，又要汇聚智慧。

——新常态要转换新驱动、新范式。由过去的资源驱动转为创新驱动，既面临思想的转换，又有机制、体制的变革，还有对纳入新范式、新轨道的不适应与排异。这里"互联网+"会为结构的变化、融合的产生、创新的发生提供支撑。工信部部长苗圩表示："在新一轮科技革命和产业变革中，各国都在研究如何抢占新一轮发展的制高点。我们认为，互联网和传统工业行业的融合是要认真重视和抢抓的机遇，这也是所说的制高点问题。还有一个切入点的问题，或者说主攻方向。我们经过研究认为，智能制造就是主攻方向。前几年我们已经做了一些探索，比如两化融合的试点示范，在这个基础上把智能制造抓在手里，是解决我国制造业由大变强的根本路径。"

——新常态需要找到新引擎。针对 2015 年经济工作，李克强总理明确提出了"双目标"（双中高，即保持中高速增长和迈向中高端水平）、"双结合"（稳政策稳预期和促改革调结构）和"双引擎"（打造大众创业、万众创新和增加公共产品、公共服务），实现中国经济提质增效升级的总体思路和要求。双引擎的连接器正是"互联网＋"。经济学家李稻葵就此评论说：据我了解这是第一次提出的概念。第一个引擎是市场的力量，主要体现在创新上，万众创新，要让中国经济的每一个细胞都动起来。这样的话，中国经济就有希望了，中国的调整和升级就好办了。

——新常态要促进新生态发育。这是说起来容易、看起来简单、做起来相当复杂的事情。改革开放30多年，我们在技术市场、创新市场、知识产权发挥作用、智力资本显现威力方面亦步亦趋，生态系统要素不齐备、衔接不合理、开放性打折扣等问题长期存在，新的生态发育任重道远。"互联网＋"促进融合创新生态的逻辑参见图1-1。

——新常态要鼓励新业态。"互联网＋"针对问题痛点、体验空白、价值盲区所实现的跨界融合会带来很多亮点。开放平台、众创空间就是新业态的最好示范。除传统行业、各类实业以及新兴产业之外，在细分垂直领域也会有大批兼具创新性和生命力的新业态不断脱颖而出。

——状态转换要受得了阵痛。状态切换是新旧力量的角力，是心智与习惯的转换，需要时间考验，要经受质疑和唱衰的煎熬。2015年4月14日，李克强提出：现在中国经济正处在"衔接期"，一些传统的支撑力量正在消退，与此同时，一些新的力量则在成长，有的新业态新产业呈爆发式成长。但目前新旧产业与动力转换还没有衔接到位。不能忽视当前经济下行压力，必须牢固确立忧患意识。我们的调控政策既要利长远，也要稳当前，稳当前也是为了利长远。

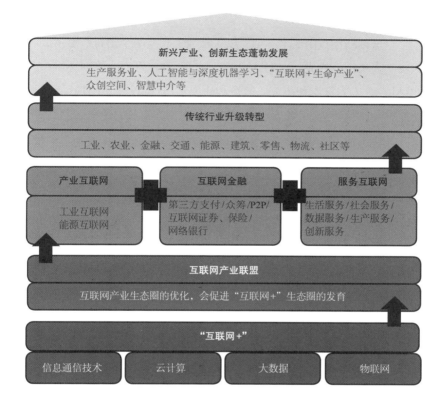

全球创新指数

根据郭莲的研究，当今在国际上认可度最高的创新指数报告是"全球创新指数报告"。该报告将创新描述为"导致产生经济和社会价值的发明和创造的融合"。2014年在全球创新指数中，中国排名第29

位，当年报告以"创新中的人才要素"为主题，旨在探讨人力资本在创新过程中的作用。

全球创新指数由5个"创新投入指数"和"两个创新产出指数"，共由7大类指标构成，它们分别是：制度（政治环境、管理环境和商业环境），人力资本和研究（教育和研发），基础设施（ICT、能源和一般性基础设备），市场成熟度（信贷、投资和贸易竞争），企业成熟度（知识工作者、创新链和知识吸收），知识和技术输出（知识创新、知识影响和知识扩散），创新输出（无形资产创造力、创新产品和服务以及在线创新）。其中包括7个一级指标、21个二级指标和84个三级指标。[①]

中国表现相对较弱的指标是："在线创新"指标（第136位），创业便利程度（第118位），教育公共开支占国民总收入的比重，环境绩效（第111名），非农产品市场准入（第128名），通信、计算机和信息服务进口（第105名）。

全球创新指数领衔者创造了密切联系的创新生态系统。在这个系统中，对人力资本的投入与强大的创新基础设施相结合，带来了高度创造力。尤其是全球创新指数位列前25的国家在多项指标一贯得分很高，并在如下领域具备优势：ICT的创新基础设施，知识工作者、创新链和知识吸收的企业成熟度，以及诸如创意产品和服务与在线创造性等创新产出。[②]

[①] 郭莲：《全球创新指数的背后》，载于《学习时报》，2014年3月17日。

[②] 世界知识产权组织（WIPO），《2014全球创新指数排行榜》，知库，2014年8月13日。

全球连接指数

为了评估和验证ICT如何提升国家和行业的竞争力，华为于2014年开发并正式发布了全球连接指数（GCI），包括国家连接指数和行业连接指数。这是业界首次对国家和行业连接水平进行全面、客观的量化评估。简言之，全球连接指数调研旨在评估全球各个国家和行业的连接水平以及由连接带来的价值。

华为报告《共建全连接世界白皮书》开宗明义，"连接成为新常态"，到2025年，全球将有1 000亿终端连接，65亿互联网用户使用80亿部智能手机，这表明世界正连接得更紧密。

国家连接指数考量了占全球78%的GDP和68%的人口的25个国家的连接程度，进而反映ICT在推动创新、提供极致用户体验和培育创业方面的作用。

行业连接指数考量了10个行业中ICT领域的投资和应用，及其对企业效率、创新和与客户互动方面的影响。通过该指数，我们可以看出哪些行业正在积极拥抱ICT，以及由此带来的好处。这个指数也反映了ICT基础设施和关键技术进步如何帮助行业进行创新及变革，以抓住全连接世界里的诸多机会。

中国排名第14，虽未跻身前10，但政府投资绝对值高居榜首，依旧是全球最具潜力的ICT市场之一。宽带中国的战略落地和4G时代的大幕拉开，将进一步助力实现"十二五"规划后三年的发展目标。

德国高居榜首，两大综合指标"连接现状"和"增长空间"分别位居全球第三和发达国家第二。基于雄厚的ICT基础优势，德国率先发起工业4.0革命，用信息物理系统连接工厂，从"制造"向"智造"升级，工业生产效率有望提高30%。

中国排名：**14**　总分：**60**

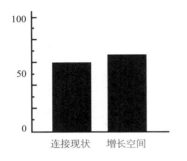

优势

智能手机用户数、固定宽度可支付性、移动应用下载量

挑战

人均国际带宽、人均IP（网络互联协议）数、移动宽带可支付性

德国排名：**1**　总分：**76**

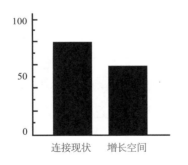

优势

人均国际带宽、固定宽带渗透率、移动宽带可支付性、平均移动下载速度

挑战

固定宽带用户增长率、人均IP数增长率

图1-2 中国、德国国家连接指数对比图

资料来源：华为网站，全球连接指数

对全球连接指数的调研发现，连接已经成为衡量国家竞争力的重要指标。华为对两个维度16个指标的研究分析得出，连接指数每提升1点，人均GDP增加1.4%~1.9%，发展中国家的提升会明显高于发达国家。

ICT是连接一切的纽带，成为撬动可持续发展的杠杆。今天的ICT系统由过去的支撑系统向驱动价值创造的生产系统转变。连接，已经成为继土地、劳动力、资本、技术之后新的生产要素。

华为预测，到2025年，全球将产生1 000亿终端的连接，其中90%以上将会来自各种智能的传感器，这意味着越来越多的企业将会加入连接。未来所有的企业都会成为互联网企业，借助连接的力量缩短业务流程、降低成本、提升效率，释放出产业创新的巨大潜能，驱动创新焦点从消费互联网向产业互联网迁移，一个规模庞大的产业互联网时代正在到来。

华为借此阐释了共建全连接世界的梦想：让宽带连接一切，无处不在，让敏捷创新打破边界，无所不及，让极致体验普济大众，无人不享；借助这些先进的信息通信技术与理念，不断推动社会进步，与业界携手构建起连接人与人、人与物、物与物的全连接世界。[①]

国家智力资本是连接世界的核心能力

智力资本是人力资本、结构资本、关系资本的总和，是兼顾软硬实力、当前与长远的体现。智力资本影响软实力、巧实力，智力资本之间差距越大，优势一方的势能则越强，竞争的格局就越难以撼动。经济实力固然重要，但是没有智力资本、文化思想的支撑，一个国家只会大而不强，而国家智力资本是连接世界的核心能力，是国家竞争力的最佳体现。

我们过去对人性和个人价值创造的重视严重不足，教育环境与策略、个人成长环境与成就机制均有很大偏差，文化发育与经济发展完

---

① 华为，《共建全连接世界白皮书》，2014年9月16日。

全不均衡。尽管改革开放以来我国国力明显增强，但是这些方面对我们产生了严重的制约，因此，整体人力资本水准和我们并不相称。

结构资本是这个国家无形资产的总和。它既包括文化、制度、流程、惯例、机制、协议、标准，包括资源组织方式、积淀的各种协作协同融合能力、信息化基础，还包括这个国家所有的知识产权。在"互联网＋"时代，跨界融合、连接一切就是放大结构资本的重要方式。生态化是当前结构资本的重要元素，如创新的生态、创业的生态，对新业态的包容性，允许试错纠错，要素的完善与协同、匹配，连接资本市场等。由于我国开放创新机制、包容的价值观和创新文化、完善的法制环境等方面均发育不健全，加之腐败寻租、利益集团等扭曲了资源配置和价值分配，我们的结构资本价值也未得到很好的积淀和释放。

从关系资本上，抛开历史因素、地缘政治因素、东西对峙因素的影响，过去我们在国家关系资本上的建树和我们的努力是不相称的。但是"一带一路"、"亚投行"、中韩和中澳自贸区等是创造性之举，在"互联网＋"的大背景下，只要形成连接，加强交互，把准脉搏，控制节奏，建立信任，国家关系资本就有跃升的可能性。

"互联网＋"是一条新的起跑线，这是一次重构新框架、重塑新文明的窗口期，这是一个要么弯道超车、要么被边缘化的非常时期，这不是危言耸听。亚投行之合作机制达成值得深入剖析、大书特书，这是一个教科书般的经典案例。其背后的核心是什么？其实是结构资本与关系资本的结合！这是一个重塑、传递东方价值观的新的窗口期，也是解除工业化思维束缚、建立治理管理新框架的窗口期，更是学习借鉴西方创新机制、生态建设经验、智力资本与知识产权运营的窗口期。所以强烈建议适当时机应确立国家智力资本计划。

"互联网＋"创新驱动发展，其核心应该将国家智力资本推动到应有的地位，并切实在结构设计、机制调适、创新融合、倾力建树上花大力气，下真功夫，真正打造软实力，让国家竞争力进入持续提升的良性通道，切实形成竞争、控制势能！

塑造全球影响力与控制力

"互联网＋"的目标是连接一切。开放是生态的基础。我们要具有影响力、控制力，就要塑造我们的连接力，在定位上洞察趋势，占领更重要的节点，体察对方的"人性"，提高伙伴的体验，强化各自的信任，增大节点流量和质量，并要牢牢掌握设计游戏规则的话语权。亚投行就是一个很好的案例。

此外，"互联网＋"的跨界、包容、融合、尊重人性、持续创新、动态调适，完全可以成为我们与世界对话的一个新的话题、新的价值、新的"连接器"、新的文化力量。

有理由期待这样一个"互联网＋"的新时代，它属于中国，属于你我！

"互联网＋"：融合共识，协同行动

国家 2014 年发布的《中国互联网状况》白皮书认为："互联网是人类智慧的结晶，20 世纪的重大科技发明，当代先进生产力的重要标志。"习近平在 2014 年 2 月 27 日中央网络安全和信息化领导小组第一次会议上，提出要把中国从互联网大国建设成为互联网强国，并让互联网的发展成果惠及全国人民，让全人类共享。"互联网＋"及行动计划提上议事日程，正是这一前瞻性架构的具体化、可操作化。

"互联网＋"融合一致行动

正是政府充分认识到互联网对于加快国民经济发展、推动科学技术进步、加速社会服务信息化进程、提高人们生活质量和国家竞争力的不可替代作用，沿袭固有的路径安排已经难以充分获得解放生产力的效能，"互联网＋"才会走上前台。因此，"互联网＋"是国家意志，更应该是全民意志，而不是单方意志；"互联网＋"行动计划是共同行动、一致行动，但不同的区域、不同的机构、不同的个体都应该根据实际做出个性化安排。

从中央到地方，从机构到个人，上下同欲才不会跑偏，也才会形成合力。要凝聚共识，有必要更全面地看待"互联网＋"和"互联网＋"行动计划。

——这是一场全覆盖的社会化创造性实验。之所以说是"实验"，是因为它基于开放、源于创新，因为它要集成智慧、协同融合，因为它会改造传统行业、影响人们生活、改进社会治理、促进生态优化。这些都没有定式，没有现成的、可遵循的路径。

——这是一场深刻的生活方式变革。"互联网时代对人类的生活、生产、生产力的发展都具有很大的进步推动作用。"（习近平）它对我们的学习、娱乐、社交、衣食住行都会带来深刻的影响。未来的时代，是智能的时代，智慧化生活是最主要的生活方式。

——这是一场关系模式的再造。互联网强调民主、开放、参与、生态、融合、连接、去中心化，这会对于多维关系的模式产生深刻持续的影响。

——这是一次新生态的全面重塑。这里的新生态指的是社会新生态、创新创业新生态。新生态是结构资本的一部分，某种程度上，新常态就是新生态。用"互联网+"去发育、优化新生态，可以促进要素的齐备与匹配，可以促进跨界融合，让创新创业生态化自由生长。

——这是一次重新发现新生产要素、释放生产力动能的集体实践。连接、信任、智力资本越来越被当作新生产要素看待；而创新创业生态的塑造和优化、O2O、跨行业的深度融合，对个人创新能动性的释放，则会有效解除对生产力的束缚。

"互联网+"保障创新驱动

党的十八大做出实施创新驱动发展战略的重大决策，把科技创新作为提高社会生产力和综合国力的战略支撑，摆在国家发展全局的核心位置。在给首届世界互联网大会的贺词中，习近平指出："互联网日益成为创新驱动发展的先导力量。""互联网+"就是要借助、弘扬这种先导力量，推进个人创新创业、学研商企结合的创新与产业化。如果把创新驱动视为新常态的话，"互联网+"就是那个秘密武器，可以推进创新，促进转型，可以推动建立创新驱动发展的新范式。

资源、客户、创新靠什么来驱动？其路径不同，结果迥异，差距殊甚。改革开放以来我们有了值得骄傲的成就，但发展质量不高、创新后劲不足、可持续性不强。驱动要素的选择不能再停留在被GDP推动、被利益集团裹挟、被失速风险制约的传统模式了，要逐步形成新范式。

要加强创新趋势、创新规律、创新教育、创新生态的研究，加强创新国家、创新竞争力的比较研究。2008 年金融风暴期间，广东省倡导"腾笼换鸟"，曾经针对十多个产业的演进路线图、技术路线图进行研究，类似这样的公共服务亟待强化。

我们倡导创新驱动发展，但旧范式积重难返，实际发展的线路不会马上转入这样一条轨道。我们是一个经济大国，但创新上还是不能匹配，创新投入低，创新效能一般，所以创新的产出并不相称。我们要保持面对创新、面对未来的谦卑，向那些创新大国学习。

新加坡 2014 年 11 月提出智能之国（SmartNation）计划，期望"人民过着幸福而有意义的生活，通过技术无缝连接"。他们把全世界年轻的创业人聚集在一起，提高整体创造力水平。而这一切都是围绕着三件事情，连接、收集和理解（数据）。

另一个在创新上值得尊敬的国家是以色列，被称为"创新的国度"。其国土面积仅相当于半个珠三角，人口不到北京的 1/3。这样一个战火纷飞、资源匮乏的国家，在纳斯达克上市的新兴企业总数超过欧洲的总和，甚至超过日本、韩国、中国、印度四国的总和！以色列创新者每年创立 500 家以上风险企业，创新密度甚至远超美国！为什么以色列创新那么牛？以色列所有创业都围绕人来做，大都以技术为驱动。其加速器、孵化器都围绕高科技形成了一整套配套产业，产业集群也带来非常有效的协同效应。

美国作为上次金融风暴的始作俑者，却先于欧洲复苏，也不是无来由的幸运。最大的原因在于血液、骨子里的创新基因和推动创新产业化的生态。举例说，美国 1980 年通过的《拜杜法案》成功地通过合理的制度安排，为政府、科研机构、产业界三方合作，共同致力于政府资助研发成果的商业运用提供了有效的制度激励，加快了技术创新成果产业化的步伐，使得美国在全球竞争中能够继续维持其技术优势，促进了经济繁荣。

"互联网＋"倒逼改革深化

伴随着互联网和信息技术的快速发展，互联网经济正成为驱动世界经济增长的新引擎，引发人类生产方式、生活方式、消费方式进行前所未有的深刻革命，这也是中国抢占未来发展制高点的战略选择。"互联网＋"会对改革形成倒逼，促进改革的进一步深化。

在简政放权上要坚定不移。如对于审批制、许可制的改革，各种各类监管的改革，产业政策与规制，打破条块分割的边界，推动国企改革，发挥市场配置资源的决定作用等等，都需要形成共识，协力推进。

在创新驱动发展上要坚定不移。这是大是大非，没有回头路。从资源驱动到创新驱动，许许多多方面会不适应新要求。如过去单纯强调发展速度、不顾及发展质量的GDP考核必须抛弃，而代之以cGDP（c是创新，考察由创新所带来的增长）考核、iGDP考核乃至竞争力考核。

iGDP考察互联网经济对经济增长的作用。麦肯锡全球研究院提出了iGDP的概念，即互联网经济占GDP的比重。其发布的《中国的数字化转型：互联网对生产力与增长的影响》报告指出，2010年，中国的互联网经济只占GDP的3.3%，落后于大多数发达国家。而到了2013年，中国的iGDP指数升至4.4%，已经达到全球领先国家的水平。在全球互联网企业十强中，来自中国的互联网企业占据了四席。麦肯锡对中国的iGDP计算做的补充说明很有意思：在大部分国家的二级市场交易中，C2C（消费者对消费者）线上零售模式主要是个人在进行，且比例可以忽略。但在中国，主要是没有注册公司的小微企业从事C2C。如果C2C被计算在内，中国的iGDP会达到7%，超过七国集团的任何一个国家。中国互联网公司的崛起及其在世界上的影响力令人震撼，其中的领先企业越来越多地拥有原创技术应用和商业模式。互联网对于全球经济的重塑，已可以和工业革命相提并论。

在破垄断、清障碍、倡公平上要坚定不移。营造激励创新的公平竞争环境，打破行业垄断和市场分割是关键。重点破体制垄断、竞争垄断、身份垄断，除事关国计民生的极特殊领域，市场面前人人平等，"互联网+"面前人人平等，国民待遇机会平等，实现公平可及、群众受益。要为社会民间组织的发育提供阳光、空气和土壤，让它们成为社会生态一体化的重要组成部分。

在深化国企改革上要坚定不移。国企不是独生子，国企改革必须打破坚冰，国企在"互联网+"和"中国制造2025"上要率先垂范，成为"互联网+"的样本。在国企改革上，不仅仅是"互联网+"，还要形成"互联网+国企+其他社会主体"，联手民企，与兄弟们一起奔跑，一起走向海外，一起互相策应上前线。国企的内部活力不强、创新动能不足是一个痼疾，要破除内部创新、协同创新的掣肘，生产关系必须重塑，尤其是要向市场购买服务，逐步发挥创新引擎作用。要发挥国有企业庞大的产业资本作用优势，盘活用好，通过"互联网+产业资本+众创空间"，促进创新创业生态优化，输出正向社会价值。

在创新社会治理、培育思想智慧上要坚定不移。培育思想市场是连接未来的最好选择，也是创新公共服务、社会治理的不二之路。习近平强调，我们进行治国理政，必须善于集中各方面智慧、凝聚最广泛力量。党的十八届三中全会通过的《中共中央关于全面深化改革若干重大问题的决定》明确提出，加强中国特色新型智库建设，建立健全决策咨询制度。这是在中共中央文件中首次提出"智库"概念。2014年10月27日，中央全面深化改革领导小组第六次会议审议了《关于加强中国特色新型智库建设的意见》，提出重点建设一批具有较大影响和国际影响力的高端智库，重视专业化智库建设。中国国际竞争力的提高，经济总量只是一个方面，文化与思想是更有穿透力、持续性的因素。所以，"互联网+"会为思想市场发育、规范带来深刻的影响，是对服务观念、治理结构的变革；而推进"互联网+"，也需要自上而下、自下而上相结合，需要共同智慧。

清华大学国情研究院院长胡鞍钢评论说："我们要加快建设中国特色新型智库，广泛参与全球智库竞争，在世界舞台上更加鲜明地展现中国思想，响亮地提出中国主张，及时地发出中国声音，在全面建成小康社会、实现中华民族伟大复兴'中国梦'的过程中，做出更具独创性和重要性的、更高质量的知识贡献和思想贡献。"

"互联网+"集成群体智慧

习近平多次强调要"开创人人皆可成才、人人尽其才的生动局面"，李克强指出"高手在民间，破茧可出蚕"。这是党和国家最高领导人表明的新共识：人力资本有力量，解放人的创造性就是解放生产力。

尊重人性，激活创造力，解放生产力

人力资本化、尊重创新劳动、重视知识产权的价值才会给创新驱动发展带来支撑，才能倒逼教育与社会治理、运营管理。尊重人性才能发挥"互联网＋"的威力。"互联网＋"就像一种新的机制、新的动态协议、新的议事规则，会激励这些智慧个体放大人力资本，并产生交互、跨界与协同，获得智慧化生存的体验。因而，权力向传统的消费者让渡，客户参与创造、产销融合、圈子社群化、分享创造价值、责任约束加大将大行其道。

"互联网＋"让人性的光辉在创新中国梦中闪光。互联网最本质的文化是尊重人性，从发现人力资本价值到塑造国家智力资本，推进智慧民生，让每个人的成长成为中国梦的最重要组成（众创空间等）。每一名个体都有自己的专长、积淀、经验、智慧、资源和关系，都有独特的思考方式和行为模式，其能动性和创造力并没有被充分激活，大量的个体创意、创新、创造的开关还处于半闭合状态。所以，如果去除羁绊，价值驱动，万众创新，则充分解放生产力的效果指日可待。全国政协委员左晔说，还处于发育期的中国创客，有望给中国创新带来三种东西：潜力无穷的产品、致力创新的精神、开放共享的态度。

美籍奥地利经济学家熊彼特最先将创新的概念引入经济学。其经典著作《经济发展理论》一书曾指出：经济增长的根本动力和原因，来自企业家从内部革新经济结构的"创新"活动。熊彼特最初对创新的定义是，创新是要素的新组合，也就是利用知识、技术、企业组织制度和商业模式等无形要素对现有的资本、劳动力、物质资源等有形要素进行重新组合，以创新的知识和技术改造物质资本，提高物质资源的生产率，从而形成对物质资源的节省和替代。当然，熊彼特更为强调拥有企业家精神的人的重要价值，如果放在"互联网+"的时代，我想他一定不会忽略大众之力、群体之能。

让个体发光，让大众、群体闪耀

"群体智能"这个概念来自对自然界中昆虫群体的观察，是指群居性生物通过协作表现出的宏观智能行为。在现实生活中，人类的某个概念，或者对世界的认知，经过一段时间的反复交互、汇聚、修正、演化，群体会形成趋于相对稳定的共识。引申开来，群体智能就是通过模拟自然界生物群体行为来实现人工智能的一种方法，是把计算机的优势和人的优势进行有机结合。开源的软件、开放平台、维基百科等都是这种过程的生动再现。须知，群体智慧不等同于群体智能，但二者都强调"大众参与者"这个因素，都强调大众智慧、大众协作的价值。

"互联网+"提供了新的人际组合、交互、融合方式，熟人分享、社群交互都成为催生群体智能的可能因素。李德毅院士曾经研究过网络互动与群体智能之间的关系，提出"以人为本的认知物联网的时代已经到来了"。他把大数据的来源归类为三个方面：地球、生命和社交。他认为用网络化的大数据挖掘方法，首先是在这个复杂的人人都联网的情况之下找到一个特定问题的社区。而要研究社区成员，就必须研究他们之间的相连关系，要研究他们的交互形态，显现的形态有评论、心情、收藏、购买、评分、顶踩、分享、转载、加为好友、邀请等等，这些统计数据都成为挖掘的基础。隐形形态有跳转、浏览、翻页、收听、观看、聊天、点击、取消、会话中断、黑名单等等。交互的特点可以从频繁性、增量性、主动性、广泛性、多样性、持久性去研究社区成员的连接强度。[①]徐志斌的《社交红利 2.0》一书中则从另外一个角度对交互的价值进行了研究，大家可以参阅第九章。

"互联网＋"催生创客经济

从"人人皆可成才、人人尽其才"到"人人皆可创新、创新惠及人人"，再到"大众创业、万众创新"，可谓一脉相承，表明国家为了实现创新驱动发展，已将着眼点放在了人人、大众、万众这些"细胞"上，是要尊重人性，拓展 WE 众经济、创客经济。

大家对众包都不陌生。互联网、生态化帮助降低创业门槛的同时，也提供了多种合作、协作的可能性，并进一步降低运行的成本。做自己最擅长、对竞争优势最有影响的事情，而把能够与伙伴合作的事情外包出去，这对于创业公司来说很有必要，也很重要。外包的思维对于政府、对于孵化器、对于众创空间等等，其实也值得借鉴。比如众创空间不可能自己拥有所有的服务资源、服务能力，完全可以与外部第三方合作。

众筹发端于美国，分股权众筹、债权众筹、产品众筹、公益众筹等。现在后几种国内已经有尝试，股权众筹有机构在悄悄试水，但尚未成气候。关于股权众筹监管的意见即将出台，创新创业即将迎来多元化融资的阶段。

而众创空间顺应网络发展，借助推动大众创业、万众创新的势能，构建面向人人的创业服务平台，对于激发亿万群众创造活力，

---

① 李德毅：《大数据挖掘》，2014 年 5 月，第六届中国云计算大会演讲。

培育包括大学生在内的各类青年创新人才和创新团队，带动扩大就业，打造经济发展新的引擎，具有重要意义。众创空间就是一个连接器，是创新创业生态中一个举足轻重的环节，是由创新价值到商业价值的转化器、放大器，它融汇了众筹、众包等思想，且更具生态性和融合性。

李德毅院士进一步提出，云计算产生的众包思想已经被大家接受，无论是电影行业，还是搜狗的输入方法，还是摄影照片共享，还是T恤衫的设计购买，都说明了众包是怎么样完成生产购买的。因此我们可以设想，在互联网环境中，可以利用人的认知和大众间的交互，融合计算机存储对大数据挖掘，形成群体智能。这样一来，我们提出一个新的概念，叫"众挖"，大家来挖，挖掘大数据的价值。

一定要通过"互联网+"的方式把每个人、每个个体连接起来，大家形成融合和创造，才能迎接我们共同期望的未来。众包、众筹、众挖、众设、众创，再加上交互、共享、分享，就有可能出现"WE众经济"——让每一个个体的创意、创新、创造的能动性与活力充分释放，WE再+、再结合、再融合起来，那就是不可阻挡的创新潮流，就是创新驱动发展的主旋律。这方面，中国独具优势，我们应该拥抱这个时代。

张晓峰

价值中国会联席会长

"互联网+百人会"发起人

"价值中国智库丛书"主编

第二章 "互联网+"时代的六大特征

> 现在人类已经进入互联网时代这样一个历史阶段。这是一个世界潮流，而且这个互联网时代对人类的生活、生产、生产力的发展都具有很大的进步推动作用。
>
> ——2012 年 12 月 7 日习近平参观考察腾讯公司时的讲话

全面透彻理解"互联网+"的精髓，除了要把握它本身是什么，还有必要站在这个时代的角度去考察、去解析，研摩"互联网+"和当今这个时代之间怎样关联、匹配和相契。为什么现在要提"互联网+"，要确立"互联网+"行动计划？因为只有如此，才有可能洞悉目前与未来，进而在学习、实践、决策时进退裕如。以下六个方面的核心特质值得关注。

跨界融合

上章讲到，如果看"互联网+"的特质，用最简洁的方式来表述的话，应该是八个字：跨界融合，连接一切。

"+"本身就是一种跨界，就是变革，就是开放，就是一种融合。

敢于跨界了，创新的基础才会更坚实；融合协同了，群体智能才会实现，从研发到产业化的路径才会更垂直。融合本身也指代身份的融合，客户消费转化为投资，伙伴参与创新等等，不一而足。融合就会提高开放度，就会增强适应性，就不会排斥、排异；互联网如果能够融合到每个行业里，无论对于传统行业还是互联网，应该都是一件好事。像易宝支付，润物细无声，B2B（企业对企业）模式可以进入企业的一些关键节点，促进整合协同、提高效能，可以交叉营销。这非常有创意，是互联网改变商业的一个方面。像腾讯做连接器，开放了平台，可以让很多的人、物、服务、机构嵌入连接器，带来连接的价值，影响了我们智慧生活的方式、与世界对话的方式。

植物嫁接往往会带来惊人的变化。据研究，影响植物嫁接成活的主要因素是接穗和砧木的亲和力，其次是嫁接的技术和嫁接后的管理。"亲和力"就是接穗和砧木在内部组织结构、生理和遗传上彼此相同或相近，能互相结合在一起的能力。亲和力高，嫁接成活率就高；反之，则成活率低。这种机理和"互联网+X"何其相似。"+"要求双方而不是单方的亲和力，我们可以看作各自的融合性、连接性、契合性、开放性、生态性。

互联网给其他产业带来冲击是必然的，而且是不可逆的。试问，互联网对于我们每一个人的影响不可谓不大吧？过去互联网相伴的20多年，我们是如何逐步接纳、拥抱、融入互联网的？一个行业、一家企业，最具能动性、创造性的是人；只要我们不把互联网当洪水猛兽，避之唯恐不及，又何惧会被颠覆？就像马化腾所譬喻的，互联网就像蒸汽和电，它服务于工业，但不会取代工业。融合是一种气度，一种力量，一种勇气，一种追求。融合让你适者生存，融合让你掌控能量。产业的冲击会很普遍，产业的颠覆会少有发生，产业的融合会成为流行。

查理·芒格一直是跨界思维的推崇者。他将跨界思维比喻为"锤子"，而将需要创新的问题看作"钉子"，"对于一个拿着锤子的人来说，所有的问题看起来都像一枚钉子"。由此可见跨界对于创新的重要性。

应该说，今天我们所处的时代和面临的环境发生了很大的变化，而这种变化背后的驱动要素与跨界相关度非常大。过去传统工业的结构化模式，在互联网、移动互联网乃至大数据技术的冲击下，正在被颠覆。但是，这种颠覆本身带来的是产业之间的融合，以及新兴产业的出现和蓬勃兴起，这些都是跨界的土壤。跨界思维是一种"普适智慧"，不是只有创新时才需要跨界，也不是需要跨界了才去做跨界的准备。跨界，首先必须跨越思维观念之"界"；跨界，应该成为一种行为方式。

不管是"互联网＋"还是异业跨界，其实考验的都是系统的重组能力，这是跨界成功的关键能力。与多元化有本质不同，跨界不是领地的跨界或者行业的延伸，而是组织系统的跨界重组。对于跨界的本质认识，不能停留在所谓的物理边界上，而更多的是企业能否整合内外部资源，同时又打破自己的组织边界和系统结构。这要求企业的系统重组和系统再生能力足够强大。如果只是为跨界而跨界，是非常危险的。因为你跨入的这片疆域，在你既不熟悉又没有关键能力的时候，未必能够玩得转。

跨界不仅是对外在商业模式的颠覆，而且也是对组织内部系统的颠覆。即使思维、战略上进行了跨界，如果组织管理各方面没有系统调整，跨界成功率也不会高。如果不是一个协同的组织、融合的组织，必然不能达到动态调适的效果，那么其创新的动力就会受到阻碍。所以，组织内部一定要动态化、柔性化、协同化，形成灵动可变的柔性组织，才能齐力推动外部的跨界。

乐视的超级电视为人称道，现在乐视还出手机、汽车。曾经批评苹果生态性差的乐视负责人贾跃亭认为，过去 10 年乐视的发展，就是基于用户不断进行跨界创新，这也是乐视生态最为核心的优势。跨界创新一直是乐视的一个重要发展策略，这其中包括硬件创新、技术创新、体验创新、营销模式创新以及赢利模式创新。当中国巨大的互联网能力和电子行业的制造能力相结合，就能创造很多像超级电视这样的成功产品，而且可以复制到很多行业，包括手机、物联网等。

创新驱动

我们所处的时代，有人称之为信息经济、数据经济，甚至有人说创客经济、连接经济来了。这一方面说明时代处于动态变化中，另一方面说明这些因素在这个特定阶段越发表现出其重要性和主导性。

2006 年，在《关键：智力资本与企业战略重构》一书中，我曾把关键驱动要素分为三大类：资源、客户、创新。改革开放的前 30 多年，资源驱动为主，客户驱动为辅，创新驱动不足。所以个人从来不担心中期中国经济的发展约束，因为生产力还未被有效解放，再结构化动能未充分释放，创新创造尚未被激活。只要找准这个牛鼻子，何忧之有？

中国粗放的资源驱动型增长方式早就难以为继，必须转变到创新驱动发展这条正确的道路上来。同时，要敢于打破垄断格局与条框自我设限，破除束缚生产力发展的因素，建立可跨界、可协作、可融合的环境与条件。这正是互联网的特质，用所谓的互联网思维来求变、自我革命，也更能发挥创新的力量。

科技创新在国家发展全局中居于什么位置？2015年3月13日国务院颁布的《关于深化体制机制改革加快实施创新驱动发展战略的若干意见》旗帜鲜明地做出了回答：把科技创新摆在国家发展全局的核心位置，统筹科技体制改革和经济社会领域改革，统筹推进科技、管理、品牌、组织、商业模式创新，统筹推进军民融合创新，统筹推进引进来与走出去合作创新，实现科技创新、制度创新、开放创新的有机统一和协同发展。

政府的一些信号、政策已经足够明确，国家现在处于向创新驱动发展转型的关键时期。中国未来是创意创新创业创造驱动型发展，发展是靠打破机制的藩篱，是靠更多的个人发挥创造精神，是靠协同创新、跨界创新、融合创新，这就是最不应被忽视的"新常态"！

央视就此发表的评论非常贴切：把增长动力真正从要素驱动转换为创新驱动，才不会在过分依赖投入、规模扩张的老路上原地踏步。充分激发各类主体参与创新活动的积极性，建立以企业为主体、产学研用协同创新机制，让科技创新在市场的沃土中不断结出累累硕果，中国这艘大船才能更有动力，行稳致远。

这种发展方式转型的风险已经部分有所释放，如出口不振、个别行业凋敝、经济增速下行等。要耐得住寂寞，容忍得了诟病，挺得过煎熬，不是一件容易的事情。会有各种力量希图拉回到过去的资源驱动型模式，会面对许许多多短期利益、政绩工程的纠结，会经受各种权贵利益集团的暗中抵制与削弱。

不仅如此,更具挑战性的在于,驱动要素本身的动能如何发现、激发、激活、放大甚至产生聚变?其能动性与创造性之间有怎样的关联?如何评估创意、创新本身的价值?怎样压缩从研发到产品化、产业化的过程,而且做出一些更生态化的安排?因此,"互联网+"被选中绝非偶然。

重塑结构

重塑结构从互联网时代就已经开始了。信息革命、全球化、互联网业已打破原有的社会结构、经济结构、关系结构、地缘结构、文化结构。结构被重塑的同时带来很多要素如权力、关系、连接、规则和对话方式的转变。下一章会全面梳理带来深刻影响的这些因素。

互联网变迁了关系结构,摧毁了固有身份,如用户、伙伴、股东、服务者等身份在一定条件下可以自由切换。互联网改写了地理边界,也摧毁了原有的游戏规则以及管控模式(信息传播规律完全被改写)。

商业模式不断被创新,管理的逻辑也发生了长足的变化。生产者和消费者的权力重心发生了重大迁移,连接、关系越来越成为企业追求的要素之一。监管与控制,流量与屏蔽,都有了新的含义与操作思路。

互联网打破了固有的边界,减弱了信息不对称性。信息的民主化、参与的民主化、创造的民主化盛行,个性化、屌丝精神、屌丝思维越来越流行。互联网让社会结构随时面对不确定性,社群、分享大行其道。接触点设计、卷进方式设计成为企业管理者的必修课,而注意力、引爆点成为商业运营和品牌传播中重点关注的要素。

互联网让组织、雇用、合作都被重新定义，互联网ID（身份标识号码）成为个体争相追逐的目标。现实世界与虚拟世界有时候变得分裂又无缝融合，自我雇用、动态自组织、自媒体大行其道，连接的协议有时候完全由个人定义。

互联网降低了整个社会的交易成本，提升了全社会的运营效率。如购票这种原来要跑到售票点才能解决的问题，现在不到一分钟就随时随地随需可以在移动端完成。移动互联网催生了持续在线，移动终端成为人的智能器官，随时被连接。用户的需求越来越多地发生在移动互联网上，如通信的需求、信息的需求、传播的需求、娱乐的需求、购物的需求等等。

黏住用户最好的方法建立在了解他们的基础上，要不断提高感知用户的能力，要用他们喜好的方式与其对话、交互。特别是80后、90后甚至00后，他们与互联网的结合度更高，有些就是数字原住民，有其独特的生活方式、交往模式、消费习惯，品牌传播的方式、渠道、场景如果与之不合拍，肯定难以让他们接受。

互联网可以把选择权交给用户。原来用户面对的是一个黑箱，信息完全不对称。现在，信息足够丰富，把主动性还给了人，让他们获得完全不一样的体验。个性化定制借助互联网大大流行，像海尔建立的互联工厂，就可以按照客户的个性化需求定制空调。

互联网还可以打通用户的关联，让分享更直接，评价更真实。这在过去几乎是不可想象的事情。过去你只能听到熟人的评价，即使想了解其他人的看法你也不知道他们在哪里，要花费很高的寻找成本。现在，你要选择一家宾馆入住，了解一家餐厅什么菜品比较受欢迎，你可以很轻易地获得这些信息。

互联网还集成了大众智慧，用户可以参与设计、参与创新、参与传播、参与内容创造，用户对于物流、菜品的评价实际上是在参与管理。互联网基于个体发端了 WE 众经济，众包、众筹、众创、众挖，既是社会的新结构、商业的新格局，又是生活的新方式、经济的新范式。WIKI（一种超文本系统）、开源，这些没有互联网是几乎不可能发生的事。众，既是大众，又是小众、个体；既是自己、伙伴，又是外部世界；既是标准，又是个性；既是集中，又是民主。

可以从另外一个角度理解大众创业。让用户、伙伴参与的深度、密度，往往与品牌、口碑直接相关。互联网让你找到了无数的股东、合伙人和你一起创业，一起打造一种品牌，联合构建一种服务。互联网让"众"成为一个很火的词，而且经久不衰。每一个个体都能参与到他们希望的环节，沉浸于他们希望的场景。腾讯就用"WE"来表达这样一种认知。未来游戏肯定会有更多的交互性，像小说、电影一样，玩家可以影响进程。

尊重人性

百度百科云，人性，即人类天然具备的基本精神属性。人类社会的一切，都是基本人性的映射。《孟子·告子上》曰："人性之无分于善不善也，犹水之无分于东西也。"简单讲，人性即人的本性，如对于胜利的渴望，对尊重的重视，对与人相处的要求，对新鲜的好奇。当然，懒、追求惬意随性也是人性的一部分。

人性的光辉是推动进步的首要力量

人性的光辉是推动科技进步、经济增长、社会进步、文化繁荣的最根本的力量。尊重人性是互联网最本质的文化。互联网除却冷冰冰的技术性，其力量之强大最根本地也来源于对人性的最大限度的尊重、对用户体验的敬畏、对人的创造性的重视。例如UGC（用户生成内容）、卷入式营销、分享经济，都是透视人性、尊重人性的产物。

人性即体验，人性即敬畏，人性即驱动，人性即方向，人性即市场，人性即需求，人性即合作。人性是连接的最小单元、最佳协议、最后逻辑；人性化是连接的归宿，是融合的起点，是存在的理由。小到一次互动，大到一个平台，都要基于人性思考、开发、设计、运营、创新和改进。

人性是检验的标尺，人性是关系的核心。重视人性、尊崇人性的机构，可以为服务增值。君不见，海底捞、外婆家为什么每天有那么多人排队，等一个小时也无悔？传统的行业、过去的服务谈转型、讲升级，最根本的出发点是不要忘记初心——基于人性！

发现人力资本的力量：高手在民间，破茧可出蚕

李克强总理在 2014 年度国家科学技术奖励大会上指出，国家繁荣发展的新动能，就蕴含于万众创新的伟力之中。当前中国现代化建设正处于关键时期，将坚定不移地走创新驱动发展之路，使人人皆可创新、创新惠及人人。他还指出"人民是创新的主体"，要把更多资源投到"人"身上而不是"物"上面，敢于让青年人挑大梁、出头彩。

在达沃斯 2015 世界经济论坛上，李克强总理在阐述"双引擎"

时强调，"万众创新，要让中国经济的每一个细胞都动起来"，以打造中国经济发展新的引擎。

2015 年两会结束回答中外记者提问时，李克强总理说："我到过许多咖啡屋、众创空间，看到那里年轻人有许多奇思妙想，他们研发的产品可以说能够带动市场的需求。真是高手在民间啊，破茧就可以出蚕。"

全国政协常委、北京大学社会科学学部主任厉以宁认为，过去我们所习惯的靠数量规模的扩大、投资的驱动不能适应新的情况了，未来要靠广大人民的创新精神、创业活动。

创新驱动，既是机制的改革，又是体制的重构，必定重塑创新生态、协作生态、创业生态、价值实现规则，是基于人性的另外一层意义上的"开放"——由过去的对外开放为主转向对内开放为主，激发内生活力和每一个个体的创造性，从而推动整体开放生态的塑造。所以，李克强总理说："大众创业、万众创新，实际上是一个改革。"

对于个人来讲也是这样。

一个人本质上隶属于什么组织，就看他在哪里自愿花费更多的时间或者是"优质时间"。"自愿"不是企业组织完全能够雇用的。"优质时间"就是要看他是否张扬个性，是否处于激活态在做事情、在创新、在持续提升。这其实就涉及人力资本的实质。这其实是今后企业管理面临的最大挑战。

开放生态

依靠创新、创意、创新驱动，同时要跨界融合、做协同，就一定要优化生态。对企业、行业应优化内部生态，并和外部生态做好对接，形成生态的融合性。更重要的是我们创新的生态，如技术和金融结合的生态，产业和研发进行连接的生态等等。

"风起于青萍之末，止于草莽之间。"好的生态激活创造性，放大创造力，孕育创意，促进转化，带来社会价值创新；坏的环境、阻碍的规制、欠缺的生态则会扼杀创新于襁褓。

"开放度"决定行业、企业命运

未来的商业是无边界的世界。在这个重要前提下，衡量企业跨界能力的一个关键因素，就是开放性、生态性够不够。假如颠覆性创新在一个自我封闭的系统里进行，那么创新则很难实现。不能以开放的心态去对自己所做的跨界战略进行深刻的洞察，自然无法思考和设计新的商业模式。

只有开放才能融合，实际上这也是跨界思维的核心之一。因为在一个开放的生态系统里，跨界才能找到一些和外界其他要素之间的共通点。当然在这个基础上，还可以去寻找跨界合作的规则。未来的跨界，一定要把企业的内部生态圈延伸出去，和外部的生态系统进行协同、交互、融合，跨界的力量才能有效地推动创新。

创意、创新、创业，生态为上

当创意、创新被条件所困、被环境制约，创新的努力只会变成一个个悲伤的故事。创意、创新是生态的一个要素，生态既要有种子，还需要土壤、空气、水分。国家积极鼓励大众创业、万众创新的目的就是孵化培育一大批创新型小微企业，并从中成长出能够引领未来经济发展的骨干企业，形成新的产业业态和经济增长点。而达到目的的最重要条件就是创意、创新、创业的生态。构建生态既需要精心设计，又需要发挥要素的连接性和能动性；生态内外必须形成有机信息交换，而不是自我封闭的构筑；要素间交互、分享、融合、协作随时自由发生，同时还要保持独立、个性与尊重。

深圳曾经被称为"山寨之都"，现在却在打造"创客之城"，他们更大的野心是希望成为全球"创客梦工厂"。《福布斯》中文网援引美国硬件创业团队SPARK创始人扎卡利·克洛基博士的话，"如果你是一个工程师，想在5天或两周的时间内实现一个创作理念，在哪儿可以实现？在深圳！你能在不超过1公里的范围内找到实现这个想法所需的任何原材料，只需要不到一周的时间，你就能完成'产品原型—产品—小批量生产'的整个过程。"

当前创新、创业特征发生了根本性变化，呈现出从政府主导向市场发力，从小众主体到大众群体，从创新能力内部组织到开放协同创新，从供给导向到需求导向转变等许多新特点。一大批以创新工场、创业咖啡、创客空间为代表的新型孵化器如雨后春笋般产生。这些创新型孵化器充分发挥政策集成和协同效应相结合、实现创新和创业相结合、线上与线下相结合、孵化与投资相结合等优势，为广大创新创业者提供良好的工作空间、网络空间、社交空间和资源共享空间，构成了低成本、便利化、开放式、全要素的众创空间初步形态。

《关于深化体制机制改革加快实施创新驱动发展战略的若干意见》对清除障碍、营造激励创新的公平竞争环境给予充分关注，将打破行业垄断和市场分割确定为关键，要破除限制新技术、新产品、新商业模式发展的不合理准入障碍。科技部火炬中心副主任杨跃承强调，当前中国发展已进入以互联网为特征的新经济时代和以大众化为特征的创业黄金时代，党中央、国务院就大国创新的路径选择和经济发展新常态的特征变化做出了明确指示。

关于"互联网＋"，生态是非常重要的特征，而生态本身就是开放的。我们推进"互联网＋"，其中一个重要的方向就是要把过去制约创新的环节化解掉，把孤岛式创新连接起来，让研发由人性决定的市场来驱动，让创业并努力者有机会实现价值。

清除阻碍创新的因素是一个方面，另一个重要的方面就是以人为本、以市场为基础，让创新与产业化、技术与资本化、知识产权与价值化等方面符合创新中国的要求，符合发展的要求，符合社会价值创新的要求。要实现创新与创业、线上与线下、孵化与投资相结合。科技部还将出台推动众创空间的指导性文件，制定"创业中国行动纲要"，启动创业创新示范工程等。

创新文化是创新、创意、创业生态的最重要组成部分。李克强总理在 2014 年度国家科学技术奖励大会上发言时强调："要营造鼓励探索、宽容失败和尊重个性、尊重创造的环境，使创新成为一种价值导向、一种生活方式、一种时代气息，形成浓郁的创新文化氛围。"

其实，"双引擎"在这里可以形成神奇的交汇。北京市科委主任闫傲霜表示，建设众创空间，根本目的是服务于大众创新创业，这就需要调动各方面力量，充分发挥市场配置资源的决定性作用，政府着重提供公共产品和公共服务，营造适宜众创空间发展的政策环境，形成发展合力。

"互联网＋"行动计划的核心是生态计划，要重塑教育生态、创新生态、协作生态、创业生态、虚拟空间生态、资源配置和价值实现机制、价值分配规则。最亟待关注的生态包括但不限于：内在创造性激发导向的教育生态，专业教育与职业教育并重，消弭高中前与大学教育、大学教育与应用教育的鸿沟；社会价值创新导向的创意创新生态，搭建创意创新与价值创造之间的桥梁；协同创新、融合创新、价值网络再造的生态，让知识产权、人力资本和努力与可预期结果匹配。这的确将引发一场越来越深入的改革。

连接一切

马化腾在"互联网＋"建议上最终落脚于建设一个连接一切的生态，这个定义非常人性化，当然也更体现了互联网未来将如何对这个社会、世界施加影响。理解"互联网＋"，一定要把握它和"连接"之间的关系。跨界需要连接，融合需要连接，创新需要连接。连接是一种对话方式、一种存在形态，没有连接就没有"互联网＋"；连接的方式、效果、质量、机制决定了连接的广度、深度与持续性。

连接及其要素、层次

连接是有层次的，可连接性是有差异的，连接的价值是相差很大的，但是连接一切是"互联网＋"的目标。从连接的层次看，可以概括为三个"tion"：connection（连接），interaction（交互），relationship（关系）。三层次的连接方式、连接内容与连接质量都不相同。第一层"连接"很多机构和服务都可以做到，比如App超市、某一个游戏、某一档节目等，短时期可以聚来很大的流量。第二层"交互"很关键，它承上启下，没有交互，就很难分流、导流，建立信任和依赖。

研究者汪小帆认为，如果用一个词来概括社会物理学，那就是"交互"。最后一层是"关系"，是连接的目的、创新的驱动、商业的核心，沉淀下信任性关系是连接的归宿，是商业的阶段性目标，是社会价值创新的基础。

连接一切有一些基本要素，包括技术（如互联网技术，云计算、物联网、大数据技术等等）、场景、参与者（人、物、机构、平台、行业、系统）、协议与交互、信任等。这里，信任作为一个要素很多人未必理解或认同，但它的确是最重要的因素之一。因为互联网让信息不对称降低，连接节点的可替代性提高，只有信任是选择节点或连接器的最好判别因素，信任让"＋"成立，让连接的其他要素与信息不会阻塞、迟滞，让某些节点不会被屏蔽。

欲在"互联网＋"中如鱼得水，积淀信任性关系变得非常重要。那些忘记责任、生态、开放和分享的人、机构、平台，必然难塑信任。有信任，别人才愿意通过你来进行连接，或者愿意连接你，所以，失去信任几乎就相当于"失连"，未来企业的生死、成长快与慢、发展是否持续，很大程度上取决于"信任"的含金量。人也是情同此理。因此，"互联网＋"会形成一种倒逼，让诚信、信任重建，这是人性推动社会进步的最好证据。

在"互联网＋"背景下，过去谈的入口、门户就是指的节点，所谓船票就是指的连接器！单一的入口即便流量惊人，如果不能变成存量，不能进行导流、分流、个性化匹配，其本身价值也有限并难以持久。腾讯提出微信要做互联网的连接器，其真正的野心其实是——微信是人、物、机构在"互联网＋"社会中的唯一ID！而他们野心最大的支撑就来自经年积淀的信任性关系。

华为每年发布"全球连接指数",把"连接"作为一个最核心的要素去评估、分析、判断企业和一个区域未来的价值和发展的可能性。不仅如此,华为还把"连接"和土地、资本、劳动力等量齐观,作为一种生产的要素来看待。

一些企业已经做过很好的"互联网+"的实践。比如微信本身就是一个很好的连接器,而且马化腾把整个腾讯定位成互联网的一个连接器。这不光是说说而已,仅2015年两会期间,腾讯开放的力度就非常大,无论是微信硬件开发板开放申请,还是商户平台微信支付开放,以及微信连Wi-Fi自助申请发布,微信作为连接器的功能都越来越强大,开放越来越到位。而对于朋友圈的规范则强化了用户体验和对知识产权的尊重与保护等等。

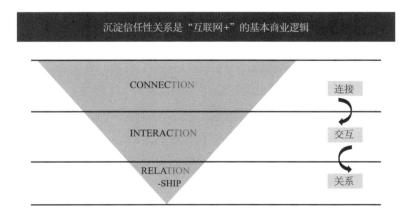

图2-1 连接的三个层次

北京互联网金融中心由过去的酒店转型而来,现在入驻率已经超过90%,蚂蚁金服等多家互联网金融机构入驻,海淀区政府为入驻企业提供房租补贴（第一到第三年分别减免 50%、50%、30%）及其他支持。中心和政府一起设立了 5 亿元的基金，并和四大投资机构一道为入驻企业提供综合性服务。因为都是和互联网金融有关，跨机构的交流、协作随时在发生。

张晓峰

价值中国会联席会长

"互联网＋百人会"发起人

"价值中国智库丛书"主编

第三章　顺势而为，势是什么？

……我想起最近互联网上流行的一个词叫"风口"，我想，站在"互联网＋"的风口上顺势而为，会使中国经济飞起来。

——李克强

顺势而为，可以通俗地理解为做事要顺应潮流，懂得不要逆势而行。"世界潮流浩浩荡荡，顺之则昌，逆之则亡。"孙中山先生的这句名言恰如其分地描述了顺势而为的含义。此处，"势"是大势，是趋势，是潮流，是势能，是可以借助的力量、能量，是要把握的趋势、方向。

那么，当今"互联网＋"的时代，要洞察、顺应、借助的"势"都有哪些，都在哪里？怎么识别"势"呢，它与我的行业、我的优势怎样结合？我们且不论台风风口上的猪能不能飞、能飞多久、飞得累不累、会不会被摔死、死得会多难看，至少，我要有办法知道台风可能在哪里，台风要往哪里去，台风有多强，台风会刮多久。本章也许会给你一点有助于你自己去寻找答案的线索。

信息与网络技术之势

信息通信技术

21 世纪初，八国集团在冲绳发表的《全球信息社会冲绳宪章》中认为："信息通信技术是 21 世纪社会发展的最强有力动力之一，并将迅速成为世界经济增长的重要动力。"

国际社会都制定了面向信息通信技术的国家战略和技术进步的策略，包括美国、欧盟、日本、韩国、印度，都有明确的时间表，而且渗透到整个社会的每一个细枝末节当中。他们把信息通信技术作为走出危机、开发新增长点的依托。2012 年，美国科学技术顾问委员会给奥巴马提交了关于下一个 15 年技术创新的动向和重点领域的报告，其中所提 8 个领域有 5 个领域全部是信息通信技术。

智能终端的普及以及移动业务应用的蓬勃发展，促使移动互联网呈现出爆炸式发展趋势。统计表明，无线业务流量以每年接近 100% 的幅度增长，这意味着未来 10 年，无线数据流量将增长 1 000 倍。未来的 5G 将服务于人类社会生活和工作的方方面面，如无线支付、移动办公、智能家居、位置服务、远程医疗等等，同时也将与电网、交通、医疗、家居等传统行业深度融合。

云计算

云计算的好处在于，你可以像购买水电服务一样购买互联网资源，"用多少买多少"，而不需要自己去铺设各种管道，也不需要自己去生产或拥有这些资源。

这是继 20 世纪 80 年代大型计算机到客户端—服务器的大转变之后的又一巨变。用户不再需要了解"云"中基础设施的细节，不必具有相应的专业知识，也无须直接进行控制。云计算服务的提供方式不同，包括 SaaS（软件即服务）、PaaS（平台即服务）和 IaaS（基础架构即服务）等形式。

这些服务能力不再是简单的技术服务更新，而更强调基于互联网的服务能力输出。例如腾讯云的云技术并非信息技术的简单迭代，而是基于腾讯大生态，基于游戏、社交等海量互联网服务的经验，通过互联网的方式提供服务，最初从 IaaS 出发为全球客户提供基础云服务，接着快速将云服务能力拓展到更强调开放的 PaaS 和 SaaS 层面，引入各行各业的服务商，为开发者和企业提供更完整的云服务。这也是云服务商与传统信息技术服务商的本质区别，前者更具互联网基因，步伐更轻盈更快速，可以在全球范围提供服务，客户接入成本也更低。这种环境中长出来的云服务商，比以往的 IT 服务商更具成长的张力和想象力，它们完全颠覆了传统的 IT 资源供给模式，同时制造出了一个全新的商业科技时代。

对于用户而言，云计算颠覆了他们使用 IT 资源的传统模式，同时还颠覆了内部业务的运作模式，给 IT 决策者带来了巨大冲击。比如酒店集团如果对整体 IT 资源进行云化，可以快速推动每家门店的开店进程，同时降低门店的人员配比等管理成本。比如钢铁公司的整体数据放在云端，可以加强各业务链条的协同，将每份订单的进展全程开放给终端用户。

大数据

大数据分析常与云计算联系在一起。大数据技术的战略意义不在于掌握庞大的数据信息，而在于对这些含有意义的数据进行专业化处理，即在于提高对数据的加工能力，通过加工实现数据的增值。

从技术看，大数据与云计算就像硬币的正反面。大数据必然无法用单台计算机进行处理，必须采用分布式云架构。特色在于对海量数据进行分布式数据挖掘，但必须依托云计算的分布式处理、分布式数据库和云存储、虚拟化技术、数据挖掘电网、可扩展存储系统等。

大数据的特征经常被称为4个"V"——volume，数据体量大；variety，数据类型繁多，包括提到的网络日志、视频、图片、地理位置信息等等；velocity，处理速度快，可从各种类型的数据中快速获得高价值的信息；value，价值密度高，只要合理利用数据并对其进行正确、准确的分析，将会带来很高的价值回报。

物联网、云计算、移动互联网、车联网、手机、平板电脑、个人电脑以及遍布地球各个角落的种种传感器，都是数据来源或者承载的方式，包括网络日志、无线射频识别（RFID）、传感器网络、社会网络、社会数据、互联网文本和文件、互联网搜索索引、呼叫详细记录、天文学、大气科学、基因组学、生物地球化学、生物学、其他复杂或跨学科的科研、军事侦察、医疗记录、摄影档案馆视频档案、大规模电子商务等。

小数据

小数据是什么？简单来说，大数据和别人的生意有关，但小数据却仅与你自己有关。小数据是通过各种方式，比如智能家电、计算机、手机、平板电脑、穿戴式产品等，收集你的一举一动；通过数据整合，以可视化的方式让你能够更了解你自己。小数据迄今为止的应用虽然还十分幼稚，较成熟的如运动手环、智慧手表等，可以收集身体信息，告诉你每天的运动量如何。但小数据若通过自动化，能提供的信息不止于此。例如饮食健康、阅读习惯及推荐、消费分析及个人财务等等，是数据智慧化的重要方向。

小数据又被称为"量化的自我"，目的与大数据相同，提供个人决策的依据。数据本身只能让你认识自己，但要怎么改变，还要看自己的决心与毅力。小数据需要想到人的惰性，提供自动化信息输入，不能要求使用者自己来；小数据需要保障隐私，数据仅供个人了解自己；小数据更需要共通标准，让数据能够整合。①

大数据将改变包括当代医学在内的诸多领域，譬如基因组学、蛋白质组学、代谢组学等等。不过由个人数字跟踪驱动的小数据，也将有可能为个人医疗带来变革，特别是当可穿戴设备更成熟后，移动技术将可以连续、安全、私人地收集并分析你的数据。这可能包括你的工作、购物、睡觉、吃饭、锻炼和通信，追踪这些数据将得到一幅只属于你的健康自画像。

移动互联网

移动互联网，是一个移动通信概念，更是一个实时在线、在网的社会网络概念。移动互联网呈现井喷式发展，中国移动互联网发展

---

① 　《小数据已到来，大数据闪开》，载于台湾《联合报》，2015 年 1 月 21 日。

更是进入全民时代。据预测，2015 年移动购物的比例将继续增加至 68.3%，流量费占比则持续走低，移动互联网市场总体规模将突破 23 000 亿元，用户将继续增长至 7.9 亿人。

物联网

物联网的物物相连有两层意思：其一，物联网的核心和基础仍然是互联网，是在互联网基础上的延伸和扩展的网络；其二，用户端延伸和扩展到了任何物品与物品之间，进行信息交换和通信。[①]

物联网是互联网的延伸，实现信息化、远程管理控制和智能化的网络。它包括互联网及互联网上所有的资源，兼容互联网所有的应用，但物联网中所有的元素（设备、资源及通信等）都是个性化的和私有化的。物联网是互联网的应用拓展，与其说物联网是网络实体，不如说是业务和应用。

2013 年中国物联网产业规模突破 6 000 亿元。自 2013 年以来，传感技术、云计算、大数据、移动互联网融合发展，全球物联网应用已进入实质推进阶段，中国也初步建立了"纵向一体"的物联网政策体系，并形成了较为完整的物联网产业体系。据预测，2016 年物联网产业规模预计将超过 1 万亿元。[②]

高德纳的专家预测到 2020 年，道路上行驶的 2.5 亿辆汽车将具有自动驾驶功能和车载连接服务。到 2015 年底，将有 4.9 亿部联网设备，到 2020 年会上升到 25 亿部。同时，物联网将以人与人的生

---

① "物联网"，百度百科。

② 新华社，《2013~2014 年中国物联网发展年度报告》，新华网江苏频道，2014 年 9 月 25 日。

活为中心：家居用品将自然串联，电视屏幕和视窗则可以感知人的运动，音乐可以在耳机和音响间无缝跳转，用户可以对家电发出语音指令等等。

万联网

万联网是"物联网+人联网"的升级版，让万人、万物、万事互联。思科首席执行官约翰·钱伯斯预测，万联网仅仅对公共项目的贡献即可达到4.6万亿美元。他相信万联网将会对一切产生巨大影响，包括城市规划、应急救援、军事、健康及其他几十种场景。

据市场调研公司IDC预测，到2020年，联网设备使用量将达到2 200亿部。可以将这些传感器植入信标机、家庭自动化系统等设备中，但它们也可以被放入公司的移动处理器中，来为手机和平板电脑供电。

万联网是下一波大趋势，若要让它完善运作起来，各行各业仍然需要解决安全、隐私、硬件兼容、软件兼容、同步、有线网络、无线网络、数据挖掘、数据分析等数十项技术问题。①

社会再结构化之势

上一章已经对结构重塑进行了剖析。这里，再看一下其他几个方面的趋势。

---

① 本·巴加林：《下一波大趋势：万联网》，刊载于《时代》周刊，转载于网易科技，2014年5月18日。

创客化

笔者与《创客学》作者菲尔·麦肯尼有过对话，希望从更深入的角度探讨创客、探讨创新。他说他的目的就是想告诉读者，任何人都可以成为一个创客，不论你是供职于大公司，还是你的公司刚刚起步，甚至你可以是自己家的一名创客。

创客概念的目标，就是希望能够提供一种简单的方法，释放所有人的创造性潜力。市场中真正的赢家，是那些敢于无视显而易见的庸常答案、跳脱俗套、打破常规、用新方法做事的人。如果你做不到这一点而你的竞争对手做到了，那你就要被甩到后面去了。

个人相对于大公司来说，最大的优势就是"执行的速度"。大的公司做任何事情都会花费更长的时间。像惠普那样的大公司，有32万名员工，很长的时间去做一件事情；而在芬兰赫尔辛基的一家5个人小公司，可以很快地实施计划，比如做出《愤怒的小鸟》。所以小公司可以比大公司行动快得多，虽然缺乏资源，但小公司成功的关键就是行动更快。

关系、信任与社会资本

几乎所有用过互联网的人都会承认一点：互联网从一开始的工具，慢慢变成了生活的一部分，最终变成了生活本身。互联网连接人、事、物，在经济、社会生活各部门的扩散、应用过程中，对我们改变最大的，就是我们和他们以及它们之间的社会网络关系。

1973年，凯利·戈特列布（Kelly Gotlieb）等计算机科学家描述了计算机对关键性社会问题的影响，比如表达自由、隐私、就业、教育、安全等。直到今日，其中很多问题仍然是有关互联网社会角色的关键问题。

通过互联网进行连接后的社会网络即社会资本；同时，人们利用互联网，最终的目标是为了获得社会资本。说白了，社会资本就是人脉、关系与信任。

网络 1.0 时代，无论是门户网站还是搜索引擎，人们只是用来检索或接收信息。这时，互联网更像是工具，只是提高生活效率的方式。社交网络兴起后，"关系"就直接被推到风口浪尖。社交网络包括早期的 IM（即时通信）工具，后来的 SNS（社会性网络服务），以及移动时代的所谓"两微"（微博微信），等等。从来没有任何一种手段，把人们那么近地连接在一起。

商家闻风而来，对于商业机构来说，哪里人多且常出没，哪里就是战场。人与商业组织就此建立起了关系——无论你是愿意，还是不愿意。人们所效力的各种组织也被卷了进来，因为这是它们和自己员工最好的沟通手段。在基于社交网络的基础上，职业社交网路、企业社交工具，纷纷被发明了出来。

简单地看，互联网就是将众多点连接起来的网，有节点、有连接。从信息论视角看，连接是什么？就是连接了各种"信息关系"。"节点"可以是各种事物：信息、人、物体；"连接"可以是各种介质：网线、无线信号，甚至电线。网状结构是一种最平等、最安全的拓扑结构，就是说网络上任意两个点之间，有超过一个的连接通路。

互联网的设想，来自美国在冷战期间的国家战略思路：美国的任何一个通信节点被苏联的战争武器破坏，美国都可以通过网络结构实施快速通信反应。

从智能程度看，互联网有几个逐步演进的阶段：首先是信息网，然后是人联网，接着是物联网，现在是智能网，最后可能是脑联网。

互联网之于人类，从零星分散的个体行为，转变为连接一切的社会网络，最终变为给参与者带来回报的社会资本。

正如斯蒂格利茨所言，社会资本是一种可以为参与者带来回报的资产，可以理解为不同于物质财富和精神财富的第三种财富形式。根据斯氏的观点，首先，社会资本是隐性知识，部分是产生凝聚力的社会"胶水"，也是一系列的认识能力和素质。其次，社会资本被认为是一系列的网络，即社会学家所谓的"社会群体"，人们加入某个群体后得以社会化，得到一种归属，形成共同的规则。再次，社会资本既是声誉的累积，也是选择声誉的方法。最后，社会资本包括了组织资本。经理人们通过管理和激励、实践、争议解决机制、营销风格等发展出组织资本。

范式转移之势

信息、数据、知识的资本化

《互联网与社会》一书的作者估计，现存的网页总量已达近 75 亿，假定一秒钟浏览一页，那么看完现存的全部网页，需要至少 230 年时间。视频网站 YouTube 每分钟接收超过 72 小时时长的新增视频内容。维基百科词条（以英文字符计，每日可产生 400 万字信息），推特所出推文（每天产生 4 亿条），以及电子邮件（每日约 2 940 亿收发量）以同样的速度激增，远远超出了人类的接受能力。简言之，新产生的信息与关注这些信息需要的注意力表现出供大于求的状况。正是这种注意力的短缺使得一些广告商为抓住特定个体消费者的"眼球"而支付额外的资金。

互联网时代信息爆炸，但有价值的信息仍然稀缺。互联网出现后，人们开始思考，如何把原来本无连接的东西连接起来。这个问题的本质就是：互联网究竟连接了什么？答案其实是数据，只有数据才有可能被连接。人类社会的各项活动与信息（数据）的创造、传输和使用直接相关。信息技术的不断突破，都是在逐渐增强其流动性，以此提升使用范围和价值，最终提高经济、社会的运行效率。

信息（数据）成为独立的生产要素，历经了近半个世纪的信息化过程，信息技术的超常规速度发展，人类经济社会也进入了大数据时代。

数据的课题可以再往未来推演，从数据走向信息，再走向知识。当今"知识资产"最著名的研究者、西班牙ESADE商学院马克斯·博伊索特将知识资产从简单到抽象分为三个层面：数据、信息、知识。而知识比信息更智能，信息比数据更智能。继续往未来推演，从知识到智能。全球互联网最早的企业家之一的诺瓦·斯皮瓦克（Nova Spivack）指出智能是有"生命"的知识；人类过去传播的只是知识，下一步就是智能的传播。近年，他又提出了基于网络的"全球脑"的概念—先是全球的网络连接在一起，接着是人类所有的大脑连接在一起，这可以独立进化出"全球脑"。这就从今天的知识连接进化到了未来的智能连接。

智力资本化

张晓峰博士曾经在《关键：智力资本与战略性重构》（中国经济

出版社，2006 年 7 月）一书中将智力资本重新定义为本身具有价值并能为企业创造价值的、企业所特有的核心能力。企业的竞争优势实质上是由智力资本决定的。中国的科学发展，也要更多地通过智力资本来挖掘价值，这是未来可持续的基础。

企业的智力资本来源于三个方面。

一是人力资本。员工、客户、合作者都有可能是企业智力资本的持有者。人力资源被激活，才有可能转化为企业的智力资本。对管理而言，纯粹的雇佣关系而非合作关系会戕害人力资本化。那么为什么客户也可能成为企业的智力资本？现在新经济已经越来越体现为客户驱动创新、客户参与创新，小米手机就是一个很好的案例。

二是结构资本。它可能包括企业战略与定位、路径、价值观与文化、知识产权、制度、规则、流程、商业模式、价值网塑造、组织结构与治理结构、打造的平台（电子商务、厂商互动），等等。

三是关系资本。掌握客户关系管理、员工关系管理、合作关系管理、社会关系管理之方法，成为企业可持续对企业管理者的基本要求。

过去我们看待、管理企业往往拘泥于供应、研发、制造、营销等不同的环节，和财务、人力、行政等分散的职能；而智力资本则提供了完全不同、更进一步、更具战略性的视角。企业要持续成长，就要做好这些要素的管理与运营。

共享经济

美国知名"新经济学家"、《第三次工业革命》作者杰里米·里夫金认为，资本主义时代正在流逝，一种将改变我们生活的新经济范式——"协作共同体"、"协作经济"将要出现，它的范式是全新的，和过去的交换经济截然不同，是以分享为基础。到底是什么促成了新经济形式的出现，其中非常重要的一条就是"零边际成本"。在"零边际成本社会"中，通过协同共享以接近免费的方式，分享绿色能源和一系列基本商品和服务，这是最具生态效益的发展模式，也是最佳的经济可持续发展模式。

智能化、智慧化之势

智慧的地球

2008 年 11 月，IBM公司提出"智慧地球"概念；2009 年 1 月，美国奥巴马总统公开肯定了IBM"智慧地球"设想；2009 年 8 月，IBM发布了《智慧地球赢在中国》计划书，正式开启IBM"智慧地球"中国战略的序幕。

近两年，IBM"智慧地球"战略已经得到了各国的普遍认可。数字化、网络化和智能化被公认为是未来社会发展的大趋势，而与"智慧地球"密切相关的物联网、云计算等，更成为科技发达国家制定本国发展战略的重点。2009 年以来，美国、欧盟、日本和韩国等纷纷推出本国的物联网、云计算相关发展战略。

《智慧地球赢在中国》计划书中，IBM为中国量身打造了六大智慧解决方案："智慧电力"、"智慧医疗"、"智慧城市"、"智慧交通"、"智慧供应链"和"智慧银行"。2009 年以来，IBM的这些智慧解决方案已陆续在中国各个层面得以推进。

相对地，中国在"智慧地球"领域要面对不少问题，包括技术路径选择，重复建设和市场风险问题，以及海量数据管理与信息安全问题。

工业 4.0

本节对工业互联网与工业 4.0 仅做简单的介绍，在第十章，还将进行详细的剖析。简单地说，"工业 4.0"是以智能制造为主导的第四次工业革命。这是以信息技术与工业技术的高度融合、网络、计算机技术、信息技术、软件与自动化技术的深度融合为背景的。德国人称其为"工业 4.0"。该战略旨在通过充分利用信息通信技术和网络空间信息物理系统相结合的手段，推动制造业向智能化转型。

"工业 4.0"概念主要分为三大主题：智能工厂、智能生产与智能物流。德国制造业是世界上最具竞争力的制造业之一，在全球制造装备领域拥有领头羊的地位。工业 4.0 战略的实施，将使德国成为新一代工业生产技术（"信息—物理"系统）的供应国和主导市场，将使德国在继续保持国内制造业发展的前提下再次提升它的全球竞争力。

中国转型之势

中国经济的前景和转型的方向，是全世界范围内都关注的一个话题。一些担心主要集中在产能过剩、过度投资和债务负担沉重三个方面。

全面深化改革面临新的形势和任务

中央财经领导小组办公室副主任杨伟民在 2014 年中国发展高层

论坛上，阐述了中国新的"全面深化改革的指导思想"，强调了几个新形势。

首先，中国已经是一个中等偏上收入国家，人均GDP已达 6 700 美元。中国正向成为一个发达经济体努力，历史上成功完成这项任务的国家并不多。

其次，国际贸易等国际环境已不如以往有利，部分原因是高收入经济体在结构上如此疲弱，还有部分原因是中国经济相对于其他经济体已经显著变大了。

最后，中国经济自身发生了变化。潜在增长率已下降至 7%~8%，原因包括劳动适龄人口减少；产能过剩即使按中国的标准来衡量也变得十分严重；金融风险有所上升，其推动因素是地方政府债务、房产泡沫和影子银行业务的增长；中国的城市化程度已超过 50%，但大量城市正遭受着包括污染在内的种种困境；资源密集型增长模式已到达极限，尤其是水资源。

2014 年 11 月通过的《关于全面深化改革若干重大问题的决定》是下一轮改革的蓝图，提出要推行重大的制度和政治改革，包括由"行政审批制度"向"法治"转变；市场在资源配置方面必须起到决定性作用；同时要"加强中央政府宏观调控职责和能力，加强地方政府公共服务、市场监管、社会管理、环境保护等职责"。

"互联网＋"塑造新引擎

就像李克强总理答记者问所言，政府的工具箱还有很多工具，还有许多调控手段可以利用。包括此次由总理来推动的"互联网＋"战略，就是一次促进深层结构经济转型的努力。

"互联网+"是互联网对传统行业的渗透与融合，但并非二者的简单相加，也并非传统行业简单触网即可完成渗透与融合，而是要通过互联网平台、互联网思维，对传统行业进行思维模式和经营模式的颠覆，进而让互联网与传统行业进行深度融合，创造新的发展生态和整体机遇。可以认为"互联网+"对传统行业的渗透和传统行业的融合包含两个方向。

一互联网行业的视角。于传统互联网行业来说，其单纯基于线上的发展模式已经接近发展瓶颈，未来的发展趋势必然是O2O的深度融合，且必然是从互联网向传统行业渗透，通过与传统行业协同发展来迅速扩大互联网经济的规模。

一传统产业的视角。除互联网主动出击外，对于传统行业来说，面对来自新兴经济的替代性竞争和冲击，其自我革新和自我升级意愿较为强烈。对于传统行业来说，其对互联网的正确态度应是"拥抱"而非"抵触"。

"互联网+"战略对于中国经济发展尤其重要。

其一，"互联网+"推动知识创新和知识跨界。创新的实质就是知识创新。例如，"可持续发展"的实质，就是让经济发展消耗"更多的知识、更少的能源"；跨界的实质是知识跨界。知识创新了，产业边界也被重新定义。产业的边界就是知识的边界，跨界的成果正是让边界消失。

其二，"互联网+"就是所有产业的"互联网化"。不少中国传统产业尚处在信息化甚至工业化水平低下的阶段。"互联网化"可以倒逼传统产业"更充分的工业化"和"更普遍的信息化"，从而迈向跨越式发展。

2015 年《政府工作报告》提出的"互联网+"概念是将互联网提到了一个新的高度，同时也是肯定创新对国家经济的促进作用。"互联网+"概念的提出将进一步推动我国经济的转型升级，打破传统固有经济模式对中国经济活力的束缚。

林永青

价值中国网创始人兼首席执行官

中国众融总会创会会长

"价值中国智库丛书"主编

第二篇
"互联网＋"与连接一切

第四章 "互联网+"：互联网企业最大的社会责任

> 互联网是人类智慧的结晶，20世纪的重大科技发明，当代先进生产力的重要标志。
>
> ——《中国互联网状况》白皮书

以"互联网+"为驱动，推进我国经济社会创新发展[①]

"互联网+"是以互联网平台为基础，利用信息通信技术与各行业的跨界融合，推动产业转型升级，并不断创造出新产品、新业务与新模式，构建连接一切的新生态。

当前中国经济正处于转型升级的重要时期，面临增长放缓、生产过剩、外需不振等严峻挑战，"稳增长、促改革、调结构、惠民生"是当前经济社会发展的首要任务，创新驱动正在成为我国经济发展的新引擎。通过多年创新发展的中国互联网企业已跻身世界前列，为我国信息经济发展奠定了坚实的基础。同时，由于互联网具有打破信息

---

① 本文为马化腾为十二届全国人大三次会议提出的建议。

不对称、降低交易成本、促进专业化分工、优化资源配置和提升劳动生产率的特点，其为我国经济转型升级提供了重要的途径和发展机遇。为此，我们需要持续以"互联网+"为驱动，鼓励产业创新、促进跨界融合、惠及社会民生，推动我国经济和社会的持续发展与转型升级。

"互联网+"对于我国经济社会发展的深远影响

随着移动互联网、大数据、云计算、物联网与人工智能等新技术、新业务和新生态的发展，各行各业正在以互联网为平台进行融合创新，进入到了"互联网+"快速发展的时代。

"互联网+"成为产业转型升级和融合创新的重要平台

互联网正在重塑传统产业，推动信息通信技术与传统产业的全面融合。在广度上，"互联网+"以信息通信业为基点全面应用到了第三产业，形成了如互联网金融、互联网交通、互联网教育等新业态，并正在向第一和第二产业渗透，如工业互联网正在从消费品工业向装备制造和能源、新材料等工业领域渗透，将全面推动传统工业生产方式的转变；农业互联网也在从电子商务等网络销售环节向生产领域渗透，将为农业带来新的机遇，提供广阔发展空间。在深度上，"互联网+"正在从信息传输逐渐渗透到销售、运营和制造等多个产业链环节，并将互联网进一步延伸，通过物联网把传感器、控制器、机器和人连接在一起，形成人与物、物与物的全面连接，促进产业链的开放融合，将工业时代的规模生产转向满足个性化长尾需求的新型生产模式。

"互联网＋"推动产业生态共赢，促进大众创业、万众创新

创新是互联网发展的生命线，如以微信为代表的"快速迭代式"创新模式，迅速满足用户需求、解决用户痛点，同时通过开放接口和开放平台，推动了"生态协同式"的产业创新，带来了新产品、新模式与新生态，促进了大众创业、万众创新。腾讯、阿里巴巴、百度、小米等一批平台型的互联网企业已形成了一定规模的产业生态系统，基于这些平台又创造出了新业态，如O2O、移动支付、可穿戴设备等。各平台将用户资源和技术资源开放给合作伙伴，通过大数据分析和个性化营销，降低了中小微企业与创业者进入市场的门槛，提高了创业成功率，形成了互利共生的生态系统。以腾讯开放平台为例，应用总数已达240万款，应用类型有娱乐、生活和教育等方方面面，创业者总数达500万，覆盖全国1~3线城市，合作伙伴总体估值超过2 000亿元。

"互联网＋"整合并优化公共资源配置，极大地惠及民生

"互联网＋"通过打破信息不对称、减少中间环节，提升劳动生产率，从而提升资源使用效率。"互联网＋"的发展，将公共服务辐射到更多有需求的群体中去，提供了跨区域的创新服务，为实现教育和医疗等公共稀缺资源均等化提供全新平台。如互联网教育打破了国内地域限制，并连接了全球的优质教育资源，为三、四线城市及偏远农村的学生提供了新的选择。目前腾讯已与多家教育机构合作开设腾讯课堂，面向中小学、大学、职业教育、IT培训等多层次人群开放课程，每周上课人数约7.3万，课程总数达三万多门。另外，"互联网＋医疗"的模式为民众就医提供了便捷、高效的解决方案。目前全

国已有近 100 家医院通过微信公众号实现移动化的就诊服务和快捷支付，累计超过 1 200 家医院支持通过微信挂号，服务累计超过 300 万患者，为患者节省超过 600 万小时，大大提升了就医效率，节约了公共资源。同时，"互联网+公共服务"的模式可以提升政府服务能力，提高效率，便利民众，例如微信的广州城市服务接口开通了包括医院挂号、违章办理、汽车年检、出入境业务等 17 项公共服务入口，极大地为民众提供了便利，提升了公共服务效率和水平。

"互联网+"促进共享经济发展，提高资源使用效率

共享经济的核心是提倡互利共享，高效对接供需资源，提升闲置资源利用率，提供节能环保与资源再利用的创新模式。当前，以商务专车、拼车、房屋互换、二手交易、家政服务为代表的共享经济模式正在快速发展，例如商务专车服务正在探索通过"汽车共享"优化利用社会闲置资源、提升服务品质、缓解城市交通拥堵，解决市民出行难的问题。同时，供需双方的高效对接，提高了闲置资源利用率、减少空驶率，在提高劳动生产率、推动城市节能环保上做出了贡献。未来将形成汽车共享、出租车、公共交通等多元融合的移动交通解决方案，大大便利了民众出行，并提供了大量就业和创业机会。

综上所述，"互联网+"正在大力促进着我国经济社会的发展。据测算，2014 年我国信息消费规模达到 2.8 万亿元，同比增长 18%，对 GDP 贡献了约 0.8 个百分点，预计 2015 年底达到 3.2 万亿元，同比增长 15% 左右。微信作为移动互联网的重要产品，已经形成了一定规模的生态系统，2014 年微信拉动了 952 亿的信息消费，相当于 2014 年中国信息消费总规模的 3.4%，带动社会就业 1 007 万人，预计到 2015 年底，微信带动的信息消费将增长至 1 428 亿元。

"互联网＋"发展中面临的主要问题

互联网进入中国不过 20 年，移动互联网随着智能手机的出现深度介入到大众生活中来，"互联网＋"又随之发展起来，并日益介入到经济社会的方方面面，呈现出高速发展的势头，为我国经济社会创新发展提供了新的平台。为了确保"互联网＋"的持续创新发展与广泛渗透，需要关注"互联网＋"发展中存在的一些问题。

缺乏对 "互联网＋"的正确认知，拥抱互联网的积极心态尚未确立

首先，相当一部分企业和个人缺乏对"互联网＋"的正确认知，主要表现为：一是对"互联网＋"认识不足，缺乏在现实中主动运用"互联网＋"的理念和模式；二是视"互联网＋"为洪水猛兽，担心"互联网＋"成为自身商业模式和生活方式的颠覆性力量；三是"互联网＋"在不同产业中的认知度存在很大差异，"互联网＋"模式在商业零售、金融、交通等服务行业有较高的认知度，在工业制造业中也得到部分认同，在传统农业、部分传统制造业中认知度则普遍较低。其次，由于缺乏对"互联网＋"的正确认知，拥抱互联网的积极心态尚未在全社会得以确立，主要表现为：一是一些企业对"互联网＋"抱有观望心态，不相信"互联网＋"所具有的巨大力量和积极作用；二是一些企业虽然有意愿利用"互联网＋"提升效率、促进原有商业模式的革新，但由于自身惰性、历史惯性等原因而不愿主动做出改变，不想承担革新原有商业模式带来的成本，不愿放弃固有的企业经

营方式和既得利益。

全社会如果不能形成对"互联网＋"的正确认知，真正树立拥抱互联网的积极心态，"互联网＋"的推广和发展必将遇到很大困难。

"互联网＋"的基础设施需要进一步完善

"互联网＋"的基础设施包括三个层面：网络基础设施、数据基础设施和标准接口的基础设施。首先，在网络基础设施上，还需要加快实施"宽带中国"战略并加强宽带移动通信网络的建设，确保我国在网络基础设施上能够赶超其他互联网发达国家。其次，公共数据的开放成为数据基础设施的基石，是相互连接和数据共通的重要渠道，因此，需要打破各领域的信息孤岛，开放公共数据资源，推动全社会对信息资源的开发利用。最后，新兴行业生产服务标准的滞后和相关接口不统一是"互联网＋"发展的重要屏障，在跨界融合中已遇到了诸多因接口不统一而导致的重复开发和效率低下的后果。

对现有互联网平台的运用不足，有待进一步挖掘

当前很多企业还没有对现有的互联网平台进行充分的应用，特别是中小微企业对信息化需求非常高，但同时信息化成本也是一项沉重的负担。因此，如何更好地利用低成本、高效率的互联网平台提升中小微企业竞争力变得尤为重要。第一，互联网的入口为企业提供了触达数亿级用户的平台。互联网的网络规模效应将海量的用户集中到了一起，为企业、公共服务、创业者提供了重要的入口，也成为企业产品和服务触达海量用户的核心突破口。但是，目前各行业对于通过互联网触达用户还应用不足。第二，互联网金融通过信息通信技术实现资金融通、供需双方高效对接并逐步建立征信体系，可缓解中小企业

融资难的问题。第三，大数据、云计算可为企业数据存储与精准推送提供良好的技术手段和平台；各类社交网络、新媒体平台为企业社会化营销提供了新渠道和全新的用户体验；但是，仍然面临挖掘不够的问题。第四，互联网平台可为企业管理提供良好的应用。例如微信企业号作为微信平台的延伸，迅速连接上下游合作伙伴，适用于员工出差移动办公、企业合作伙伴间的订单管理与工作协同，支撑一线销售、营销代理、售后服务、巡检巡店与安保后勤等工作管理，简化政府机关、学校医院等事业单位、社会组织的管理流程，大幅提升了组织间协同运作的效率。但目前企事业单位和政府部门对其利用程度不高。

国家政策与"互联网＋"的快速发展不相匹配

如同电的产生，带来了电灯、电视机以及电话等新事物，"互联网＋"进入各行各业也将带来相应的产业创新。但是，以跨界融合为显著特征的"互联网＋"对原有的行业管理体系与管理方式带来一定冲击。如在过去的一年中，互联网金融经历了全面的政策适配的过程，从高速发展到暂停相关业务，再到政策规范；商务专车服务也面临相同的困境，在有些地方遇到了监管压力。这一系列问题都是"互联网＋"渗透到各个领域后，国家政策与"互联网＋"不相匹配的表现。

推动"互联网＋"创新发展的政策建议

制定推动"互联网＋"全面发展的国家战略

建议从顶层设计层面制定国家"互联网＋"发展战略，推动"互联网＋"健康发展的指导意见尽快出台，促进互联网与各产业融合创新，在技术、标准、政策等多个方面实现互联网与传统行业的充分对接，推动"互联网＋金融"、"互联网＋交通"、"互联网＋医疗"等新业态发展。进一步放宽市场准入，强化部门间协同监管，实现快速响应、联动处置，形成融合市场的监管合力，营造良好的政策环境。同时，政府应在鼓励创新的原则下逐步完善和规范新的生产服务方式，在保证安全的情况下给予新事物发展机会和空间。

推进公共数据的开放，建立数据安全与相关方权益保护的保障体系

研究并出台我国公共数据开放战略，将政府公共信息与数据率先向全社会开放，打破行业信息孤岛，加强信息资源的供给与传播，以提升可用性和利用率，确保社会公众能及时获取和使用公共信息；同时，逐步建立数据安全保护体系和数据开发利用的标准，确保数据的有效使用和相关方权益。

推动全社会对互联网平台的广泛应用，推动经济社会发展与进步

现有的互联网平台上的众多服务和应用可以助力各行业的信息化与服务能力的提升。在政府治理方面，建议推进"互联网＋公共服务"模式，鼓励政府利用新媒体、社交网络等互联网平台建立"智慧城市"的管理和服务体系。同时，政务民生服务平台应该本着开放的原则与市场各方合作，分类逐步开放相关数据和接口，降低企业进入与运营成本，并鼓励和引导相关成熟案例在全国其他城市进行推广。在企业信息化方面，支持和推进广大的中小微企业进一步对低成本、高效率的互联网平台资源进行开发利用，深入挖掘互联网价值，全面提升企业竞争力。整合办公环境、信息资源、扶持政策、融资平台在内的综合性创业载体，扶持创业型企业和助推中小微企业发展。

运用移动互联网推进智慧民生发展①

　　全球已经步入移动互联网连接一切的时代。2015 年 1 月，全球接入互联网的移动设备超过 70 亿台。我国的移动互联网发展也已走在世界前列。目前，我国互联网用户 6.49 亿，其中手机网民规模达 5.57 亿，渗透率达到 85.8%，高于全球 58% 的渗透率。以移动互联网为主体的信息经济成为国家经济增长的重要动力。2013 年，中国信息经济规模达到 2.18 万亿美元，成为仅次于美国的全球第二大信息经济体，占 GDP 的比重由 1996 年的 5.0% 提高至 2013 年的 23.7%。

　　移动互联网的巨大优势使得我国有能力加快移动互联网在民生领域的普及和应用，把"人与公共服务"通过数字化的方式全面连接起来，大幅提升社会整体服务效率和水平，实现智慧民生。

"移动互联＋民生应用"是实现智慧民生的新路径

　　移动互联网对于优化社会资源配置，创新公共服务供给模式，实现信息惠民具有重要促进作用，为交通、医疗、环境保护、公共安全等民生领域信息化的跨越式发展带来了新的契机。

移动互联技术正深刻改变人们的生活方式

　　移动互联正在全方位影响人们的生活方式。中国互联网络信息中

_____

　　①　本文为马化腾为十二届全国人大三次会议提出的建议。

心（CNNIC）的数据显示，2014 年中国互联网人均每日使用时长为
3.7 个小时，比 2010 年增加了 1.1 个小时。从使用深度来看，移动互
联网已经成为人们重要的生活服务平台，给人们办公、娱乐、购物、
学习、看病、理财等日常生活带来了重大变革，向着更高效率、更加
人性化的方向进化发展。以移动电商为例，人们可以随时随地更为便
捷地购物，网店经营的门槛进一步降低，大数据系统个性化、精准推
送、互动分享的社交特性更是让购物变成了一种社交体验。

在广度上，移动互联让广大不发达地区的人们也有机会享受数字
红利、推进包容性增长，进一步缩小数字鸿沟。传统互联网时代，国
家需要投入巨额资金铺设宽带以满足社会公众的上网需求。移动互联
网时代，公众可以通过智能手机更加便捷、低成本地连接到网络，同
时手机的易操作性大大降低了使用门槛。这点对于广大的农村地区尤
为重要。目前，我国农民网民的规模已达 1.78 亿，50% 以上的农民
网民通过手机 App 进行交流沟通、获取资讯、学习娱乐等。而远程医
疗、在线教育的深化应用将有效弥补家庭教育、优质医疗资源的缺
失，提升农民的生活质量。

移动互联对政府提高公共服务水平具有显著效果

当前，政务服务正在由侧重管理向注重民生转型，微信、微博已
成为我国政府部门信息公开、与公众良性互动、提供公共服务的重要
平台。微信、微博等社交产品有助于政府最大限度地发挥网络宣传的
乘数效应，建设透明与开放政府。相比政府网站，社交媒体的传播形
式更亲民，更易引起老百姓的关注，极大地提高了政府信息的传播效

率，有利于公众良性互动和舆论引导。据统计，118 个国家的政府部门使用社交媒体进行信息公开、在线咨询，70% 的国家将其用于电子政务的开展。

政务微信、政务 App 等应用使用户在移动端也能享受行政服务大厅式的一站式服务。例如广州市通过开通微信"城市服务"功能，将医疗、交管、交通、公安户政、出入境、缴费、教育、公积金等 17 项民生服务汇聚到统一的平台上，市民通过一个入口即可找到所需服务，诸如户口办理等基础服务也无须多次往返公安办事窗口，手机上即可一次性完结。目前该账号已经服务 91 万广州市民。截至 2014 年底，各级政府已经在微信上开通了近 2 万个公众号面向社会提供各类服务。

移动互联有助于解决看病难、教育资源分布不均和防治雾霾等新老重大民生问题

移动互联以人为本，突破时间和空间的制约，为百姓提供了相对公平的资源获取机会，有助于实现各项资源优化配置和最大化利用，为破解重大民生问题提供了新的机遇。当下，移动医疗、在线教育、打车软件、智慧停车等线上线下结合的服务模式已经成为深受公众喜爱的热点应用。例如基于微信公众号、支付宝服务窗平台的移动医疗模式使得患者在手机上可直接预约挂号、交费、候诊、查询报告等，无须在医院大厅多次排队，有效缩短了就医流程。丁香医生、春雨医生等手机医生问答类 App 通过医生在线问诊，远程即可解决患者 30%~40% 的咨询问题，减少患者去医院就诊的次数，在一定程度上缓解了医疗资源的紧缺。

此外，空气质量监测App、定制公交等手机应用在防治环境污染、缓解城市拥堵等问题上也在发挥日益重要的作用。空气质量监测App不仅让每个人都能实时了解自己家门口的空气质量情况从而提前做好出行准备，而且当发现污染空气的行为或现象时还可进行在线举报，从而实现全民参与环保。车载智能系统、定制公交等应用的广泛普及对于绿色出行、降低能耗方面也起到了重要作用。

未来，随着"互联网＋"思维的逐步渗透，将会有更多搭载移动互联的民生应用被开发出来，使更多的百姓获益。

目前面临的主要问题

近些年，移动互联在创新社会管理和公共服务方面得到了较广泛的应用，也取得了较明显的效果，但相比智慧民生、信息惠民的最终目标来说，还存在较大差距，仍有一些问题亟待突破和解决，主要体现在：

对移动互联服务民生的认识有待进一步提高

利用移动互联服务民生在全球范围内尚处于发展初期，在我国也刚刚起步。由于尚未形成规范的解决方案和可成功复制的运行模式，导致各级地方政府对移动互联在服务民生上的优势和价值还未充分认识，部分城市还停留在传统信息化的理念上，重软硬件基础设施投入，轻应用开发。在信息系统建设内容和功能设计上，对服务的便捷、深度、人性化、一体化等方面也考虑不足。同时由于缺乏统一的系统部署、迁移等标准，搭建的移动应用系统仍是无法互联互通的"信息孤岛"。

移动互联网在民生领域的应用有待进一步挖掘和深化

伴随人们物质生活水平的提高，老百姓的公共需求由生存型需求向发展型升级。但由于各地经济在发展程度、教育水平、传统观念、社会习俗等方面存在差异，老百姓公共服务的需求层次和消费能力存在较大差距。而目前市场上的互联网产品和服务多以通用型为主，针对民生类的定制化移动应用产品和服务还比较匮乏，与实际需求存在较大缺口。如面向医疗等流程较复杂的民生服务，现有应用普遍存在操作复杂、功能单一等弊端，尤其缺少面向农民群体的"傻瓜式"应用。

同时，移动互联网融合创新已催生出移动支付、位置服务、移动医疗、在线课堂等一批跨产业新兴民生应用，但在技术和业务标准、信息资源共享以及法律法规等方面缺乏统筹，在一定程度上影响到移动互联网应用的普及。

公共数据资源的开放共享程度有待进一步提高

公共数据资源对于开发民生应用、创新公共服务具有重要价值。美国、欧盟等国家和地区先后将数据开放纳入国家发展战略。截至2014年4月，已有63个国家制定了开放政府数据计划，其中围绕经济发展和民生需求的数据在开放数据中占比最大。目前，我国民生领域的信息系统基本是由各个部门分别主导建设的，对于开放共享与协作考虑不足，再加上条块管理的体制原因，信息孤岛、数据壁垒现象较为普遍。同时由于信息资源开放共享市场化、产业化程度较低，公共数据资源得不到有效的开发利用，数据价值无法得到充分挖掘和体现。

建议

做好顶层设计，将广泛应用移动互联服务作为推进"智慧城市"、"信息惠民"工作的重要思路和举措

近几年，国家非常重视信息技术在民生领域的应用。国家发布的《关于加快实施信息惠民工程有关工作的通知》（发改高技 [2014]46 号）、《关于促进智慧城市健康发展的指导意见》（发改高技 [2014]1770 号），都将为民、便民、惠民作为工作的最终目的。建议各级政府在推进"智慧城市"、"信息惠民"等工作中，充分认识移动互联对于智慧民生、信息惠民的重要作用和意义，把加快推进移动互联对民生领域的应用渗透，纳入整体工作布局，统筹协调相关资源，稳步推进。同时建立以环保为考核原则的发展思路，将节能降耗的指标纳入国家智慧城市等工程的考核标准。

完善移动互联环境下的电子政务评价体系，驱动电子政务强化公共服务功能

国家治理能力现代化要求从管理型政府向服务型政府转变。"创新公共服务供给方式，完善基本公共服务体系"作为主要任务之一被纳入《国家新型城镇化规划 2014~2020》。但现有的一些评价体系在权重设计、指标设计方面与加强政府的公共服务职能还存在偏差。因此，需加快建立适用移动互联网环境下的电子政务评估体系，切实把发展电子政务的积极性引导到建设服务型政府、推进治理能力现代化上来。通过正向评价鼓励引导各级政府建立和完善基于移动平台的电子政务系统，深化云计算、移动互联、物联网、大数据等新一代信息技术在社会管理和公共服务的深度应用，提升移动互联时代的政府公共服务和管理能力。

完善产业环境，不断提升智慧民生应用的针对性

建议通过税收减免、资金补贴等财税政策，引导企业和开发者不断进行民生类移动应用的创新。同时鼓励公共服务部门加大与软硬件企业、互联网企业等的合作力度，深化移动互联网在智慧城市、智能交通、在线教育、移动医疗等公共服务领域的应用。对于农村移动互联网的发展，建议发挥专项资金的引导扶持作用，满足三农对移动互联网日益增长的需求。例如建设面向三农的移动互联网综合信息平台，创新三农信息资源采集方式，为定制化开发面向农民的移动互联产品和服务提供数据基础。此外，针对雾霾治理、城市拥堵等日益紧迫的重大民生问题，需要集中资源，动员全社会力量，积极应用大数据、物联网、移动互联等技术，开发和推广空气质量实时监测、预警报警等针对性的应用和解决方案。

稳步推动公共数据资源开放，共建公共数据资源池

政府部门基于移动平台可以采集大量与民生相关的数据。为了提高这些数据资源的开发利用水平，建议在脱敏和安全可控的前提下，通过制订政府数据开放计划，推动公安交警、交通、医疗卫生、教育、信用、社保、地理气候等与民生相关的政务数据向全社会开放。此外，政府应加强信息系统开发的顶层设计，破除"信息孤岛"，形成面向民生的公共数据资源池，实现数据共享应用。通过统一存储平台，集成规范、数据标准和数据服务，让数据资源变分散所有为集中共享。同时，引导有大数据分析能力的平台企业和机构基于这些数据开发更多的民生类应用，并反向将进一步采集到的数据开放给公共数据资源池，形成全社会开放大数据的氛围和良性循环。

开展试点示范，实现重点领域、重点突破

建议以民生服务为导向，优先选择信息化程度较高、基础较好的城市做试点，在教育、养老、医疗、交通、环保等普及面广、供需矛盾突出等重大民生领域，以政府为引导、企业为主导的合作模式，开展试点示范，重点在信息资源共享设施建设、公共数据开放模式、完善公共服务平台和应用体系、移动互联深度应用等方面先行探索，形成一套成熟可推广的解决方案。

马化腾

腾讯主要创办人

董事会主席、执行董事兼首席执行官

第五章　帝企鹅：用"互联网+"连接未来

　　当今时代，以信息技术为核心的新一轮科技革命正在孕育兴起，互联网日益成为创新驱动发展的先导力量，深刻改变着人们的生产生活，有力推动着社会发展。互联网真正让世界变成了地球村，让国际社会越来越成为你中有我、我中有你的命运共同体。

——2014 年 11 月 19 日，首届世界互联网大会
在浙江省乌镇开幕，习近平贺词

　　2015 年 4 月 13 日，腾讯收盘股价突破 170 港元，市值达到 15 984 亿港元（约 2 062 亿美元）。这是腾讯市值首次突破 2 000 亿美元。BAT 格局中，目前阿里市值 2 125.51 亿美元，百度市值 751.34 亿美元。人们喜欢用"帝企鹅"来称呼腾讯，原因除了 QQ，恐怕一是指其体量大，二是公众形象好，被大家所喜爱。

　　腾讯作为一家互联网公司，时时洞察用户，刻刻面向未来。那么，腾讯为什么判断"连接一切"是未来，为什么要积极推动"互联网+"，为什么要做连接器，以及他们会怎样面向未来刻画行动路线

图？本章参阅了马化腾近年的主要演讲、文章、建议案，尝试沿着这家连接器企业领袖的思路加以梳理和推演。

新常态新引擎

"互联网＋"已经发生，只是尚未流行。2013 年，中国互联网金融开始借势发力；2014 年，更是互联网与各行各业加快融合创新、激发新潜能的一年。正是政府对互联网肯綮作用的超前洞察与战略部署，"互联网＋"才会被作为推动经济转型升级的引擎。

马化腾和腾讯所理解的"互联网＋"

马化腾在 2015 年人大建议案中将"互联网＋"定义为：是以互联网平台为基础，利用信息通信技术与各行业的跨界融合，推动产业转型升级，并不断创造出新产品、新业务与新模式，构建连接一切的新生态。这与官方后来给出的定义一脉相承。

"互联网＋"不断创新涌现，"＋"是什么？是传统行业的各行各业。"＋"另外的含义是指：打铁先要自身硬，要融合信息通信技术、大数据、云计算、安全云库甚至以深度机器学习为代表的人工智能；要形成合力，为产业升级、提高效能服务。"＋"也是互联网、移动互联网、工业互联网、物联网等的融合；当然，也包括与国家网络空间治理、网络安全的结合。互联网可以反哺传统行业，所以一定要"＋传统行业"。也只有这样，才能发挥转型的力量，发现连接的价值。

这里的连接和延伸将会从点到面，不断放大。我们从中国互联网过去十几年的发展中，看到互联网加什么？"＋通信业"是最直接的，

"+媒体"已经开始颠覆，未来是"+娱乐、网络游戏、零售行业"。零售行业过去认为网购电商是很小的份额，但现在已经是不可逆转地走向对实体的颠覆了。还有现在最热的互联网金融，平安集团董事长马明哲曾预测，未来10年，现金和信用卡将消失一半。

互联网将延伸到更多产业领域，特别是移动互联网。马化腾直言移动互联网才是真正的互联网。从移动互联网的使用时间来看，现在人们除了睡觉，几乎16个小时跟手机在一起，比个人电脑端多出10倍以上的使用时间。这里的空间无比巨大，虽然移动互联网终端的商业模式除了手游、O2O、移动电商、移动广告等看得比较清楚之外，还有很多尚待探索。在移动互联网时代，各传统领域如果不创新，必然会面临巨大挑战，甚至快速被颠覆。

马化腾在递呈的十二届全国人大三次会议的建议案中，对此进行了系统分析。他认为，总体看来，互联网正在重塑传统产业，推动信息通信技术与传统产业的全面融合。在广度上，"互联网+"正在以信息通信业为基点全面应用到第三产业，形成了如互联网金融、互联网交通、互联网教育等新业态，并正在向第一和第二产业渗透，如工业互联网正在从消费品工业向装备制造和能源、新材料等工业领域渗透，将全面推动传统工业生产方式的转变；农业互联网也在从电子商务等网络销售环节向生产领域渗透，将为农业带来新的机遇，提供广阔发展空间。在深度上，"互联网+"正在从信息传输逐渐渗透到销售、运营和制造等多个产业链环节，并将互联网进一步延伸，通过物联网把传感器、控制器、机器和人连接在一起，形成人与物、物与物的全面连接，促进产业链的开放融合，将工业时代的规模生产转向满足个性化长尾需求的新型生产模式。

这次马化腾的建议案显然是充分考虑了上述观点与背景，提出的东西也是希望对整个产业、整个行业、国家、社会有益、有贡献的建议。同时他也希望能够发挥腾讯自身的专业能力，让很多没有像腾讯这样在一线打拼的企业了解到很多自己不了解的行业知识，或者说看到它们的潜力。马化腾意识到腾讯其实有很多好的创意，应该提出来和大家分享，而且他也在推动、呐喊，让国家在这方面增加关注度。

明势：互联网是第三次工业革命的重要组成部分

从 18、19 世纪第一次工业革命发明了蒸汽机技术，到 19、20 世纪有了电力技术以来，很多行业发生了深刻的变化。而且很有趣的是，蒸汽机发明后其动力可以大大加速印刷的量，彼时，学校和书籍都大量产生，促进了知识的传播和大量有知识之人的培养。这跟现在互联网的传播、通信的特征也很接近。

再看电的产生，电力催生了很多发明，除了灯泡，包括收音机、电视机还有电话等等都有利于资讯的传播和沟通。有了互联网后，它也在加强这方面的特征，它是不是第三次工业革命？或者它是其中一个很重要的部分吗？腾讯在这里面做了很多思考。

40 多年前，计算机第一次实现连接以来迅猛发展，然后全世界所有的计算机都连接了起来，这诞生了很多新问题。对我们来说，这是一个全新的世界，所以很多企业都觉得互联网是一个新经济、虚拟经济，它跟我们传统行业没有关系。但这是一个大趋势，它已经不再是新经济了，它以后是主体经济不可分割的一部分，因为现在越来越多的实体、个人、设备都连接在一起。

按照马化腾的思考，所有传统行业都不用怕，互联网不是新经济、新领域独有的东西，它不是什么新经济，就跟过去没有电金融也可以运转一样，各个银行之间都是记账，交易所在那里叫号可以成交；有电可以电子化，有互联网也会衍生出很多新的机会，如跨境电子结算，但这不是一个神奇的东西，而是理所当然的。最终互联网会像蒸汽机、电力等工业化时代的产物，可以成为所有行业应用的工具，互联网会在各行各业焕发生机。

因此，互联网和电力曾经起到的作用一样，已经成为第三次工业革命的重要组成部分，将越来越多地与传统产业结合。相信腾讯让微信致力于建立一个打通传统行业和互联网的生态系统，正是基于这样一种思考的结果。

借势：数据成为资源，连接成为要素

大家对于大数据、云计算、人工智能的话题谈得很热。因为我们连接多了，传感器很多，服务很多，包括像搜索引擎也好，电子商务也好，社交网络也好，都聚合了大量资讯。企业外包、后台云端化后，我们看到这些数据都成为企业竞争力和社会发展的一个重要资源。现在电商非常火热，而电商数据可以转向金融、转向用户信用、商家信用提供信贷等等，这些都是大数据在后面起作用。

腾讯社交网络是容量非常大的平台，腾讯也在研究这些数据，比如说对一个用户来说他的信用会产生什么影响呢？还有一个案例很有意思，深圳的华大基因生物公司，曾承担了全球人类基因测序的1%。当时测一个人的基因特别困难，现在科技发展了，成本已经大幅降低。他们是用BT+IT，即生物技术＋信息技术，用大数据方式，把每个人测出的基因数据全部存起来，尽量多地测，测几十万、上百万、上千万人的数据，一个人的基因数据6G。长单眼皮还是双眼皮，性格怎么样，都能看出来。他们的理论就是抛弃以前对医学的假设，全部都用大数据来算，看病人得病的特征跟哪些基因吻合，推导出跟哪段基因有关，然后对症下药。药不是治病的，是治基因的某一段的，哪一段出问题你就拿治哪段的药去治。这个思路很开放，大量用了数据，而且只有这个方法才能解决问题。这是一个很好的案例。

从连接看竞争力、评估价值，这是在传统工业社会不被接受的。2014年9月16日，华为在2014云计算大会上发布了"全球连接指数"，这是业界首次对国家和行业连接水平进行全面、客观的量化评估。他们认为，连接成为继土地、劳动力、资本之后新的生产要素。华为敏锐地洞察了连接的价值，所以他们的"全球连接指数"提供了一个很好的认识世界的视角。

为什么移动互联网的魅力远远不止这些？因为有了移动互联网，才第一次发现互联网其实跟很多传统行业的结合更紧密了，因为移动互联网的终端——手机——是网络用户随身携带的，很多东西是可以跟传统行业结合得更加紧密的。互联网的确改造了很多行业，大家可以数一数，像音乐、游戏，包括索尼的PS机，现在可能只有微软游戏机xBox大家还在用，其他的那些都已经没有人打了。媒体更不用说了，纸书受到电子书冲击，资料可以网上查，微博、微信等媒体也占去了大家阅读的时间。还有很多行业，包括电子商务再造了零售行业，包括最近很火的互联网金融，也炒得非常火热。大家是不是觉得互联网怎么那么神奇？以前觉得还是新经济、虚拟经济，反正不是主流，现在就变得主流化了。其实我们应该辩证地看待，这不是说，那是你们的行业，这是我们的行业，中间是有很多连通性的。

乘势：转型 · 增效 · 融合创新 · 新常态引擎

当前，中国经济正处于转型升级的重要时期，面临增长放缓、生产过剩、外需不振等严峻挑战，"稳增长、促改革、调结构、惠民生"是当前经济社会发展的首要任务，创新驱动正在成为我国经济发展的新引擎。由于互联网具有打破信息不对称、降低交易成本、促进专业化分工、优化资源配置和提升劳动生产率的特点，我们需要持续以"互联网＋"为驱动，鼓励产业创新、促进跨界融合、惠及社会民生，推动我国经济和社会的持续发展与转型升级。

看清大趋势才能顺势而为。目前，我国智能手机用户数已跃居全球首位，中国的网民规模已达 7.8 亿，互联网应用规模、创新融合都取得长足进展，并不断创造出新的经济业态和商业模式，正在成为经济发展的新引擎。中国互联网经过 21 年发展初具规模，业已成为中国经济创新发展的驱动力量之一，这也是改革开放 30 多年来取得的一项丰硕成果。

从下面的研究不难得出结论，互联网是大趋势，"互联网＋"更是大趋势。据来自麦肯锡全球研究院 2014 年发布的报告，一场数字革命正在中国风起云涌，企业拥抱互联网技术的程度越高，它们的运营就越高效，并最终转化为生产效率的提升。报告认为互联网已经重构了中国人的生活方式，中国正迈向数字化转型的新时代；而互联网经济潜力的释放取决于政府举措和行业接受度。为了衡量各个国家互联网经济的规模，麦肯锡全球研究院还推出了 iGDP 指标。2013 年，中国的 iGDP 指数为 4.4%，已经达到全球领先国家的水平，并超过了美国、德国和法国。

2015 年的《政府工作报告》提出了互联网促进我国经济社会发展的多个着力点。马化腾表示，这对互联网行业的从业者来说，既是鼓励，更是动力。互联网业需要进一步增强创新发展的能力，发挥"互联网+"在新常态下的引擎作用，从而更有效地实现互联网与传统产业和民生事业的融合发展，更好地推动产业转型升级、促进社会民生事业的发展，并实现从世界互联网大国向世界互联网强国的跨越。

顺势：从"不理解"到包容到"慢慢拥抱"

打通互联网与传统行业。互联网最终也会成为"传统行业"，但是互联网、互联网思维和其他行业的结合能够爆发出巨大的潜能。促进互联网与各产业融合创新，需要在技术、标准、政策等多方面实现互联网与传统行业的充分对接，并加强互联网相关基础设施的建立。移动互联网与传统行业肯定能结合，因为现在连 3D 打印都可以跟互联网结合，传统行业一样可以用互联网推，各行各业的导向各有特点，甚至有时候不是跟互联网结合，而是用互联网的思想去做。互联网企业通过开放接口和平台，将大大推动"生态协同式"的产业创新。像线下餐饮，例如海底捞，其实里面有很多思维是互联网化的，而且做得很极致，做的是口碑。

在"互联网+金融"领域，腾讯在深圳前海发起成立微众银行，作为首批民营银行，利用大数据和互联网平台服务于广大中小微企业，全力为大众创业、万众创新提供支持。微众银行在筹备过程中和腾讯云合作，通过云计算构建新型的互联网金融 IT 架构，和同行相比，微众银行的单位账户管理成本同比降低 80%，为金融云平台构建打好了基础，这将是一种完全基于互联网技术、开源、可伸缩、可扩展、安全、成本优惠的金融云平台，这个平台预计将改变传统金融的业务提供模式。

类似的故事也发生在富途证券，富途证券 2012 年在香港成立，以提供港股和美股交易服务为主，创业三年就已实现用户数 12 万，月交易额近 70 亿元。富途证券特别强调自身的互联网基因，在说明创办富途证券的原委时宣称——"作为资深互联网从业者的我们，当以一流互联网产品的要求和服务水准来审视香港网络证券经纪服务，我们发现有太多可以改善的空间：设计粗糙的交易软件、高昂的交易成本、漫不经心的客户服务……"富途证券率先在业内采用腾讯云服务，进行深层次的服务再造，主推轻重分开、弹性可用的策略，信息处理变得简洁、安全和迅速，可以支持业务快速扩容。在 2015 年港股的牛市盛宴中，由于创纪录的开户量、交易量等因素，多家银行、券商的服务器出现宕机、系统瘫痪状况，导致交易无法正常进行。而富途证券为用户创造稳定的交易环境，在这一轮港股暴涨中一枝独秀。

此外，在"互联网＋民生服务"方面，以微信"城市服务"为例，聚合医疗挂号、公安户政、出入境、缴费、公积金等多项民生服务功能于一体，一个"城市服务"入口就相当于一部手机上的政府服务大厅，有力地推动了我国服务型政府以及"智慧城市"建设。目前，这一功能已率先在广州、深圳、佛山、武汉四地正式开放使用，而郑州、重庆、上海、海南也即将投用。这些创新，在便利百姓生活的同时，也为政府探索社会治理新模式起到了试点和示范作用。

互联网与传统行业，合作还是对抗，几乎不再需要讨论。二者是鱼和水，互联网不是复仇者来了，大家都要有顺应潮流的勇气。只有彼此敬重才能找到最佳结合点、最佳融合方式、最好的创新方向，以共同发展。"互联网＋"的很多行业过去就已经很成熟了，比如说"互联网＋通信"就是即时通信，已经非常成熟。运营商一开始也是很不适应，但是现在运营商越来越意识到，大家是鱼和水的关系，互联网这一端发展了，数据业务的流量是大大超过语音收入，但整个增长是更好的。马化腾指出，这会有阵痛，大家一开始觉得互联网跟通信结合很可怕，会不会把过去的收入打没了，但是现在回过头去看，运营商已经跟两年前、三年前的情况完全不一样了。全球来看这也是大势所趋。

再比如，"二维码"扫码这个东西产生得很早，但一直到移动互联网出现微信内置这一功能后用户才意识到这一点。在一个商场里看到一个喜爱的品牌店时，你可以通过扫码获得商户的信息，和商家进行多媒体的互动，甚至可以直接微信支付，这个体验是非常流畅的。腾讯在移动端已经建立了一个消费者付费的体系。

再如手机支付。比如只扣 1 个百分点，用户就可以把银行卡的钱直接转给平台，这样省去了中间渠道的成本。未来这种模式将成为主流，对企业来说渠道成本更低，对用户来说体验也更好。这会和中国网民的银行卡普及息息相关，现在看这已经到了一个爆发期。

至于互联网与住宅怎么结合，万科已经在做，就是用互联网思维来做住宅，包括重视用户体验，围绕体验进行创新。比如，把万科物业搞好，在社区的周边引入最好的店铺，提供最丰富的社区服务。站在一个用户角度，所谓与互联网结合，涉及小区的智慧与连接，是不是小区内的所有楼宇、物业都可以通过网络连接在一起，通过移动互联的方式解决小区里的一切问题，建造真正的智慧小区？

房产O2O可以通过移动互联网提升交易效率。搜房、安居客等很多垂直领域的房地产信息网站，不论是新房还是二手房，都在利用互联网的方式促进销售。另外在商业地产方面，腾讯跟百度和万达有合作，做万达商业地产里面的O2O。其基本思路是，指导商业地产里面的商家搭建一个平台，利用移动互联网的能力，让传统的商家、售货员，不仅仅服务来到柜台的客户，空闲的时候也可以跟来过的客户继续沟通，通知有新货到货之类的，同时发挥线下、线上的作用。过去大家觉得电商对线下是完全水火不容的、毁灭性的，那边发展好了这边肯定完蛋，后来发现线上做的线下商家也可以做，他在手机上可以服务他的客户。

马化腾分析道，地产要做成很有效的模式还是很复杂的事情。万达这种商家，还有包括万达以外的很多购物中心、连锁店，也都纷纷找到腾讯，希望有好的解决方案，怎么把用户黏住，提供很好的售后服务，怎么做会员忠诚度计划。还有一些会员卡或者是卡券可以更电子化、科学化地发放，比如发给附近的人，比如某家餐厅突然想搞促销，半小时内促销给附近3公里内的消费者，说你过来吃饭我便宜4折，以前做不到这个，根本没法通知，因为你是当场看到这个位置空了才能做这个决定，现在就可以用移动互联网的方式一下子推送给周边的人。这都是一些鲜活的案例，是关于怎么利用移动互联网和传统行业结合的。

对于互联网金融原来大家争议很大，一年多前像余额宝刚出来那时候，银行觉得不可控，包括说二维码支付是不是有安全隐患等等，现在这些问题都逐步得到解决，国家对互联网金融的研究也越来越透彻，银联对二维码支付也出了标准，使其得到了有序的发展。

马化腾指出，传统行业每一个细分领域的力量仍然是无比强大的，互联网仍然是一个工具。比如交通领域，现在滴滴打车还不被理解，但未来会规范化。互联网在未来也会进入制造业，借由互联网获得的数据，倒推用户的需求。农业也是如此。这些都不是一家互联网公司可以做到的，腾讯要做的则是打造一个平台，鼓励更多的垂直公司加入进去。

今年年初李克强总理去深圳，在微众银行按下了第一个回车键，发出第一笔网络贷款，这是第一个有互联网金融牌照的机构诞生。我们可以看到政府对互联网之于传统行业的改革还是很支持的。

"互联网＋"不是空穴来风，也不是无本之木，事实将证明，"互联网＋"是推动传统行业朝创新驱动发展转型的最好支点和最具魅力的制度创新。互联网与任何传统行业的结合，都会经历从"不理解"到包容到"慢慢拥抱"的过程。结合是大趋势，慢慢磨合好了，会逐渐规范化。

造势：携手出海，连接世界

现实的世界很大，虚拟的互联网更没有边界，跨界融合和创新这件事本身都没有地域和背景之限。让更多的人连接进来，让更多的创新、文化、智慧连接进来，自然也会把需求、市场连接进来。

过去的跨国公司和互联网语境下的跨国公司已经有了本质的不同，而互联网提供的就是完全不同的逻辑、模式，如全球采购供应链、客服外包、协同办公，其实，海就是我们的思维之障，就是我们的局限之困，跨过去了，你就打开一片新天地。

出海为什么也要携手？没有互联网做支撑，传统行业越来越没有和外部对话的基础，因为互联网早已将这个世界连为一体。传统行业出海尤其需要互联网产业的支持。无论是采购、结算、物流还是客户服务等环节，有互联网的强大支撑，就会克服地域空间之碍。

互联网产业走向海外已经有了较好的实践，几家大型互联网公司业已跻身世界前列，其未来的海外发展空间也非常值得期待。

现在微信、WhatsApp、Line、Kakao 4 家在很多国家的市场上的位置基本上尘埃落定，原来领先的就领先，原来落后的也很难打破均势。因为即时通信的特点就是这样，一旦占领了就很难去撼动。你只能从更丰富的超越即时通信以外的增值服务等角度去看这个竞争。所以时间窗口期有时候很短，错过了再想分一杯羹的难度是非常大的。

腾讯还有另外一个角度是内容产业，在海外发展得不错。对手机游戏这个领域来说，应该会比过去个人电脑时代国际化的程度更好，中国企业走出去的实力也应该会更强一点，因为移动互联网方面中国还是比较强大的，而内容产业又是亚洲国家比较强，所以这块大有可为。

连接一切是"互联网＋"的本质

100 年前，如果有一种方式，可以让你听到远在千里之外的爱人的声音，你需不需要？

你的答案一定是肯定的，而这正是电话被发明的原因。

如果有一种连接，它能够带来人际交往的延伸、生产效率的提高和日常生活的便捷，这样的连接你需不需要？

你会怎么回答？

连接为什么这么重要？

实际上，传统的互联网已经部分解决了上述问题，但是对人际交往的延伸还不够，离便捷的差距还比较大，所以便催生了移动互联网。

交互随处发生，信息无处不在。不谈连接的重要性，先假定并想象一下"失去连接"会是怎样一种体验？

连接是对人性的最大尊重，连接注重体验、便捷。因此，连接能够增强黏性，可以强化关系。互联网特别是移动互联网重构了关系，而能够产生信任的连接毋庸置疑价值更大。

没有连接，就没有跨界；没有跨界，就谈不上融合与创新。当然，没有互联网的时代，甚至古代，一样有连接存在，烽火、驿站是那个时代"连接"的形式。如果说卡尔·本茨用内燃机而不是蒸汽机来驱动三轮汽车，才成为"汽车之父"和现代汽车工业的先驱，是一种连接；那么，蒂姆·伯纳斯·李将超文本和计算机联网结合起来，成就了互联网，则让连接一切成为可能。

前面讲到，从企业、区域来看，连接成为新的要素，是价值、成长性的衡量尺度之一。数据是生产力，没有连接的数据无法结构化，未被利用的数据几乎等同于垃圾。信息孤岛化现在是非常普遍的。过去政府各个部门都做了大量的信息化建设，有大量的基础数据，但是由于没有直接互联起来，利用率并不高。现在非常热的大数据也存在很多这方面的问题，比如数据的噪音大，数据的非结构化，数据没有和场景结合、没有和相关的人结合，等等。

移动互联网就可以解决政府部门之间信息孤岛的问题。它可以构建一种更简洁、更人性化的人机接口，并且有效解决数据交换问题。

用户通过各类政务微信、政务App等应用，在移动端也能享受行政服务大厅的一站式服务。例如广州市通过开通微信"城市服务"功能，将医疗、交通、公安户政、出入境、公积金等17项民生服务汇聚到统一的平台上，市民通过一个入口即可找到所需服务。随着公共数据的逐步开放，微信在连接、整合公共服务方面将有更大的想象空间，把信息孤岛连成一片陆地，连接的是数据，方便的是民生。

对于个人而言，连接更多是一种体验，连接是一种社交，是一种生活方式；对于机构和社会而言，连接更多是一种对话、一种交互、一种效率、一种价值、一种治理结构。

此外，连接是"互联网＋"的基本特征。"＋"是连接，是跨界，是融合，是创新。不论是什么层次的 "互联网＋"行动计划，都有必要做好"连接"这篇文章。

从2011年1月21日微信正式推出至今，微信将每个人同其他人越来越紧密地连接在一起。通过语音通话、视频聊天、即时对话、摇一摇、附近的人、小视频、朋友圈分享等基础服务功能，让空间的距离不再成为人与人交互的障碍。

微信远不止于此，目前，公众平台、支付、硬件开放平台和企业号等业务已相继开放并结构化、关联化，与电视、空调等设备以及手环等可穿戴设备的互联，以及滴滴打车、大众点评等线下服务的接入，让微信从一个人与人通信、社交的工具，逐渐进化成一片连接性更强的"森林"。连接一切正在逐步成为现实。

什么是连接一切？

连接一切，是将一切可以产生信息并具有信息交互可能性或相互影响的因素，利用信息通信技术特别是智能化的方法连接在一起的过程和状态。它是互联网的未来，更是"互联网＋"的本质。

当被连接的因素少、数量低、频率低时，这种连接的价值就大打折扣。微信也有不少的竞争者，除了信任因素、不像陌陌等比较专注之外，他们没有超越微信的最大原因就在于对连接的理解不足、连接性不高、连接生态不强。

连接一切不仅是广度，也是深度、密度。不仅是人和人之间的连接，我们现在也看到人和设备、设备和设备、人和服务之间的连接，未来甚至人和植物、人和其他人的意念思维乃至梦境、人和宇宙万物之间都有可能产生连接。

连接一切是一个生态解码器和编译器。比如社群，加入者的身份背景可能迥异，因为兴趣、职业、专业、地域等因素连接在一起的时候，你会发现，一个微生态很快就建立起来了，规则会很快达成，合作、协作、创新也有产生的可能性。连接貌似只是一个起点，而同时可能产生你难以预料的形形色色的其他连接。

马化腾深切地感受到，这两年移动互联网手机成为人的一个电子感官的特征越来越明显，它有话筒、听筒、摄像头、感应器，使人的感官延伸增强了，而且通过互联网连在一起了，这是前所未有的。移动互联网环境下，用户会有新的价值诉求，就要有新的玩法、新的连接方式。

腾讯的QQ全平台现有 8.2 亿的月活跃账户，每天平均 150 亿条消息量；在手机上QQ进步也很快，现有 5.42 亿月活跃账户，日平均消息量 100 亿条。微信与WeChat合在一起，现有月活跃账户 4.68 亿。大家感受到微信在一线城市渗入得更广泛，而从二、三、四线城市到农村，QQ和手机QQ是非常重要的一个平台，而且增长非常快速。在过去的个人电脑时代，每个人大概只有两个小时上网的时间，那时候人们一上网就上QQ，关网的时候关QQ，基本上，上QQ的时间就是他网络连接的总时长，现在就没有在线的概念了，这里面会产生很多新的不同。

还有就是服务。腾讯在微信上首次创新性地引入公众号和服务号的体系，这是在过去个人电脑时代无法想象的，通过这个服务号连接了很多服务和商家，包括媒体、自媒体人，甚至包括运营商的营业厅、银行都可以通过这个连接，不需要网站，就可以轻易地把人连接起来。它的很多资讯、服务可以很碎片化地转发、分享给一个人或者一个群，甚至所有的人。这些资讯和服务在社交网络里面可以快速流转，完全不需要网站，也不需要很复杂的东西，就可以产生这么神奇的效果。这是一个连接服务的雏形，还有很多情况可以演变。

下一步腾讯正在发力连接设备。连接设备刚刚开始起步，微信有硬件平台，还有QQ物联的解决方案，包括车载，也可以跟其他的合作伙伴推出车联的解决方案。还有很多东西可以做，腾讯不想只有他们一家做，正联合合作伙伴一起来实现这样一种伟大的想法。

微信的公众号是人和服务的一个尝试。所以说个人电脑互联网也好、无线互联网也好，甚至是物联网也好，都是不同阶段、不同侧面的发展，它最终会形成一个很大的、全面联系的网络实体，这也是我们未来谈论一切变化的一个基础。

连接的机制

连接的主体一定是多元的，连接一切的参与者也一定是广泛的。基辛格说过一句话，没有国家能独自打造世界秩序。连接一切是大家一起来，各展所长，各得其所。腾讯想做最底层，上面由传统行业自己搭载自己的逻辑，来应用在自己的领域，这里面的空间是无穷的。每一行都很深，需要各行各业用起来，才能发挥移动互联网的最大威力，才是真正意义上的"互联网+"。

连接一切的入口可以有许多个，连接一切的平台要足够大，合作的意识、包容的机制一定要鲜明，并被自觉遵守。这就像建立空间站，需要天文学家、航天专家、生物学家、电力、通信等各方面共襄盛举。

连接一切一定不是一件完全自动自发的事情，这里面需要架构、规制、协议、自律、他律，乃至安全、监管和治理。信任、合作是基础，协议、约束是手段，自律、敬畏是核心，监管、治理是保障。

信息的产生、连接的发生、数据的合理使用、能不能连接一切、"互联网+"的成效，都有赖于连接机制的建立、完善。因此，产业界的合作与规范就显得特别重要。

人和人之间的连接现在比较成熟了，未来的机会在于人与设备、人与服务的连接。而这种连接都应该是智能的。

人被连接的意愿、他们的隐私保护、数据被应用的许可和知情等等，都需要在尊重个体、绿色连接、用户许可、产权保护、数据脱敏、价值分享等诸方面逐步探索好的机制、规则与模式。

二维码最方便连接线上线下，目前扫码还比较简单，容易传播，在很多餐厅外面大家也都会看到扫微信、微博二维码的，所以各家都在努力普及这个市场。

腾讯最早在行业里推动二维码成为一个标准。二维码就是移动互联网的眼睛，因为它可以最方便、最简单地连接线上线下。过去像蓝牙、NFC（近距离无线通信技术）等很多方法都很麻烦，而扫码最简单可靠。

未来二维码还是有它的局限性，比如说以后蓝牙4.0的这种感应，甚至根据Wi-Fi的信号，有的新技术可以室内导航，这些都是比以前更精准的地理位置信息，可以将很多线下的服务连接起来，可能就不用扫了，摇一摇就知道你左边、右边是什么商家，什么服务对你是最有用的。

此外，有必要研究制定我国公共数据开放战略，政府也已经要将公共信息与数据向全社会开放，打破行业信息孤岛，确保社会公众能及时获取与使用公共信息；同时，逐步建立数据安全保护体系和数据开发利用的标准，确保数据的有效使用和相关方权益。

人是最重要的连接要素

人是最重要的连接要素，这一点恐怕不难理解。你连接了人，才能产生交互，才能沉淀关系，才能产生黏性，才能占据时间，才能释放需求，才能匹配导流。其实不仅于此，更重要的是，人是最能动的因素，是社会化、群体化的个体，他们都会交互、分享、推荐；由此，口碑化传播成为连接的润滑剂和起爆器，连接一切才真正成为可能。

推动连接不断进化的最重要力量就是人本身，所以越来越多的技术被应用于连接。互联网可以更大范围地连接用户更深层的智能化社交化需求，在个人电脑端、移动端、多终端，腾讯都能成为一个互联网连接器，一端连接合作伙伴，一端连接海量用户，共同打造一个健康活跃的互联网生态，连接一切。

连接是对话，是交互，是关联，是合作，是思维，是生活，是融合，是创造。从个人电脑互联网到移动互联网，人和人之间的双向连接、多维连接越来越重要。现在还存在数字鸿沟，腾讯希望没有"连接鸿沟"，每个人都有享受智慧生活的权利。他们在贵州与地方、与合作伙伴一道在进行富有成效的社会实验，用"移动互联网＋乡村"，让他们与自己连接、与世界连接，享受公平贸易。

连接器是腾讯最根本的特质

过去很多人都觉得腾讯什么都做。马化腾反思说腾讯过去走了很多的弯路，因为有了利润，发现太多机会，于是很多领域都进去了。从四年前做开放以来，腾讯真的一步一步地落实到位，这两年把越来越多的业务都砍掉、卖掉，让给其他的合作伙伴去做。

最近一年多来，腾讯有很大的变化，开始修身养性，回归本质。他们发现企业最擅长的优势还是集中在通信、社交大平台上，因此他们的整个战略发生了很大的变化：搜索业务与搜狐合作，电商业务与京东合作，腾讯则回归到最本质的连接器。

互联网的连接器

这个转变不是偶然的，除了做人的事情、和人打交道是腾讯的基因之外，更重要的是腾讯在互联网尤其是移动互联网上看到了新的希望。原来在个人电脑的时代，通信、社交仅仅是人们生活的一部分；但是在移动互联网方面，通信大有可为。手机是一个天然的通信工具，大量以通信和社交做底层服务的机会诞生了，这在个人电脑时代是没有的。但是在移动互联网时代，有了联络人，知道他的社交网络之后，腾讯发现其实有很多底层的工作可以做。

于是他们产生了一个新的定位，就是做连接器。腾讯不仅希望把人连接起来，还要把服务和设备连接起来。

连接不是未来，整个世界正在迅速地建立连接，连接已经无处不在。打车应用使得人们随时随地都可以联络到周围空闲的出租车，这是创建了人和出租车之间的连接；大众点评使得人们随时随地可以找到最优质的、最满足自己需要的餐饮等生活服务，这是创建了人和生活服务之间的连接。这些连接创造了新的价值，使得整个社会的效率变得更高。

如果非要归纳腾讯为什么要把自身定位为"互联网的连接器"，不外乎以下原因：一是连接才是美好的，连接一切是未来；二是人们需要连接器，他们信任腾讯，这是他们智慧生活的重要组成部分；三是连接器是腾讯的基因，是腾讯的归宿，可以发现、挖掘、放大连接的价值；四是还存在信息孤岛和"数字鸿沟"，还有人"失连"，这些失连的数据和人都值得关注和唤醒；五是连接器是腾讯践行社会责任最好的实现路径，既可以推动信息经济、数据经济、分享经济、创客经济、WE众经济、智慧民生的到来，又可以通过"互联网+"服务于不同的行业并提交价值；六是可以为创新创业提供生态化支持与有效推动。

所以，腾讯重新定位再出发，做互联网的连接器，就是要做人和世界、人和未来的连接器，做创新创意的放大器，做WE众价值的转化器，做创业创造、社会价值创新的加速器，做群体智能的合成器，做美好数字社会、连接一切时代的助推器。

开放型生态，工具型伙伴

对腾讯来说，很重要的一个原则就是开放。腾讯将很多非核心业务转给合作伙伴去做，跟他们合作。腾讯的生态是一种更开放的生态，他们提供底层的通信用户认证，或者是储存，或者是分发的平台，或者是一些交易支付平台，跟很多垂直领域的合作伙伴进行合作。

四年前，很多企业都提出要开放。腾讯不只是说说，而是身体力行。腾讯的业务有 500 万的创业者，粗略估算一下，整个合作伙伴的估值可以超过 2 000 亿元。

基于连接，基于开放，这些合作伙伴主要做什么呢？如果是提供最简单的连接，那是纯管道，它的增值服务不够。对腾讯来说，过去 11 年来，在内容领域，尤其是网络游戏，有大量的外部开发者，以后更多的内容将不由腾讯自己开发，而是由他们的合作伙伴去开发。

中国互联网发展到第 21 个年头，从完全无序的、不注重知识产权到现在越来越重视知识产权，虽然还没完全解决问题，但是已经很明显在改善，只有这样，整个商业模式才能成形。原创、视频、音乐、动漫等内容会交织成一个知识产权生态，这个生态不可能只由几家包办一切，一定是开放、共融的，很多合作伙伴参与的，分多个层次的新生态。

马化腾曾经深有体会地谈到腾讯的开放平台：我们现在看到其他几家生态公司，虽然比我们起步晚一点，但最终都会意识到和我们一样的问题，只不过我们早一点走、早一点碰壁或早一点改而已。但是我相信大家都是会一致开放的。这不仅是 DNA，不仅是管理上的问题、精力的问题，还是很多创业机制的问题。因为很多领域是必须要有创业者在这个领域全心全力地推动，才可能见到很好的效果的，而且你是赌自己的一个团队做得好，还是赌市场上最后打出来的那个赢家更好？哪边胜率高？肯定是市场胜率最高，这是我们经过这两年的实际痛苦经验得出的结论，所以我们现在坚定不移地往这方面走，应该能成为所有创业者最好的合作伙伴。

要做零件型、工具型、服务型伙伴。腾讯意识到很多领域是自己做不了的，应该放出去让别人做。他们过去也试过把很多东西放在体系内做，后来发现自己的架构可能更适合做一些基础性的、平台性的、普适性的连接器，太复杂、太深入的东西对腾讯来说会有裁判员和运动员的问题，所以他们现在心态更开放。按马化腾的说法，很多时候他们提出来一个理念，然后提供一些基本的零配件，做一些"钉子"、"锄头"这样的工具给大家；而腾讯作为一个开放接口，把账户关系链、社交广告能力、支付能力作为最原始的武器开放给很多垂直领域的合作伙伴；具体搭成什么样的模型、做成什么样的事情，你可能想象不到，但很多垂直领域可以做出很多很有意思的东西。有的行业（比如说医疗）后面那么深的产业链怎么做，对腾讯来说就很陌生了，他们要么就投资，要么就提供 API（应用程序编辑接口），开放给外面很多懂这个行业的第三方公司。比如说教育领域也是，他们会用腾讯的工具来创新，他们是自己领域里面很资深的专家，怎么能用好移动互联网、用好微信、用好公众号，或者用好其他一些不一定是腾讯的产品，就怎么来。

用手机、微信作为连接器，是腾讯努力希望在产品形态方面能让用户形成一个很简单的记忆连接点。用什么方式可以接触到这些服务？过去这些系统要做都不难，但是为什么最终起不来呢？就是人们觉得它入口太深了、太复杂了，久而久之就不用了，所以说不是没有这个资讯，也不是系统很难开发，而是它的人机界面不够简单。

腾讯就很擅长搭建最简单的人机界面连接，从而形成一个最方便、最人性化的入口，来连接各种各样的线下多场景服务。后面需要很多的合作伙伴，因为腾讯肯定不可能做每一个垂直领域的内容，他们更希望作为一个小小的连接器，跟很多合作伙伴、政府、内容源合作。

牵手连接型公司

类似于滴滴打车、大众点评这样的公司，创新性地创建了以前没有的、数量庞大的连接，纳入了新的连接要素或连接方式、集散模式，并创造了新的价值，使得整个社会的效率变得更高，我们可以把这类公司叫作连接型公司。

如果再进一步研究这些连接型公司，我们会发现连接型公司的价值是由它所创造出的连接的数量和质量决定的，例如一个可以连接一万辆出租车的公司会比一个连接 1 000 辆出租车的公司更有价值，一个总是可以帮我找到我需要的餐厅的公司，会比一个经常给我找错餐厅的公司更有价值。因此这些连接型公司必然是开放的，必然是积极发展生态的。以下两点，腾讯首席运营官任宇昕曾经与大家做过分享：

"首先，腾讯通过服务连接型公司来连接线下的服务。线下的服务是极其复杂和种类繁多的，并不是任何服务都可以被移动互联网连接。就算是那些相对容易被连接的服务，也需要依赖众多真正懂得这些服务的连接型公司来做连接这件事。所以腾讯如果希望尽可能多地连接到更多线下服务，就不能只是自己直接去做连接，而是需要做好自己与其他连接型公司间的接口，让自己与其他连接型公司建立连接，帮助其他连接型公司获得成功。滴滴打车和大众点评就是其中两个例子。

"其次，开放战略与时俱进，接触用户渠道多主体化。在传统互联网时代，腾讯的开放战略更多是把其他公司的内容和服务引入到自己的平台里，希望用户接触这些内容和服务的接触点是在自己平台内。如QQ空间做的开放平台就是其中一个例子。我们可以把这个称作开放 1.0。而在产业融合的移动互联网时代，我们发现每一个商业领域都有其自身的规律，我们不能强行扭转别人的经营方式，强迫别人把业务搬到腾讯的平台里来。而更好的做法是，我们把自己的能力开放出去，开放给各行各业，让各行各业按照其自身的商业规律，按照自己熟悉的经营方式来做业务，同时又能因为腾讯开放的移动互联网的能力，改善自己的业务经营方式。我们称这个为开放 2.0。微信的去中心化电商、应用宝红码，均是这种思路的例子。用户如果要下载商家的应用，过去只能到电子商店里去下载。现在任何商家都可以在自己接触用户的渠道推广应用宝红码，用户在用手机扫描红码以后，应用宝会为用户下载商家的应用，同时用户还会通过微信自动收到应用宝或者商家给予的奖励。目前已经有京东、苏宁、携程、招商银行等多家商家提供这种服务。"

腾讯云也是一个例子，早年腾讯云是一个为公司内部业务提供服务的云计算平台，公司内几乎所有的高负载大容量服务，都使用了腾讯云的技术。在后来的开放 1.0 阶段，腾讯云为所有引入到QQ空间的第三方服务提供云计算能力。在现在开放 2.0 的阶段，腾讯云开放给了所有希望将云端托管在腾讯的企业和开发商，无论这些企业和开发商是否与腾讯有其他的合作。所有使用腾讯云服务的企业和开发商，均可以享受与腾讯内部业务同等质量的安全能力和云计算能力。这种能力不仅包括与腾讯内部业务同等质量的基础能力，还会把腾讯在业务发展中沉淀的经验分享给企业和开发商，如腾讯安全团队自研的公司级别安全防护体系"宙斯盾"及"大禹"，腾讯游戏内部广受好评的高效游戏运维平台"蓝鲸"，腾讯多个王牌产品都在使用的移动推送工具"信鸽"，以及为QQ空间每天数以亿级图片提供支撑的图片服务能力等等。

所以腾讯很多的产品，包括微信做连接器，都带有集散器的特点，与伙伴一道做各自最擅长的事情，保持相对独立性和整体连接性。腾讯想做最底层，上面由传统行业自己搭载自己的逻辑，来应用在自己的领域，这里面的空间是无穷的。同时互联网思维也影响了很多人，用口碑营销、粉丝文化创造出一线互联网化的产品，比如小米、特斯拉、海底捞都具有互联网思维，成为人们口口相传的口碑。

腾讯连接未来的新思维

腾讯的创立进入了第18个年头。18岁，是一个人的成人礼。可以说，连接器让腾讯和每一个个体的连接越来越无间；"互联网＋"让腾讯同国家的脉搏也越来越同频。

研究发现，归根结底，腾讯是一个面向未来的生态性连接器，他们要做的其实是连接价值的发现者、商业价值的传递者、融合创新的搭建者、价值创新的加速者、社会文明的守望者。

连接让未来更美好

未来在哪儿？未来在世界变得更美好的路上。

将腾讯的使命和每一个个体的未来连接起来，和"互联网＋"的每一个行业、每一个伙伴的未来连接起来，才能真正达成连接一切。

从2013年底开始，连接成为腾讯的重要战略之一。他们所有的努力都是把人与互联网、人与人、人与硬件、人与服务连接起来，包括与生活、与情感、与娱乐、与想象、与创新紧密连接。他们把连接的每一个个体当作最重要的资源，积淀的关系与信任是他们最大的资产。腾讯基于人性，敬畏人性，把和人、人性相关的工作做透，做他们O2O的连接器，做他们丰盛世界和多彩未来的连接器。

一个好的互联网公司，一定是既重视技术，又不偏废人文的。否则，很难持续不说，还很难受人尊敬，更不用说引领社会责任了。

马化腾大概三年前在很多场合就提出来，微信的扫一扫和摇一摇，实际上是代表视觉和触觉，通过它们可以看到很多周边的情况，利用传感器、摄像头等接收到LBS（基于位置的服务）信息，和过去所谓的个人电脑互联网时代有很大的区别。因为它是随着每个人，带入生活中的很多场景，所以它可以和线下很多公共服务联结在一起。

腾讯去年任命了一个新职位——首席探索官。他的中文名字也挺棒的，网大为。网大为的作用是考虑公司的未来。那么如何考虑未来？网大为认为，首先要考察人性，看他们面对未来的怕与爱。其次是寻求合适的技术与合作者，而寻找这些伙伴的最重要标准，就是看他能否给人类生活带来好的改变，让世界更美好！也许某项技术在现阶段并不赢利，但只要它是有益于人类生活的，就值得合作，比如人机交互技术、神经科学等等。

互联网的发展日新月异，"互联网＋"的空间与价值不可限量。腾讯的布局重点还是互联网，以善意、诚意、创意推动其他行业与互联网的结合是腾讯今后的重要任务。当然，估计腾讯也会适度关注与互联网无关但有助于改善人类生活的其他技术。但他们秉持的是"一切以用户价值为依归"的理念。

中国的未来在于青年，要懂这些数字牛仔，让这些互联网的原驻民参与创意创新和决策。"关注用户价值"这个点一直是腾讯的内部共识和核心优势之一；比所有竞争对手更持续、更系统地了解用户需要，将成为一个关键优势。而且每个人都可以参与其中。至于 10 年、20 年之后，人类生存在何种场景，过着何种生活，我们或许难以预料，不过腾讯始终坚信，"让世界更美好"是人类的共同目标。对用户、对技术、对世界、对未来永远抱持敬畏、虔诚之心，这也是腾讯要一如既往地坚守的。

连接的最高境界是"用心连接，用心感应"。腾讯用心地对待和每一个人、和伙伴、和世界、和未来的每一次对话，他们用连接器、用"互联网＋"、用融合创新拥抱智慧生活的流行。

"互联网＋"是最大的社会责任

腾讯做到现在，今后应该承担的最大的社会责任是什么？是公益慈善，是创造就业，是激活创新，还是其他？

"腾讯是一家面向未来的生态性连接器，我们要做连接价值的发现者、商业价值的传递者、融合创新的搭建者、价值创新的加速者、社会文明的守望者。"这句话，在局外人看来，或许可以比较全面地概括腾讯的社会责任。

"互联网＋"是腾讯践行社会责任的重要机遇。为国家分忧，就体现在创造就业创业机会、促进转型上；为大众服务，就体现在支持大众创业、万众创新，保护知识产权上；让未来更美好，就体现在二者的结合上。

腾讯做公益重点放在用移动互联网解决信息不对称上，并对失去连接的人群给予关注。在贵州，腾讯采用"移动互联网＋乡村"模式，聚焦少数民族古村落，让他们借助互联网与外部世界对话，并享受公平贸易的机会。还帮助一些农村或者是一些小的跟生活类有关的创业者、小商家用手机很简单地把产品发布到移动互联网上形成微店，附近的人、朋友、同爱好的人可以转来转去，所以为什么叫微店、微商，就是这个意思。

在移动互联网时代，新的价值观有待发育，慈善公益也必须不断推陈出新，真正发现、保育和创新社会价值。与此同时，腾讯也开始重新对社会责任进行思考与定位，在"互联网＋"的大背景下，尝试梳理并建立新的范式。期望腾讯在社会责任定位与践行上建立一个标杆，做人类文明和未来的守望者！

再小的个体，也有自己的品牌

中国的未来，最大的驱动力来自于以个人为中心的创意创新能力的提升和激活，以创业创造的企业家精神来引领。

公众订阅号的推出，让再小的个体，也有自己的品牌。大量自媒体的涌现，使得普通资讯的生产、发行和消费摆脱了传统印刷技术和个人电脑互联网的桎梏，效率显著提升。一位知名出版人讲："中国最强的出版平台就是微信，所有的信息都可以从上面获取，它赚取了用户的大部分时间，没有比这更成功的出版产品了。"

腾讯作为连接器，"随风潜入夜，润物细无声"。在互联网社会通过微信，给每一个个体一个ID，它就代表了诚信、代表了创新、代表了用户刻画。马化腾深深知道，腾讯成败系于"人"，沉淀大量信任性关系，重构关系结构，建立动态连接交互分享系统，发育社群与管道，这是其他竞争对手难以超越的。腾讯做连接器，是加速器而不只是孵化器。加速器是以别人的能动性为主导，腾讯来放大他们的梦想，提供梦想实现的生态条件支持，创造推动进步的土壤，"+"是价值创新与价值实现的要素。而能否基于"人工智能"，将"人的智能"进一步挖掘、关联、跨界匹配，估计腾讯在2.0阶段将剖析这个话题。

再小的创意，都值得尊敬和保护

腾讯一直致力于打造中国最成功的创业孵化器，对于创意创新创业，腾讯的开放平台从流量、技术、盈利三个关键点着力，帮助创业者把握腾讯多终端开放时代涌现出来的机会。

据腾讯开放平台报告，至2014年上半年，共有300万注册开发者在腾讯开放平台创业，个人开发者高达41%，超过50%的开发者在25岁以下。在过去的三年，腾讯的开放平台已经成功孵化出不少创业团队，已经实现独立上市以及正在上市流程中的公司，已经超过了10家。被其他上市公司高额收购的也超过了10家，估值也达到了2 000亿元人民币。总融资金额也达到了100亿美元。腾讯过去三年的开放历程，已经累计开放1万多个开放接口，开放的技术资源，将有力帮助创业者最大程度地降低创业成本。

要继续加大网络知识产权的保护。腾讯把搜索、电商都卖掉之后，更加聚焦在核心，就是以通信和社交为核心平台，以微信和QQ为平台作为连接器，希望搭建一个最简单的连接，连接所有的人、资讯和服务。他们做的第二个事就是内容产业。就这么简单，一个是连接器，一个是做内容产业。内容产业最核心的就是知识产权，所以腾讯在很多领域呼吁知识产权的建立。在过去，网络游戏和影视是知识产权发展得比较好的领域；再下一步，包括音乐、文学、动漫等等都会越来越正规化、越来越跟全球的知识产权保护程度看齐，这是对文化产业方面非常重要的保障。

在微信公众号的版权保护上，腾讯正完善用户申诉机制。他们希望开发更多的机制，比如说会有原创的标识，让原创者申报这是自己原创的，之后的便是抄袭的，这样他有权去撤掉别人的盗版。如果接到投诉，腾讯还要承担平台管理方的职责，去维护和清理。至于假货也是同样的问题，也属于侵权、提供虚假信息，腾讯希望建立一个有序的管理机制。在这种情况下，腾讯前一阶段对朋友圈进行规范、保护知识产权的行动，取得了一定的效果。

再小的群体，都值得关注

腾讯在贵州开展的"移动互联网＋乡村行动"，让他们连接到外部世界。这个项目是腾讯自己执行的，项目团队成员数年一直坚守在当地山村。再比如，在信息的无障碍领域，据马化腾介绍，有很多盲人是使用互联网的，在手机的功能机时代，手机还有键盘，有上下左右键，盲人用户可以听到软件念出的字，但是在现在大屏的触屏时代没有键，他们就不知道是什么样的界面，因此只有手机的操作系统以及应用软件相配合，才能让盲人或者弱势的用户通过语音和触感来使用互联网的服务。目前国外很多国家会建立一些标准，但是我们国家其实还没有建立，腾讯很早就关注信息无障碍的领域，也在业内和阿里、百度等互联网企业在 2013 年底成立了一个信息无障碍联盟，腾讯希望能够推动产业往这方面更加正规化地发展，更关注弱势群体接触资讯的无障碍。比如，腾讯会聘请盲人做测试工程师，他们会提出很好的体验，将无障碍需求渗入每个产品的开发细节。

马化腾直言他们以前曾经走过一些弯路，比如做了一些软件是无障碍的，过了一段时间换了一拨开发者又走了回头路。他以前会收到用户的来信说，你们以前的软件还好，新版本就不行了，读屏软件读不出来了，后来发现是开发者把一些文本的东西变成图片了。所以这些开发的连续性和理念的重视是比较难的，要形成一个标准。腾讯要求不光是对外的开发，内部的开发，工程师也需要把这些记在心里。腾讯现在每个部门、每个产品的开发团队，都有一些人希望加入到内部的一个关于信息无障碍的虚拟组织，他们会努力推动腾讯的所有产品实现信息无障碍，像腾讯的音乐、输入法、社交软件等，都由这些工程师把关来推动无障碍。

路线图：通向"互联网＋"的大未来

腾讯是面向个体的公司，也是面向未来的公司；腾讯是连接用户的公司，也是连接行业的公司。腾讯的连接器作用在"互联网＋"时代有充分的施展空间，相信通往"互联网＋"的路途上有腾讯和伙伴们坚毅的身影。

腾讯的未来：生态连接器

马化腾更多的是希望腾讯未来成为一个生态连接器，聚焦业务本身，以做产品、做平台为主，和大家合作与开放地协作。现在这种合作已经有很多方面。腾讯在统一登录、用户社交关系链、多平台市场推广能力、基础设施能力、支付解决方案及对用户需求的洞察方面拥有优势。这种优势本身也是生态不可分割的一部分。

《第三次工业革命》一书里面提到，未来各大组织架构将会走向一个分散合作模式。大公司的形态一定要转型，它们要聚焦在自己的核心模块，将其他模块拿出与社会上更有效率的中小企业分享合作。

在一次"三马论坛"上，平安集团董事长马明哲除了说未来 5 到 10 年现金和信用卡会消失一半外，还说未来 10 到 20 年，银行或是大部分银行营业网点的前台会消失，后台也消失，只保留中台，因而服务的核心是中台，因为前后都可以外包出去了。

生态连接器会让消费者参与决策。越来越多的公司意识到，消费者参与决策对它的竞争力非常重要。互联网把传统渠道不必要、损耗效率的环节拿掉，让服务商和消费者、生产制造商和消费者更直接地对接在一起。这就让厂商和服务商前所未有地如此之近地接触消费者，消费者的喜好、反馈很快通过网络反馈。同时它还代表另外一种互联网精神，那就是要追求极致的产品体验，以及极致的用户口碑。

生态的开放性要求把信息孤岛接入到生态体系。BAT 三家这方面的目标和方向都比较一致，不管是数据开放、云平台，还是提供连接，他们都希望把很多信息孤岛接入到各自的生态体系，让各自的生态体系里的用户很方便地使用。这也是良性的竞争，谁做得好，谁就更受用户的欢迎，自然你的黏性、用户量就更多。

以后，像实时的公交数据，各地交委都有，就看你是付费还是合作把这个数据开放出来。韩国、日本的移动 App 应用里的公交信息，包括地铁、公共汽车都是可以接近到秒级的，国内还没有做到。

马化腾认为，包括医院的挂号等这些领域现在才有互联网企业进入，腾讯等几家都在拓展。腾讯的方案就是智慧医院，希望能够把从挂号到取药、付费全部一体化，用微信的公众号把它全部串起来。包括事后的回访，包括病例信息的分享，移动互联网信息化了以后，就不用医生再调以前的病例，网上就可以做到。互联网医疗还在起步期，这个领域相当复杂，因为市场上有很多公司从不同的角度插进去。腾讯投资了挂号网，目前整个挂号领域它的量是最大的，但是它可能只是某一层，再往下一层就又很复杂了，因为医院里面其实已经信息化了，医院的信息化管理系统有好几家供应商，你要再接不同的供应商来改造，让它实现互联网、移动互联网化，这需要很多的成本。

做中国最大的生态性全要素众创空间

从 2010 年到 2011 年间，马化腾花了一年时间思考如何将腾讯打造成一个供更多合作伙伴自由创业、供更多用户自由分享的开放平台。这是一个摸着石头过河的过程，它需要腾讯内外都改变心态，用更加开放的头脑去迎接变革。让人欣慰的是，从 2011 年腾讯宣布开放至今四年，他们积累了一些经验，帮助合作伙伴取得了一些成绩，当初他们承诺的为合作伙伴再造一个腾讯的阶段目标也已经实现。

国家倡导大众创业、万众创新，这是一个信号，我们会逐步进入一个智力资本驱动的时代。现在创业环境非常好，细分领域有大量创业机会。抓到一个很细节的地方，用信息技术提高人们的效率、改善人们的生活，能够解决一个痛点，就能成功。

腾讯一直在打造创新创业生态，要做最大最具生态性的加速器型众创空间。这个生态就是要靠很多创业者和平台一起做。腾讯秉持梯子思维，把很多接口开放，提供配件、工具，就像搭积木，操之在开发者。

在4月28日召开的2015年腾讯开放战略发布会上，腾讯宣布将继续拥抱开放，聚合腾讯内部资源，联合社会各界力量，将腾讯开放平台升级为腾讯众创空间，倾力打造一个线上+线下一体化的、人人可参与的、对创业者实现全要素的供给和全流程加速的创新创业平台。并将目标确定为未来三年，腾讯众创空间希望能够再造100个亿万富翁，并让"大众创业、万众创新"成为一种社会新常态。

产业协同服务"互联网+"

在这个方面，建议腾讯可以采取三项主要措施：

一是发起设立"互联网+"产业联盟，通过联盟化、协同化，增强融合与步调协调，建立健全的自我约束机制，通过自律与产业他律，分享红利，而不是破坏成果。

二是以已经成立的"互联网+"创新中心为基础，与腾讯研究院、企鹅智酷以及外部专家系统一道建立一个"互联网+"研究与创新的微生态，研究互联网+的深度发展方向，研究产业演进方向与痛点、发展机会、"互联网+"与产业跨界融合的切入点，研究可能的新模式、新业态，并提交价值清单与合作模式。

三是整合"互联网+"跨界人才，智力先行，推动"互联网+"发展。寻求"互联网+"跨界专家，让他们了解互联网产业及其接口、传统产业技术路线图及演进趋势、"互联网+"的可能方向与环节。

社交＋服务＋支付

其实很多互联网公司都不约而同地看到移动互联网（特别是手机）在传统行业的连接，以及包括移动支付领域的潜力。所以大家都不约而同地往这个方向努力，希望使这个生态更加丰富。

国外的谷歌、苹果在拼命地做移动支付，国内的BAT三家也在很努力地竞争。这些竞争都是比较良性的竞争，最终都是对消费者有利的。目前各自的角度是不一样的，腾讯是从通信社交领域转向连接服务和支付，另外两家是从资讯、商品交易去进入，应该是各有侧重、各有优势。

红包让所有的大众能够知道移动支付和移动互联网的感受。由于腾讯公司丰富了支付场景并推出如微信红包的活动培养了用户意识及习惯，2014年底，绑定银行账户的微信支付和QQ钱包账户超过1亿。更多的移动互联网公司能够在这方面做出更多的场景，腾讯作为一个连接器，有机会跟更多的公司合作。

此外，微众银行计划已正式营业，主要经营模式将是挖掘小微企业和消费者的需求，根据相应的风险做出定价，再针对这些需求与银行合作，而并非传统银行吸引存款的模式。传统银行拥有雄厚的资本，但没有接触到小微用户的能力，而微众银行所采取的这种业务模式也大大减少了对资本的需求。

大数据＋腾讯云＋群体智慧

关于大数据，目前看到的很多都是噱头或者是有趣居多，真正实用性的还不是特别多。马化腾希望探索数据怎么应用在人的诚信、信用体系里面，如何发挥作用，包括在社交网络里面如何对诚信起到一个判断因素。

很多垂直领域、细分领域里面的数据可能未必是全网的大数据，但是在自己的领域里面就是一个相当大的大数据。腾讯希望结合腾讯云，跟很多合作伙伴一起做。目前腾讯云已经开放包括腾讯云分析、腾讯Open Data、腾讯云移动推送信鸽等在内的腾讯大数据能力，帮助创业者把握市场趋势和用户行为，并通过精准推送工具触达精准用户，提升产品活跃度。

关于群体智慧，由于腾讯的基因是人，又要做"互联网＋"，搞跨界融合创新，它有条件在群体智慧方面形成竞争优势，以便于在下一阶段的人工智能竞争中脱颖而出。

开放平台：连接应用＋智能硬件＋线下服务

连接软件与硬件。以往应用软件的数据、服务无法连接硬件。如以往一款美食社交App的数据都在应用内，今后这样的数据可以连接到智能烤箱，让用户更方便地进行操作。

硬件连接硬件。目前各个智能硬件处于信息孤岛，彼此之间不能通信。在腾讯开放平台的下一步，硬件与硬件的连接成为可能。如智能秤，其健康数据可以连接到运动手环，根据用户在不同阶段测量出来的健康数据，自动定制符合该用户的运动套餐或运动方案。

让硬件连接服务。一款家用电器坏了，用户往往为了找维修电话就要费很多时间。开放平台把家电售后维修服务引入后，当家电出现故障时，数据会自动同步到售后服务商，让服务商主动跟用户预约，进行家电维修。

腾讯扮演的是未来物联网世界的助推器，未来的软件、硬件、线下服务，可以遵循统一的协议、应用标准，把接口面向开放平台打开，让应用自动自发地创造新的体验。这些仅是腾讯开放平台"大连接"的初步想象，未来会有更多充满想象力的创新服务体验。

在这个体系内创业者不会再有复杂的商业谈判，不会有耗时的沟通过程。创业者在这个连接的平台，效率、速度都有质的提升。

微信推广：硬广转向生态系统建设

长期来看，微信和手机QQ的效果广告均有发展空间，与美国脸谱网等社交媒体相比，微信和手机QQ的广告收入占比仍然偏低。接下来，微信应该不会急于追求广告收入的增加，而是在兼顾技术进步、用户需求的同时，提高数据的精准度。

微信经过过去一两年的推广，已经在包括中国香港、东南亚等多个地区取得重要市场地位，目前情况稳定。在微信市场推广方面，线下的硬广告作用已经不够明显，所以腾讯将会把资源转向旗下的音乐、运营等建设，将这些项目与微信相结合，借由整个生态系统吸引新的用户。

探索基于用户兴趣的社交广告。在社交广告上，脸谱网走在最前面，大数据应用在广告体系里面是很清晰的。因为社交广告更复杂，它跟搜索广告不一样，搜索广告就是你搜什么词目标很清晰，而社交广告就是在这个流里面自动根据你的喜好，给你一些最贴切的广告，这也是腾讯 2015 年在摸索的领域。

"互联网＋安全" ＝产业链免疫系统

在"互联网＋"时代，人与互联网的连接无处不在，风险也如影随形。因此，个人电脑时代那种对于病毒、木马"单点击破"的安全策略已经落后，不再适用于当下和未来。腾讯副总裁丁珂强调，多方合作，共同为产业链打造一个全方位防护的"免疫系统"，主动识别、清除各类安全隐患，才是"互联网＋"时代真正有效的做法。那么，如何打造这样一个系统？他给出了一个公式："互联网＋安全" ＝产业链免疫系统。

"互联网＋"时代，处处存在安全隐患

互联网开始从以社交、搜索为代表的人和人、人和信息之间连接的时代，快速奔向人和设备、人和服务连接的时代。但随之而来的，是连接的每个环节都存在安全隐患，人们的日常生活也时刻暴露在危险之下。2014 年 9 月，中国的白帽黑客团队 KeenTeam 通过一台电脑就攻破了特斯拉智能汽车，可以远程控制汽车刹车、行进，这让智能设备的安全问题一度成为行业焦点。

另以移动金融为例，2014 年网络上曾爆发数起大规模信用卡信息泄露事件。不仅如此，从账户窃取到最后洗钱，移动支付的黑色产业链更是已经形成规模和一条龙作业。仅信息诈骗这个社会顽疾，每年造成的经济损失就达到惊人的 300 亿元。

- 安全就像水和电一样已经渗透到用户生活的方方面面，是移动互联网发展的基石
- 安全成为互联网连接点的最重要一环

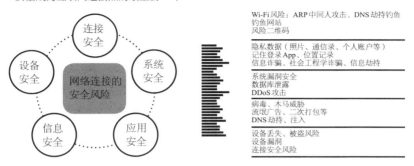

Wi-Fi 风险：ARP中间人攻击、DNS 劫持钓鱼
钓鱼网站
风险二维码

隐私数据（照片、通信录、个人账户等）
记住登录 App、位置记录
信息诈骗、社会工程学诈骗、信息劫持

系统漏洞安全
数据库泄露
DDoS 攻击

病毒、木马威胁
流氓广告、二次打包等
DNS 劫持、注入

设备丢失、被盗风险
设备漏洞
连接安全风险

图 5-1 安全是连接一切的基石

资料来源：腾讯，《互联网＋安全＝移动金融产业链免疫系统》

"互联网＋安全"产业链免疫系统势在必行

面对这样的安全新挑战，势必需要构建一个"互联网＋安全"的产业链免疫系统，它能够对产业链内部、外部所有连接环节进行有效

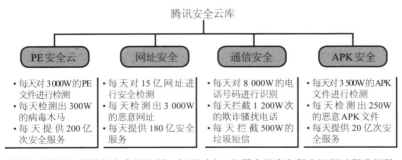

利用腾讯海量的计算机和存储资源，每天对上P的用户行为和程序运行过程进行数据建模，在大数据的基础上，利用机器学习，来识别物联网上的恶意数据

图 5-2 腾讯安全云库

资料来源：腾讯，《互联网＋安全＝移动金融产业链免疫系统》

（实时）监护，能够主动识别和清除当中的各类安全隐患，并且还能够不断地修复和进化，全方位、立体、实时地保护产业链的健康稳定运行。这对于所有产业，不论是交通、医疗还是制造，尤其是新兴的移动金融来说至关重要。

产业链免疫系统构建需要多方开放的合作

丁珂强调，产业链免疫系统的构建，需要开放的心态，需要多方联手合作，需要平台化、标准化和制度化：

——平台化：政府机构、安全行业、各产业领域共同开放数据能力，建立互联网安全开放平台，构筑"端+云+入口"的防护体系。

——标准化：基于开放平台，联合输出安全技术、行业标准。

——制度化：建立行业自律及监管制度，携手公安部门主动打击网络信息犯罪。

腾讯已经和合作伙伴联手付诸实践，取得过一些成绩。比如，在"天下无贼反信息诈骗联盟"的运作上，腾讯打通个人电脑和手机端的腾讯电脑管家、腾讯手机管家，实现对支付环境的保护，对用户的跨设备无缝护航；并把全球最大的安全云库开放给产业链各个环节，与警方、企业合作伙伴共享核心技术；在搜索、浏览器、社交、网购、游戏等主要网络入口实现了重点防护。

目前，腾讯已整合移动安全实验室、反病毒实验室、漏洞实验室、攻防实验室、安全云库等多种资源和能力，面向合作伙伴开放。并联合中国金融认证中心，成立"中国金融认证中心移动金融安全研究联合实验室"；联合全国排名前 10 的 Wi-Fi 服务提供商、优质商家，成立腾讯 Wi-Fi 联盟；联合浦发银行、大众点评、知道创宇、乌云平台、联想等多家移动支付服务中间商及产业链参与商，成立"移动支付安全联合守护计划"等，都在各自领域发挥着重大的作用。

图 5–3 腾讯安全实验室

资料来源：腾讯，《互联网＋安全＝移动金融产业链免疫系统》

"互联网＋安全"产业链免疫系统的有效运行，有赖于更多的政府机构、安全企业、产业企业的开放、融合、协作、共建。对企业而言更需要自律，需要规范竞争合作行为，做到坚决不作恶。而对于通过恶性竞争等手段违反行业标准的企业，则应加大处罚力度。同时，也应建立完善的退出机制，由政府和联盟做"裁判"，监督企业规范运营①。

①　内部资料：腾讯副总裁丁珂在 2015 年全球移动互联网大会（GMIC）上的讲话，《互联网＋安全＝产业链免疫系统》，2015 年 4 月 29 日。

智慧生活+智慧民生

智慧生活板块需要借助全社会之力推动发展。因为很多领域不是腾讯自己做就能够做好的，还需要大量的配合，包括很多垂直领域的开发者的加入。比如说银行体系，在微信上怎么开银行、怎么做银行客户的管理。包括运营商怎么查话费、充值等等这些。或者说餐饮业，大家吃饭的时候怎样直接扫一下就可以点菜，点完菜就直接付款。或者你去电影院买票或者去医院挂号等，能不能用这些智慧的解决方案，这里面都有很复杂的体系。

腾讯的理财通重在搭建平台，让用户选择。他们的定位还是希望搭建一个平台，不直接由自己做，所以微信上的理财通藏得很深，但是这个入口的流量相当大，很多人会关注，所以腾讯基本的思路就是搭建一个平台，让好的理财产品能够进入。

财付通是腾讯后端的牌子，原来在个人电脑时代是前端，在移动时代因为是App为主，不是网站为主，所以财付通变成后端，它拿了牌照，前端是微信支付和QQ钱包，后端其实全部是财付通，只是在App里面包装成不同的品牌而已，服务不同的用户群。

水至柔无形，电即连即通，交互绵密发生。中国已经是互联网大国，移动互联网排在世界前列。国家创新驱动发展的大政已定，"互联网+"行动计划呼之欲出。作为互联网领袖企业之一，顺势而为，发挥连接器和人与关系的优势，相信腾讯必定会做出应有的贡献。

连接一切的未来是值得期待的未来！

张晓峰

价值中国会联席会长，"互联网+百人会"发起人，"价值中国智库丛书"主编

第六章 众创空间：半条命交给合作伙伴

> 因为我觉得这是一个最强有力的工具，是技术行业当中最强有力的工具，即21世纪最好的公司不仅仅会拥有技术，还有工程、设计、营销、全球化，而且它们也会拥抱开放平台。
>
> ——前《连线》杂志主编，《长尾理论》作者，
> 3D Robotics公司首席执行官克里斯·安德森

实现从网络大国到网络强国的目标，势必要释放创新的力量。基于这样的目标，腾讯在2011年6月15日正式宣布开放平台，建立开放、共享的互联网新生态。

腾讯开放平台四年多来的创造性实践结下了累累硕果，但在"互联网+"的新背景下，开放平台的模式还有创新优化的巨大空间。2015年4月底，腾讯顺势而为，宣布将开放平台升级为生态性全要素众创空间。

半条命交给合作伙伴

马化腾说，过去确实很多不放心、不信任，出于本能，很多事情

百分之百自己做，包括搜索、电商等等；现在我们真是半条命，我们把另外半条命交给合作伙伴了，这样才会形成一种生态。

归核：生态连接器

大家都清楚腾讯现在的定位是做"互联网的连接器"，以后要做"生态连接器"，另外一部分业务就是内容。马化腾表示，这是再思考、重聚焦的结果，归核到最擅长的通信和社交领域，而在连接器和内容之间，是面向伙伴的生态开放平台。

这个生态开放平台由原来的腾讯开放平台牵头，腾讯旗下应用、硬件、云端、创业、公众、支付、游戏、营销、生活等九大业务版块无缝融合在一起，为腾讯合作伙伴在全产业环境下的长远生存提供价值。

连接器要在原来连接人的基础上，连接物，连接服务，连接场景，连接行业。这里面孕育着的庞大的创新、开发、合作、创业机会都会面向社会开放，表明腾讯希望把开放平台打造成最大、最成功的全要素众创孵化平台，成为最好的支持"大众创业，万众创新"和"互联网＋"行动计划的社会价值创新平台、社会责任平台。

腾讯开放 3.0

平台开放之初，腾讯市值 2 000 亿元；三年打造开放平台，伙伴企业的价值达到 2 000 亿元，相当于再造了一个腾讯。腾讯 2014 年提出开放的下一个目标，是接下来三年在现有市值的基础上，再造一个腾讯！

腾讯开放的下一步重大举措就是面向多种终端设备开放，面向所有的智能硬件开放，也将会面向所有的线下服务开放。腾讯正在优化

QQ硬件开放平台和微信硬件开放平台，为智能硬件提供接入服务；QQ和微信的公众号体系也将继续加强研发能力，为众多的线下服务提供连接服务。

按任宇昕的说法，腾讯对智能硬件的开放标志着进入了开放3.0时代。QQ物联智能硬件开放平台，面向传统的硬件智能家居、可穿戴设备、智能车载、健康甚至办公设备等各种领域，通过各项的开放，比如账号的开放、通信能力的开放、视频能力的开放，逐步实现移动设备、家居设备、办公设备的连接，让每一个硬件设备都成为用户的QQ好友。开放3.0涵盖了个人电脑、移动多终端的全行业生态开放；腾讯创业服务的体系也将延伸到线下，为创业者提供一站式的创业服务。

在新的阶段，将有更多的创业公司、传统企业加入到腾讯开放平台，使腾讯的合作伙伴从百万量级扩大到千万量级，打造开放3.0时代的创业大生态。

提供工具与望远镜

马化腾说，这么多家都看到风口，全部往那儿挤，我们也往那儿挤，但不是想在风口上起飞，而是给这个风口搭一个梯子，或者卖降落伞，防止大家上去了下不来，或者卖望远镜，我们的心态是回归到自身最核心的平台。这个产业对我们来说已经足够大了，结合到很多产业，"业业互联网"我们根本进不去。

马化腾曾经说过，腾讯能做的是给所有产业提供基本的零配件工具，让它们在和移动互联网结合的大浪潮上更方便，可以飞得更高，飞得更安全，这样的定位是最适合我们的。因为每个企业，讲基因也好，或者讲管理层的精力和能力有限，还是应该聚焦在最擅长的领域里面。马化腾表示，我们的商业模式就是赚一层很薄的，但是很宽广的利润，这就够了，不会说进入到每一个行业很深，所以现在创业者要更加积极开放地看待腾讯，我们这两年也做了很多努力，希望我们成为创业者最合适的合作伙伴。

数说开放平台

这里，简单罗列几个数据，供大家对腾讯开放平台有一个全面的了解和认识：

1. 开放的前三年，腾讯给开发者的分成达到 50 亿元；预计在之后的两年再分出 100 亿元。从 2013 年 6 月到 2014 年 6 月，腾讯开放平台上合作伙伴获得的收益同比增长超过 1 倍，其中，总流水超过 1 亿元的创业团队有 22 家，月流水超过 5 000 万元的创业团队有 7 家，超过 1 000 万元的创业团队 22 家，超过 100 万元的创业团队 83 家。

2. 腾讯开放平台上的应用已经达到 240 万款，涵盖了娱乐、生活、教育等内容。截至 2014 年 6 月，接入应用累计数是 2013 年同期的 6 倍多。

3. 腾讯开放平台的开发者已达 500 万，并且在 2013 年上半年，二、三线城市的创业者增长率超过 200%。2014 年接入腾讯云的开发者同比增加 3 倍；同时，新增开发者中有 7 成为移动开发者，开放平台移动化趋势明显。

4. 实现独立上市和正在走上市流程的公司超过 10 家，被其他上市公司收购的超过 10 家。

5. 腾讯移动广告联盟日曝光量达到 5 亿。

6. 到 2014 年 10 月，应用宝的单日分发量已经突破 1 亿大关。

7. 腾讯开放平台优秀开发者受到投资者的青睐，收入排在前 150 名的个人电脑开发者中有 35% 成功获得了各轮融资，腾讯开放平台创业基地合作孵化的移动开发者中有 61% 获得了各轮融资，总融资额超过 100 亿美元。

有开放，有生态；有连接，有未来

腾讯开放平台或者现在的腾讯众创空间，一定不是孤立的，内部必须首先打通融合，否则就没有生态可言。平台与连接器之间、平台与业务板块之间、业务板块之间、线上孵化与基地孵化、生态要素之间，乃至平台与外部，共同构成了腾讯的开放生态系统。

连接服务：微信融合连接要素

微信的连接器作用体现在很多方面：第一，微信是连接的入口和起点之一，流量大，黏性强，多维个性化导流作用明显；第二，移动性强；第三，占领用户时间久；第四，社交、社群与分享集中；第五，用户移动ID化；第六，要素齐备；第七，场景丰富；第八，推动因素多管齐下。最重要的是融合了多维连接要素，并且是开放平台的连接枢纽。

通过微信的连接能力，能够建立起实体商业和每一个到店客户之间的连接；通过钱包，让用户和商户能够在微信里闭环完成整个支付行为；通过服务号、企业号、红包、卡包这些客服功能，可以展开线上客户关系管理。

微信把红包接口对外开放，可以面对所有的商户。现在只要登陆微信平台，每一个商户都可以通过公众号接口向粉丝发放红包。

微信的卡包就像一个盒子，它用简单的方式，把钱包里的卡或者券装到手机里。微信只提供微信卡包的保存服务，对于卡包背后的业务逻辑，比如发放、核销以及各种管理、运营，都由商家和企业自己控制。只要是接入了微信认证公众号的企业、商家，就可以申请加入微信卡包。

微信扫一扫之前是用来扫一维码、二维码，场景太狭窄；现在的扫一扫，不再只是纯粹的价格显示，它会带上很多可以扩展的玩法或者内容，可以做防伪，可以做抽奖，可以做活动，也可以做购买和关注公众号。

连接设备：微信智慧硬件体系正在形成

以前设备厂家和用户是切割的，空调卖给用户，厂家根本不知道用户是谁、在哪里，有什么生活喜好。

通过微信硬件平台，用户把产品买回家，只要扫一下二维码，关注了之后，厂家就和用户产生了关联，能知道用户是谁，就可以与用户进行简单的沟通；用户使用产品有什么感觉和建议，也能很方便地反馈给厂家。

微信硬件平台还可以提供增值服务。比如手环，能够记录步数、监测身体、监测睡眠，光戴着比较枯燥，但它又对身体有益处，怎么办？设计好友分享功能，数据可以与好友分享，好友可以点赞，各种品牌型号的手环都可以在微信平台上聚合，用户可以体验到互动，体验到一起运动、一起交流的快乐。

还可以跟游戏合作，将一些线上游戏与手环用户进行结合，提供O2O游戏。还提供一些医疗服务、健康管理服务、减肥服务，给手环用户提供健康医疗管理。

此外，微信还将通过平台，构建从芯片商到设备商再到用户的微信设备生态体系。如iHealth微信血压计，让冷冰冰的硬件和情感诉求连接，用户可以通过微信沟通父母的健康问题。

连接生活：QQ打造24小时生活圈

QQ目前给商家提供的能力自下而上体现在五个层面，沟通能力、社交能力、平台能力、支付能力和硬件能力。2014年10月31日，QQ全面开放这五个能力，提出QQ打造24小时生活圈。每个层面的开放都可以和合作伙伴一起为用户提供独一无二的生活服务产品。

这五个层面的开放指的是：在沟通上，商家充分享受到QQ提供的生活服务号、音频视频、扫码等各种功能；在社交上，商家能够通过群、兴趣部落、约会等多个层面直接触达用户；在平台上，商家可以享受到QQ上平台级的入口；在支付上，QQ钱包将提供移动支付服务，帮助商家形成商业闭环；在硬件上，QQ将接入更多的智能硬件，为智能设备加入社交化元素，为用户生活提供更多便利。

开放入口只是QQ布局生活领域的第一步，未来带给商家的将不仅仅会是流量，更为重要的是通过开放沟通能力、社交能力、平台能力、支付能力和硬件能力，让商家和用户之间产生更多的联系，形成商家自己的社交关系圈。

QQ生活服务号对合作伙伴全面开放，意味着商家可以通过注册

QQ生活服务号的方式，直接触达用户，和用户进行多个生活场景下的交互。

QQ在过去15年改变了人与人之间的沟通方式，而未来QQ将改变人们的生活方式。移动互联网的发展让更多的生活场景开始在线解决。QQ希望通过更多地连接生活，给用户打造一个24小时生活圈，让用户通过手机QQ可以随时随地解决生活中遇到的各种问题。QQ通过引入平台级的合作伙伴，接入的生活类商家已经超过千万。除了在吃喝玩乐、购物、在线教育等相关生活领域的入口之外，QQ近期还尝试了很多创新型的合作模式。比如，QQ平台特别适合粉丝经济业务的开展，未来还将尝试更多粉丝经济的新形式。

连接硬件：QQ物联平台，开放七大能力

在人、设备、云端汇聚的物联世界，腾讯始终扮演着连接的角色。人是最核心的因素，QQ关系链连接到硬件，等同于每个硬件就是一个QQ，也就是设备QQ。设备因社交关系会发挥出最大价值。2014年10月底启动的QQ物联平台，向合作伙伴开放七大能力，包括互联网渠道分发能力、硬件快速联网能力、消息信息触达能力、服务扩展能力、大数据计算能力、安全服务稳定能力与一点接入能力。

2015年，腾讯将投入20亿元扶持所有关于互联网硬件开放的合作，包括小微企业、初创型产品。这其中包括云工具的减免、合作收入分成的减免、免费推广和接入去扶植合作伙伴。同时腾讯还将与传统厂商展开更多合作，力争在3年内，帮助1 000个传统产业合作伙伴进行互联网转型。

连接支付：QQ钱包，衣食住行一Q搞定

2014年10月31日，财付通正式推出QQ钱包。它不是简单复制目前市场上的支付产品，在安全技术上更有保障，而且和中国人保合作，引入了保险，承诺"你敢付，我敢赔"；还结合征信能力，转账的时候能提醒用户对方这个号码是不是存在风险。

对于商家，QQ钱包也准备做开放计划，把腾讯QQ平台上的能力开放给各个合作伙伴，在虚拟游戏、支付金融、线下O2O以及电商等更多的业态实现合作共赢。

连接营销：广点通，移动时代向营销要效果

广告营销从最为传统的展示广告发展到搜索广告，再到移动互联网时代的移动广告，投放方式和赢利方式都发生了很大转变。

目前广点通可提供日曝光超百亿的社交流量。移动联盟作为广点通搭建的移动广告平台，覆盖安卓系统、iOS系统，支持网站页面横幅广告、插屏、开屏、应用墙、信息流广告等多种广告形式，重点创新原生广告样式，为移动应用开发者提供流量变现服务。要把"效果"做起来，就要把广告投放给合适的人；而找到合适的人，广点通的做法是首先综合考量以下四个维度：

1. 用户环境（移动）：设备型号、操作系统，媒体属性及位置，地理位置、天气情况，运营商。

2. 用户属性：性别，年龄，学历，消费水平，婚姻状态。

3. 长期爱好：房产，金融，汽车，旅游。

4. 短期行为：游戏类型，游戏活跃和付费水平，购物意向，购物付费水平。

在此基础上，进行商业兴趣定向。广点通已推出 17 大类的用户商业兴趣分类，包括电子产品类、教育品类、房产品类、金融类、家具类等等。下一步就是人群扩展。广告主、网站主、App 开发者需要继续扩大用户群，这就需要适当的用户匹配。广点通通过核心人群扩展，为广告主扩大核心客户数量，跨终端打通第三方用户数据。

目前，广点通推出的广告形式有三种：第一，信息流广告，日均曝光量达到 3 亿，点击率超过 4.5%；第二，微信广告，展现位置在数万公众号文章的底部，通过文字链、图片、图文、下载卡片的方式呈现；第三，腾讯移动广告联盟，覆盖主流广告样式，提供投放资源、广告效果和广告形态，帮助开发者实现变现。

连接应用：应用宝，探索移动社交分发新模式

在移动互联网上如何分发用户，是一个现实的瓶颈。应用推广成本越来越高，用户触达越来越难，留存越来越低，开发者在这个市场上同样面临越来越大的困扰。虽然用户获取应用的需求多样，但是方式单一。获取内容的方式主要是主动搜索、排行榜、编辑推荐。

在应用宝 5.0 以后，开启了移动应用社交的分发新模式。首先帮助用户做社交化的发现，一是借助于好友推荐，二是借助于熟人的使用行为；另一个维度是借助于更多的群体，通过人和行为的维度的结合，帮助用户实现社交化分发。应用宝 5.0 里加入了应用部落的模式，与 QQ 群无缝打通，一方面可以通过群进行及时沟通，通过部落进行话题的讨论和沉淀；另一方面会开放更多接口，进入应用和相应内容。

开放平台将会连接更多的应用软件、智能硬件与服务，任宇昕表示这些服务将陆续在应用宝未来的版本中进行展示。目前应用宝日

分发量达到 1.2 亿。艾瑞报告显示，应用宝市场份额已经跃居行业第一。不仅如此，应用宝还聚合了腾讯内部包括 QQ、微信、QQ 浏览器、腾讯手机管家等大量优质产品的流量分发资源，流量巨大，覆盖广泛，将为创业者提供强大的流量加速能力。

连接生态："TOS+"，撬动硬件世界的支点

根据任宇昕的分析，智能硬件市场的痛点主要是：第一，为让用户获得优质体验，市场迫切需要一个操作系统解决稳定性和软件的易用性；第二，服务和内容仍是智能硬件产业的短板；第三，缺乏连通导致硬件彼此成为信息孤岛；第四，智能硬件缺乏理想的商业模式。

为了解决上述问题，唯一的可能性就是智能硬件产业链的上下游所有厂商，大家都抱着开放的心态，共享自己的能力，共享自己的数据，分工协作，实现平等、互联、开放的智能硬件生态。如果能够形成一个健康发展的生态，智能硬件真正的未来距离我们就不会太远。

在推出了 QQ 物联和微信硬件这两个重要的智能硬件开放平台组件的基础上，2015 年 4 月 28 日，腾讯宣布在腾讯智能硬件开发平台上将推出第三个重要的模块，即 "TOS+"。"TOS+" 以 TencentOS 免费开放系统为基础，为智能硬件提供更底层的连接能力；同时，智能硬件可共享腾讯账号体系、内容服务资源，将开放 TencentOS 的数据接口和统一标准。

相比 QQ 物联和微信硬件，"TOS+" 更是一个系统的解决方案。它能够帮助这个行业在解决上述四个问题方面做出贡献。这宣示了腾讯在智能硬件领域的战略——做撑起智能硬件世界的支点，让智能硬件在未来能够焕发出最耀眼的光芒。

众创空间的优势

那么，综合来看，腾讯众创空间的优势究竟有哪些？为什么腾讯有信心打造最成功的孵化器、加速器？为什么能给伙伴带来最大的价值？为什么在"互联网＋"的行动计划中，腾讯及其伙伴可以大有作为？

连接器足够强大

腾讯聚焦打造互联网的连接器，虽然还没到连接一切的阶段，但是现在，人与人、人与设备、人与服务、人与场景之间通过连接器进行交互的行为习惯，已经初步养成，也已经深刻地影响到用户的生活方式、生活习惯。

在任宇昕看来，腾讯的开放平台将使得软件与硬件、硬件与硬件，以及硬件与服务建立连接，打破过去只有软件的开放平台的局限性。至此，由硬件和软件产生的数据，将产生更多类型的服务，并解决目前硬件产品处于数据孤岛的困境，为其带来新的价值。

平台足够生态

腾讯做连接、开放、生态，这几个要素相辅相成、相得益彰。生态强了，融合能力就会提高，跨界创新就会产生，而且这种生态性可以外溢，和外部生态产生积极正向的能量与信息交互，从而优化整个生态。生态是催生"＋"发生的最重要驱动力量。

社交智能硬件开放平台QQ物联，不再局限于腾讯现有的产品入口，而是广泛整合腾讯所有端口，以整体联通的方式，向外界开放。这让每一个设备都成为用户的QQ好友。具体来说，腾讯将利用自身的技术基础，通过向第三方开放各项能力实现各种设备的互联互通。这意味着各种硬件设备将成为独立的ID，并且将赋予其可以与其他设备互联互通的能力。

多终端、多渠道集成

个人电脑、智能机、平板电脑、电视机，应用载体无处不在，用户与应用的接触点、接触方式也在不断优化。举例来说，2014 年 1 至 9 月，腾讯就为手游带来了 1.39 亿新增用户。微信和手机QQ的平台承担了推动精品游戏的任务，将满足主流用户并有社交需求元素的产品；而以应用宝为核心，集成手机管家、手机QQ空间、微视等腾讯移动端产品的"大应用宝"平台则通过多样化的游戏类型组合满足海量用户。未来连接的智能硬件也可能转化成子渠道之一。

至于应用宝本身，腾讯也将采用独家代理、联运以及开放接入模式三种途径与手机游戏开发者进行合作。应用宝也将开放测试区，与厂商通过应用宝进行产品市场试水，一旦证明其被用户认可，即可进入腾讯独家代理，并通过微信和手机QQ平台发行。

腾讯正在改变手机游戏市场的规则。手机游戏将朝着精品化和细分化的方向转变，而腾讯正在帮助开发者展开尝试。

O2O自成一体

线上的开放如火如荼，腾讯也走入了线下，通过与各地政府和行业融合，整合有想法的年轻人进行科技创新，并在各地成立了很多腾讯创业基地。仅 2014 年，腾讯在各地政府的支持下，已经或者正在准备在全国 20 个城市成立创业基地，全方面地扶持更多有想法、有抱负的年轻人。2015 年，腾讯计划在全国建立 25 个线下众创空间，总面积超过 50 万平方米。这里包括平台孵化、平台体验，包括开发者在开发过程中遇到的问题，甚至线上、线下，融资、贷款、场地、人员、政府审批的手续、流程等等，腾讯都帮助合作伙伴降低成本。以前他们还希望让开发者拎包入驻，现在的想法是连包都不用拎就可以入驻。

低成本试错纠错

移动互联网的今天，创业项目越来越垂直，越来越聚焦，聚焦在生活的方方面面，随着领域的细分，只要把用户的需求点做深做透，都有可能诞生新的伟大的东西。

腾讯的账号体系、关系链、社交渠道、支付、广告等，都能够帮助大家跨越初始的门槛，帮助合作伙伴跨越死亡谷。产品家、设计者的分享和公开课，让创业者开阔思路、预见风险；创业导师提供针对性指导，塑造用户嗅觉和商业能力。在分发平台的测试则可以了解用户需求和意见。同样腾讯多年来的运营都基于海量服务，很多运营的技术方案和技术工具都凝聚成云服务，提供更多的方案。比如应用宝为扶持开发者，前三个月收入 100 万元内不参与分成，与开发商的分成比例将维持在 7：3。

助推物联网世界

腾讯众创空间扮演的角色之一是助推器，是一个打开未来物联网世界的助推器。他们希望这些软件、硬件和线下服务连接到腾讯平台以后，大家都能够遵循统一的协议和统一的标准，把各自接口面向平台开放。这样的话，这些硬件、软件和服务将能够自动自发地进行连接，从而产生很多非常新奇的体验。这些连接相对过去而言的不同之处在于，不需要经过非常复杂的商业谈判和沟通过程，只要大家一起开放，就可以使所有硬件、软件和服务的连接效率和连接速度相比过去有质的提升。

发挥资本的力量

腾讯自己成立了上百亿元的产业基金，在新兴领域、精品标杆领域等与创业者展开合作，帮助他们进一步成长。除了进行投资之外，智力扶持也不可或缺。另外与其他投资机构展开合作，共同推动伙伴企业的成长，帮助他们面向资本市场或者获取恰当的产业合作机会。除上市与并购外，个人电脑端排在前 150 名的开发者中，有 35% 的开发者获得了不同阶段的融资，腾讯开放平台创业基地孵化的移动开发者中有 61% 获得了各轮融资，总融资金额超过 100 亿美元。

除了腾讯自身力量，腾讯众创空间还拥有强大的辐射带动能力，带动、吸引了大量创业支持力量加入其中。像经纬中国、达晨创投等超过 20 家创投机构加入腾讯众创投资联盟，目前联盟的创业基金已超 1 000 亿元，为创业者提供融资服务。

全要素孵化加速

正如腾讯移动互联网事业群副总裁林松涛分析，中国的创业孵化器大致分三个阶段，即纯物理空间孵化器、互联网元素孵化器以及全要素孵化器。相对于前两个阶段，全要素孵化器包含线上的流量、技术、营销等资源扶持，以及线下同步的物理空间、辐射资源等能力支持。

腾讯牵头打造腾讯众创联盟，欢迎并且呼吁更多的创业支持力量，包括教育机构、政府、金融机构、媒体等加入，共同为创业者打造全要素创业平台。对互联网创业者来说，最需要获得资金、流量、营销、场地、成长等方面的支持，而腾讯众创空间就是根据创业者的实际需求，聚合腾讯内部资源，同时联合社会各界，共同为创业者打造全要素创业孵化加速器。

腾讯众创空间具备包括线上和线下五大核心能力——流量加速能力、开放支持能力、创业承载能力、教育培训能力和辐射带动能力，将能够满足创业者的资金、流量、营销、场地、成长五大需求，真正为创业者实现全要素的供给和全流程的加速。

连接创新创业者与行业，服务"互联网＋"

创新创业成为我们所处时代的主题，政府倡导"大众创业、万众创新"，并对创客空间及创业给予充分的重视和扶持。腾讯众创空间携产业优势、连接优势、经验优势、智力优势，优化生态，与急剧扩大的创业者群体、面向未来的行业伙伴一道，在"互联网＋"时代进行社会价值创新。

创业孵化器提供"水电煤"

从产业的角度来看，移动互联网的快速发展在拓宽了互联网边界的同时，还连接了人们生活所需的各种生活服务。其中包括在线教育、在线娱乐、移动金融、移动支付、医疗、餐饮、家政等种种传统行业，可以说移动互联网已经在全面地改变我们的社会，也表明将会有更多的创业机会等着我们的创业者。而以智能硬件为开端，腾讯希望能实现多端的互联。目前正处于智能设备与互联网融合的阶段，未来人与设备的互联网化、设备与设备之间的互联网化，以及人、设备、云端无边界的智能化，这个时代即将到来。

开放平台也好，孵化器也罢，为创新创业、行业转型提供的是"水电煤"、梯子、零配件、望远镜，是创客空间和创造空间。针对不同阶段、不同禀赋、不同行业特点、不同团队或企业，腾讯提供匹配性工具、个性化支持与服务。比如，广点通会为应用开发者提供定向人群预估、出价建议以及多媒体素材制作工具（个人电脑版）、移动素材制作工具（App版）等。

技术·流量·盈利

据任宇昕介绍，腾讯将从技术、流量、盈利三个创业核心关键点，帮助创业者实现梦想。

针对技术，腾讯已累计开放1万多个接口，并整合底层技术支持，拥有协同经验。与此同时，腾讯云也已全面开放。目前，腾讯云已经在天津、上海、深圳、重庆、香港，乃至北美等全球各地部署数据中心，并在全球100多个地区建设超过400个加速节点，能够快速触及遍布全球的用户，确保用户获得良好的访问体验。腾讯方面表示，开放这些技术资源将可以帮助创业者降低创业成本。

对于流量，腾讯除了提供个人电脑端和移动端跨平台的流量分发，还通过效果广告平台广点通，通过按效果付费的模式，帮助创业者快速获取有价值和针对性的用户。

至于盈利，腾讯一方面提供面向用户收费的模式，用户通过Q币、微信支付、QQ钱包来完成支付；另一方面通过腾讯广点通广告联盟平台获取广告分成、广告收益。

为用户创造价值

腾讯开放平台的核心价值观是为用户创造价值。对于所接入的开发者和应用，腾讯开放平台一直抱有谨慎甄选的态度，希望接入的应用和开发者所创造的价值与平台的价值相匹配，并且与以往的应用有所区别，创造出具有独特价值和创新性的应用。

除此之外，用户的选择也是腾讯开放平台的选择标准之一。腾讯是价值体系的维护者。在众多的开放平台中，每家公司的用户群体和其所持有的价值观都有所不同，在筛选接入开发者和应用时，腾讯更愿意选择符合自己公司价值观的。

在这个过程中，腾讯开放平台也制定了一些规则，比如给开发者们创造公平的机会、反对生硬的营销推广等等。

任宇昕提出，可以把公司比喻为一个开放平台、一个协同平台，让其中的参与者、各个部门将自己的能力通过接口的方式展现出来。在开放平台中所有个体和整体都应被定义为协同者，而非传统的雇佣关系。

从广义范围上来看，腾讯开放平台和众多创业者之间也是协同关系，拥有共同的价值理念，希望给用户提供应用和服务，并让彼此的技术等优势可以相互借用、调用，从而走到一起。

"互联网＋"的核心是社会价值创新

连接全行业的移动互联网极大地拓展了创业者的边界，已开始渗透进入更为细分的行业，并逐步走出互联网产业本身所覆盖的范围，向更广领域扩展。

包括参与主体，也在发生很大的变化。孵化器原来多数由政府主导，以硬件为主，软性服务欠缺。现在类似腾讯、联想等企业用产业和价值的思路在重新塑造孵化器，并与加速器结合。创新创业者这个主体，在"互联网＋"的背景下也可能出现一些微妙的变化，比如传统行业会不会允许设立"创新特区"、创新社区这样的组织，并与腾讯等机构展开合作？腾讯未来希望与相关行业的企业合作共同打造这种孵化，打通产业通道，发现"互联网＋"的机会，寻求并购融合机会，创造产业金融增值机会，创造智力资本合作与运营的机会。

腾讯众创空间一项重要的使命是积极响应国家创新驱动发展的战略要求，探索创新生态、创业生态、技术产业化生态、产业与互联网融合的生态及其逻辑、规则与机制，发挥创新、产业化转化的主体作用，腾讯可以适时成立"互联网＋"产业创新基金，并发起组织"互联网＋"创新创业大赛，组建跨界的"互联网＋"专家团队，引导创新创造的才智迸发。

创新创业孵化＋企业转型孵化＋产业演进孵化，这应该是腾讯开放平台与众创空间在"互联网＋"时代的新路径！

杜军

腾讯研究院社会研究中心主任

腾云副主编

第七章　微信，创造移动互联网的新生态

> 这个简单的概念——一切都将无缝连接——一如既往地是
> 苹果的竞争优势。
>
> ——史蒂夫·乔布斯

2010 年 10 月微信立项，张小龙带着从 QQ 邮箱团队拆出的一支 10 人小分队开始起步，成长到现在的微信事业群。

不知道有没有读者是微信 2011 年 1 月第一版的用户，你们有机会与微信在一起，陪它长大，见证微信的成长。

2014 年，微信事业群的正式成立，意味着微信已完成第一阶段的孵化，从产品升级为腾讯战略级的业务体系，全面助力公司在移动互联网领域发挥更大作用，也肯定会在"互联网＋"的国家战略格局下展现微信连接一切、促进价值创新的独特魅力。

再小的个体，都有自己的品牌

微信事业群的责任是以微信为基础，建设移动互联网社交、开放 O2O 平台，为用户提供即时通信与线上娱乐、生活和商业化的综合性

服务，创造更多价值。

微信的用户量也成长到几亿之大。张小龙感慨，他欣喜地看到在移动互联时代，微信融入了数亿人日常的线上生活，让时间和空间在这个时代有了新的含义。

过去的四年，是微信从无到有成长的四年。未来的四年，希望微信能成长为一个真正的具备开放能力的系统，并培育出健康的生态。

价值观是产品的灵魂

按照张小龙的说法，总有一些东西在产品之上，在商业利益之上。它不被你发现，却一直融化在产品的逻辑中。

微信团队一直在保持和发扬一些理念。这些理念，也是公司一直倡导的，都是一些非常朴实的价值观。以下 7 个方面的价值观来自成立微信事业群时张小龙写给下属的一封内部邮件：

做对用户有价值的事情

我们经常会在各种权衡中做取舍。在任何时候，我们都要想，这个事情是不是从用户价值本身出发来考虑的。如果我们想的策略违背用户价值，哪怕舍弃短期利益，也应该维护用户价值。让用户看到你的努力，而不是同事和上级。

保持我们自身的价值观，因为它会体现在我们的产品和服务中

解决纷争时，它会帮我们做出决定。如果我们认为用户不能被骚扰，就不会在产品中做出骚扰用户的行为。如果我们没有一致的价值观，我们的产品和服务就会割裂为利益的集合体。不做个人价值观和产品价值观的双面人。

保持小团队，保持敏捷

希望我们在事业群规模变大后，还能保持小团队心态，避免陷入官僚化和流程化。我们曾经禁止写幻灯片，认为那是形式化的体现。这有些武断，但目标是效率的最大化。我们还将继续限制招聘人员数目，只招聘最优秀的人员加入团队。对一个优秀团队来说，人员也是少比多好。

学习和快速迭代比过去的经验更重要

移动互联网变化太快，我们的产品和业务思路，也希望是面向新的环境而产生。微信连接的元素特别是服务越来越多，以后要连接一切，我们不懂的东西越来越多；"互联网＋"要连接不同的行业、不同的模块、不同的特征、不同的需求，我们不勤奋、不动态调适，就无法提交客户价值。

系统思维

记住我们的愿景：连接人，连接企业，连接物体。让它们组成有机的自运转系统，而不是构建分割的局部商业模式。我们专注于基于连接能力的平台，并将平台开放给第三方接入，和第三方一起建造基于微信的人和服务的生态系统。系统思维也会帮助我们建造透明公正的商业体系，让系统在规则下运转，避免人为的干预。

让用户带来用户，口碑赢得口碑

用互联网的网状传递效应来推动产品和服务。一个例子是，一个小小的飞机大战可以引发一场手机游戏的风暴。我们处在一个人人互联的时代，如果能让一个用户说好，这个口碑就会传播出去。将我们的创造力体现在各个细节中。创意不是宏图大略，而在于我们每天工作的点点滴滴，用户都能感知到。

思辨胜于执行

执行力很重要，但更希望我们的日常工作是一个思辨的过程。我们提倡争论，在工作中通过辩理来找到正确的解决方法，而非为了团队利益或者人际关系放弃思辨能力甚至思辨习惯。进步来自思辨。

微信思维：好的产品会思考

腾讯要做互联网的连接器，微信如果只是视自己为平台，而不是在帮助形成一个生态，那就会自己埋葬自己。现在有越来越多的机构把微信当作向移动互联网转型的支点，这个支点作用在"互联网＋"的背景下，会越来越突出。

微信之所以对很多人和机构变得如此重要，正是因为这其中所蕴含的、被微信团队和外部称为微信思维的东西。谢晓萍主编的《微信思维》一书比较系统地阐述了它：

上帝条款：把用户价值放在上帝的位置上。之所以把这句话列为上帝条款，是因为在我们看来，它既是微信能够奇迹般出现的原因，更是微信能够迅速发展和壮大的前提。用户不喜欢骚扰，就不要骚扰用户。

阳光条款：把一切商业体系放在规则下运行。腾讯要做连接型的公司：连接人，连接企业，连接机器，连接自然。而连接不会自然而然地发生，要连接一切，必须建立一个公开透明的规则体系和有着强大技术保障的系统基础。

岩石条款：让用户替你交付一切。微信作为一个社交工具平台，社交基因是其最强、最基础的因素。让用户带来用户，让口碑赢得口碑。

森林条款：敏捷是能够活下来的关键。连接起来的移动互联网必然像一片黑暗森林，唯有保持足够的敏捷，就像森林里的狼一样，有着足够快的速度和灵活性，才可能生存下去。对用户的需求快速做出响应，破除一切有碍敏捷的因素。

河流条款：永远在线创造的交易和交付的现场沉浸感。一起下河游泳，才能找到痛点和兴奋点。连接器为服务的提供者和消费者提供了更丰富的交互场景、更多的直接沟通机会。

微信公众平台的方向与理念

在微信公众平台上有一个口号，就是"再小的个体，都有自己的品牌"。这句话据张小龙说，最早来自设计这个公众平台的时候，他们在想目标是什么，要做一个什么样的事情，最终在所有的想法中提炼出来这样一句话。张小龙在微信公开课专业版上，通过八点，对这个口号做了一次比较细致的阐述：

第一点，鼓励有价值的服务

只鼓励对用户有价值的内容和服务，鼓励公众平台产生越来越多好的原创文章，也会采取一些比较严格的措施来控制如各种诱导类的，可能有一些版权问题的内容，或者一些移动端的网络游戏。

第二点，帮助人们消除地理限制

地理曾经是过去商业上的一个重要因素。如一个商铺可能要找一个非常好的地段才会有价值。而互联网带动人们的交流跨越了地理上的限制。特别是移动互联网以来，所有人都能够卷入到一种跨越时空的交流里面。移动互联网的人流其实不太受限于地理位置。

第三点，我们希望能够消除中介

我们希望商家能够通过公众平台直接提供一种服务，鼓励商家和消费者能够在公众平台里直接对话。这种服务之所以有可能，是因为如果商家和消费者都卷入到公众平台，那么他们是可以互相连接起来的。

第四点，我们希望我们的系统是真正去中心化的

微信不会为所有的公众平台方、第三方提供一个中心化的流量入口。相反，微信鼓励第三方去中心化地组织自己的客户。移动互联网时代，流量的入口可能在二维码里面。所以，微信很早以前就开始大力推动二维码在中国的普及。因为在线下人们需要一种介质，能够让手机连接到某一种服务，二维码就是一种很好的方式。在微信里面看不到一种中心化公众号的存在，它鼓励所有的商家或者第三方服务商能够通过公众平台，自发组织各种资源。

第五点，微信希望搭建一个生态系统

我们希望基于微信搭建一个生态系统，而不是我们自己把生态系统里面的每一块都给做了。简单说，我们是希望建造一个森林，而不是建造一座自己的宫殿。我们希望培育森林的环境，让所有的生物能够在森林里自由生长出来，而不是我们自己把它建造出来。

第六点，我们希望我们的公众平台是一个动态的系统

我们并不认为一个规则100%确定的系统就是一个好的系统。相反，我们认为一个动态的系统是一个更加能够获得动态稳定的系

统。所以，应该是第三方跟我们一起来共同建造一个系统，而不是我们做好一个完整的系统。这个系统应该是一个动态自我完善的系统，而不是一个僵死的系统，甚至整个系统也是我们和第三方一起定义出来的。我们的变化就是让系统能够获得一种动态的稳定。

第七点，关于社交流量

在微信里很少会提供一个中心化的流量入口，但是并不妨碍很多需要流量的场景应用能够被激活。比如说微信里的微信红包、微信游戏，甚至包括一些硬件相关的运动类手环。

第八点，我们所有的考虑都基于一个前提，就是用户价值第一

微信最终必须把用户价值放在第一位，否则，可能会损害到整个平台的健康。比如朋友圈的管理，用户的确需要在朋友圈里看到各式各样的内容，但是我们会去治理它，将一些骚扰到用户或用户不愿意看到的内容清理出去。

张小龙说，以上八点是他们对于公众平台的方向与理念的一些思考，在这里分享出来，希望第三方开发者对于平台能够多一些理解、多一些支持，也希望能够给面临转型的各行业企业提供一点可资参考的线索。

微信，是一种生活方式

微信团队在最合适的时间做了最合适的事，并抓住了移动互联网最本质的东西，使得微信能够迅速崛起。现在，微信还在不断朝着用户生活方式进化。

沟通的进化

微信团队也在不停反思，沟通的本质究竟是什么？其实，不会有根本的答案。有人认为，少发微信、多和朋友见见面，就是在表达这样一种反思。

张小龙直言，人是越来越懒的，懒会推动科技进步，这种懒会导致我们希望沟通其实可以更简单一些。举个例子，用嘴巴说话挺累的，最好能不说，最好我想说这句话的时候你就已经知道了，或者已经变成文字了，这肯定是人们需要的。有些厂商现在也在研究通过脑电波来控制手机或者外面的物体，我们连手都不用动了——这些都是推动工具发展的动力。

沟通工具是在不断进化的。新的技术会让人的沟通变得更加高效。张小龙曾希望有一天将微信做到类似于谷歌眼镜这样的镜片里去，同样是沟通，可能还是要说话，但是说话不必用手去按住了，这样又会轻松很多。如果眨眨眼睛对方就知道我一个表情代表什么，那又更轻松了。现在看来不能实现了，因为谷歌眼镜项目暂停了。不过好消息是苹果手表（Apple Watch）已经集成了微信。

好产品是技术＋人文关怀的产物

"查看附近的人"这个设计，可以说里面包含了很多人文关怀，可以让人不再那么孤独，可以发现周围的人，可以知道原来陌生人也可以这么快地来聊天，等等。如果缺乏这样一系列的人文思想做背景就直奔主题的话，就会做成一个微信化工具或者其他什么东西。

张小龙的产品人文观是这样的：人文的东西并不是体现在你看得到

的方面，它更多地体现在你看不到的那些方面，它会影响每一个功能，这才是最本质的。它贯穿在整个产品的脉络中，或者说是它的灵魂所在。

微信团队一直想在"摇一摇"上做一些更多的尝试，因为它是一个入口。一次张小龙开车听到一首歌，想不起歌名是什么。当时想，如果摇一摇就能知道这首歌是什么，那会很酷。现在，"摇一摇"已经可以摇音乐了。之前，微信团队也在畅想，说不定某一天我们也会跟电视台合作，比如在看某个节目时摇一摇，就能摇到这个节目的公众号，或者你看一个广告，摇一下就可以打开查看这个广告的详情。2015 年的春晚、两会，微信和央视的合作，已经让大家体验到通过"摇一摇"跨屏的魅力。

社交切入生活，关系放大黏性

微信 3.0 之前基于信息，用户还是比较少的。微信 3.0 提供了"查看附近的人"和"视频"功能。"查看附近的人"成为微信的爆发点，用户迅速突破 2 000 万人大关，产品新增用户以每日数十万量级增长，真正确立了对竞争对手的绝对优势。

当微信用户超过一亿之后，微信 4.0 推出了"朋友圈"，建立手机上的熟人社交圈，并开放 API 打造移动社交平台。微信 4.2 推出视频通话功能，从此确立了移动互联网时代生活方式的产品地位。未来微信一系列新功能的演进，都将围绕这一核心价值进行。

简单，而自然

张小龙率领微信团队追求简单＋自然。他认为需要用文字来解释的交互不是好交互。一个东西是不是很臃肿并不取决于它有多少功能，而取决于它的体验——最终展现出来的，在体验上用户是不是觉得很臃肿。要有能力把非常复杂的功能最后变成一个简单的产品，来给用户使用，让他觉得这个东西很简便。

微信团队推崇一种理念，好的产品，应该隐藏产品经理的个人意图，隐藏技术；永远展现简单的、人性化的、符合人类直觉的界面；用户仅仅凭借直觉和经验就可以顺利使用，达到"自然而然"的境界。他们强调，开发不可以为了炫技而展示功能，产品不可以为了炫耀而堆砌功能。坏的产品提供产品说明书，其恶劣程度与文字说明数量正相关。为此，好的产品经理可以和用户之间平等对话，无须刻意谄媚、恶意卖萌，产品本身就会说话；好的产品不会强调自己存在于世界之上，它只是努力地、毫无痕迹地成为这个世界的一部分。

自然流的产品是张小龙倡导的，认为它本身就可以和用户交流。针对用户的任意一个动作，给出唯一的、清晰的反馈，并且能让用户没有任何偏差地接受。它没有人造物的冰冷生硬，而是有一种温暖的人性存在。

做自然流的产品，必然会在美学上倾向于简单、反逻辑。产品经理必然的选择是做减法，在诸多功能中选取最能解决实际问题的一个，在诸多特性中选取最符合直觉的一项，于是产品也就拥有了优雅和简洁，让人难以忘怀。张小龙最推崇的就是极简和极自然，使得模仿无法存在，因为没有人可以造出更好的体验来。

"摇一摇"上线后，很快就达到每天一亿次以上的使用次数。简单而自然的产品人人都会用，并且因为"自然"，而"自然而然"地去用它。它也没有高端和低端人群之分。"摇一摇"给我们的最大启示是，一种通过肢体而非鼠标来完成的交互，也许代表了未来移动设备的交互方向。

开放平台：微信因你而美

你如何使用微信，决定了微信对你而言，它到底是什么。

作为连接器，微信构造的生态一定具有开放性、公共性、社会性、价值性。张小龙希望把微信的思考与开发者、服务商、转型企业分享，希望细分垂直领域有更多专注的伙伴来连接服务与客户，也希望借助微信开放平台探寻"互联网+"企业的路径与模式。

连接伙伴

近期，微信向开发者开放微信JS-SDK（基于微信内的网页开发工具包）；微信公众平台数据接口向所有认证公众号开放，公众号开发者可以便利地获取更详细、更灵活的运营数据；公众号第三方平台正式支持JS-SDK接入；微信"硬件"小店上线；公众平台全面开放自定义菜单；微信可以连Wi-Fi……

凡此种种，不一而足，几乎每天都有有关微信开放的消息。微信越来越底层化，开放度越来越高，生态性越来越强。原因只有一条，生态需要伙伴共同营造，微信因你而美！

"互联网+"会让伙伴进一步壮大，生态合作者也会进一步融合，相信会有越来越多的行业与企业参与进去，让产业互联网生辉，让"互联网+"的步履更坚实，让创新创业的环境越来越生态化。

连接服务

相伴于连接一切，连接伙伴，连接行业与企业，越来越丰富的细分领域、服务主体、客户拥趸会被微信连接，并加强商家与客户的交互。另外一层意思，就是服务之间的连接。

目前，全国已有 13 个城市、共计 34 座综合物业、超过 3 万个车位转型成为微信智慧停车场，物业类型涵盖住宅区、购物中心及医院公共设施，为车主节省了近 65% 的时间。

微信智慧停车场以"公众号 + 微信支付"为基础，打通车位查询、停车缴费、周边服务等功能应用，大大提升了停车场的运行效率及服务体验。未来，此模式还将与周边餐饮、服装等不同业态达成合作可能，为城市商圈繁荣提供新的思路。

同时，路边停车、代客泊车和车位预约将成为首批最易延展的行业内衍生，一批与停车行业相关的移动应用正在通过微信智慧停车解决方案同步创新，步入智慧时代。如宜停车，以深圳为落地城市，为深圳车主提供路边停车的费用查询、缴纳等系列服务，免去车主定点缴费的诸多烦恼，大幅提高车主效率。

微信支付、红包与卡包

微信支付（商户功能），是公众平台向有出售物品需求的公众号提供推广销售、支付收款、经营分析的整套解决方案。商户通过自定义菜单、关键字回复等方式向订阅用户推送商品消息，用户可在微信公众号中完成选购支付的流程。商户也可以把商品网页生成二维码，张贴在线下的场景中，如车站和广告海报。用户扫描后可打开商品详情，在微信中直接购买。

通过微信的连接能力，能够建立起实体商业和每一个到店客户之间的连接。如果连接商业还缺少一个环节，缺少一个连接体，那就是支付。因为如果没有支付的话，整个商业连接并没有办法形成一个闭环。因此在一年前，腾讯把钱包做进了微信，让用户和商户能够在微信里闭环完成整个支付行为。

微信还致力于对外开放红包接口，现在只要登陆微信平台，每一个商户都可以通过公众号接口向粉丝发放红包。春节期间大家肯定都体会到了红包向企业、商家开放的威力。而卡包具有电子卡票券的收纳能力，是一种实现展示、社交、信息触达、用户沉淀的移动O2O平台。

硬件平台

免费开放的微信硬件平台的价值在于让硬件设备连接上网，接入微信，并基于账号体系进行综合管理。

第一步：帮助设备接入微信，包括个人、家庭与城市的相关设备。目前从类别来看，穿戴、智能健康、智能家居、家电、车联网设备，以及智慧城市的建设方面，都可以接入微信硬件平台。

第二步：微信账号管理体系。设备接入微信之后，如何进行管理呢？所有这一切都是基于微信的账号体系，即一个微信 ID 来进行的。也就是说，所有的设备接入微信后，都变成了个人微信号下拥有的设备。

硬件平台的能力一是连接，二是增值服务。以前设备提供商和用户之间是相互隔离的，如今通过微信硬件平台，设备商可以清晰地看到自己的用户是谁，了解到用户在用哪一台设备，更可随时获知设备工作状态是否正常、是否需要保养等。微信硬件平台还为此研发了AirKiss能力，用户买了一个带 Wi-Fi 模块的冰箱，在他完全无感知的情况下将设备连接上网，并迅速与微信连接起来。

企业号

企业号是微信为企业用户提供的移动应用入口，它是行业、企业转型的支点，对于"互联网+"意义重大。

服务号是外部营销服务，连接消费者服务圈。企业号则是内部及合作伙伴管理支撑，连接企业生态圈。企业号采用完全匹配的组织架构和企业通讯录，是与企业IT系统一致的唯一用户账号。它不仅能打通内外部消息，帮助企业大幅降低内部沟通和管理成本，优化企业对销售团队、服务团队、供应链及合作伙伴的管理，大幅促进销售，提升服务效率和用户体验，创造更大效益。灵活定制企业号中的应用（一个应用类似于一个服务号），可以实现同用户的沟通交互。

"海尔日日顺"用企业号促进销售模式转型，成为"人人营销宝"，实现家电销售模式的互联网化转型，让每个一线员工可以随时、随地销售，每个员工可以再组建自己的营销团队，扩充销售力量。它还快速创建"服务微课堂"、"营销微课堂"应用，向一线员工提供易用的培训资料及产品宣传材料。现在，正逐步将一线核心业务全部转移到企业号中，让全集团员工都能在企业号中开展日常工作。

总之，企业号是微信为企业定制的移动应用入口，为企业量身定制模式，建立企业、员工、上下游和IT系统之间的连接，是更便捷的连接，更安全的连接，更开放的连接。现在使用企业号的企业已超过20万家。

微信，连接一切

连接是微信最重要的功能，连接一切是微信的使命。人是连接的起点，在人的能动性作用下，迅速扩大连接的广度与深度，并持续强化黏性。更重要的是，微信承载了人、机构、物体、服务等在虚拟空间的身份认证和信用积淀的作用。

微信规则与虚拟空间治理

作为移动互联网基础设施的微信，可以视作移动互联网领域的公共事业产品，具有极强的公共属性。从某种意义上说，它已经不属于腾讯，而是属于整个移动互联网世界的网民，属于现实世界的一切机构和所有人。

对具有公共属性资源的运营，公平和公正的规则及其运行体系，是确保公共利益和整个产业生态环境和谐发展的基础。这其实就像一个社会的运行，必须有健全和健康的各种法律、道德、文化制度以及维系这些制度运转的组织和管理体系，才能确保各个角色能够和谐发展。

微信对欺骗用户的各种营销行为实施最严厉的打击，对各种违规舞弊行为执行最严厉的"杀无赦"的政策。

微信在知识产权保护，打击色情、谣言、诈骗方面做了大量富有成效的工作，近期发布的《微信朋友圈使用规范》也受到一致好评，收到理想效果。

信任和信用是连接的基石

微信基于社交，长于关系，重在沉淀信任，这是用户愿不愿意被连接一个非常重要的因素。商家、伙伴、其他机构也是如此。连接之后产生的连锁效应不可忽视，值得研究。

信用是连接的另外一块基石。连接器及其要素所打造的生态系统性越来越强，用户的行为如转发、分享或者剽窃、诈骗等，都自动成为个人信用的一部分，商户也是如此。信用会直接影响到连接性、连接的流量、密度和价值。

移动虚拟空间ID

微信不仅仅是一个聊天工具，微信已经成为用户的移动ID，它代表了我们在移动互联网上的身份，通过这个移动ID达到一个目标，被称为"人联网"，就是可以把身边的人24小时连接在互联网上面。

微信作为连接器，现在有大约6亿用户，已经成为用户在移动空间的ID。而硬件平台会让硬件也逐步ID化，企业号让企业ID化。

连接智慧生活

我们看待世界的角度决定了我们看到世界的样子，我们的行为选择决定了我们将在这个世界获得什么样的回应。

我预测微信今后会成为越来越称职的智慧生活助手。在2014年的微信公开课专业版上展示的"微信小镇"，让我们看到一个连接一切的智慧生活场景有多么令人向往。

2014年12月，广州率先接入微信"城市服务"；2015年3月19日，武汉成为继华南的广州、深圳、佛山之后，微信推出的第四个"城市服务"入口，也是华中地区首个微信"智慧城市"。微信"城市服务"入口上线三个月以来，已服务700万人次。随着接入城市的增加，微信"城市服务"入口也逐渐成为连接民生服务的智慧力量。

日前，河南省、重庆市、上海市分别与腾讯签署全面战略合作框架协议。根据协议，双方将依托腾讯丰富的数据基础、成熟的云计算能力，以及微信、QQ等极为强大的社交平台产品，充分整合双方的优势资源，以"互联网＋"解决方案为具体结合点，开展全方位、深层次的战略合作。比如，郑州将成为河南省第一个"互联网＋"样板智慧城市。郑州市民很快就会发现，身边衣食住行及各项公共服务都将集体"搬"进微信，动动手指便触手可得。根据协议，在不久的将来，河南省各政府机构的政务微信公众号将统一整合入微信"城市服务"入口，包括交通出行、医疗、社保、交警、户政、出入境、旅游等多种政府事务类型公众号，共同搭建微信智慧河南平台。市民只要打开微信，就相当于走进了手机上的政府服务大厅，不但将给百姓生活带来更多便利，也会为政府探索社会治理新模式起到试点和示范作用。

而在"互联网＋"智慧城市的建设上，河南将会在微信接入电网、高速公路服务区、燃气和城市入口等领域实现多个全国第一。在国网河南省电力公司的支持下，河南会成为全国第一个省级电网接入微信支付的省份。河南省交通厅也已与腾讯达成初步协议，将全面开展上下高速微信支付、全省高速服务区微信支付等全国首创的合作。此外，郑州华润燃气股份有限公司也将启动郑州范围内的微信智慧解决方案。

在旅游方面，河南将以郑、汴、洛、焦为重点，以少林寺、尧山、青天河、黄河三峡、新乡南太行等景区为试点进行微信购票、微信导游等智慧景区的建设。此外，腾讯还将与河南探索并合力打造城市服务云、医疗云、教育云等领域的智慧云服务。

"互联网+"将如何改变百姓生活？可能你每天的答案都会不一样，这种改变是方方面面的，而且日新月异。

"互联网+民生"：将就医、就业、社保一网打尽。腾讯课堂可以通过在线教育方式提升民众素质；微信公众号可以帮助学校搭建智慧校务管理平台，提升学校信息化服务水平，学生在平台上绑定个人信息后即可实现包括图书信息、考试成绩、就业信息等内容的快速查询和提醒；通过移动支付，学生可以随时随地给校园卡充值，缴纳水电费、网费、考试费、学费等；微信公众号可以协助推出"电子社保卡"，打通养老保险、生育保险、社会保险等功能。

"互联网+政务"：便民在线审批、交通管理。微信公众号和微信城市服务功能，可以实现移动端"行政服务大厅"，让百姓在手机上滑动指尖就可以享受行政服务大厅的一站式服务，查询信息，在线预约，在线办理，管理交通。腾讯地图、导航、微信可以实现公共交通路况实时查询、智能停车、微信扫码购票乘车、违章查询、缴纳违章罚款等功能，帮助搭建交通运行监测调度平台；腾讯云帮助搭建完整、统一、安全的电子政务网络，并协助向移动端平移；公众号可以帮助环境质量动态监测、污染源监控举报，及时公布环境信息，建设生态宜居城市。

"互联网+农业"：助力智慧农村管理。河南是个农业大省，微信在农业方面也将有很大的应用。下一步，进行腾讯农村公众号管理试点，推进智慧农村发展；每个村构建一个微信公众号，用微信公众号管理村民事务；在打通和提供食品和农产品流通环节基础数据前提下，微信扫码可以实现食品原产地和农产品追溯，保障农产品有效供给和食品质量安全。

相信微信将忠实地承担起互联网连接器的角色，发挥连接一切的作用，推动创新创造，推进智慧民生，促进结构转型。

张晓峰

价值中国会联席会长

"互联网＋百人会"发起人

"价值中国智库丛书"主编

第八章　泛娱乐:"互联网＋文创"全产业新生态推进器

> 推进文化创意和设计服务等新型、高端服务业发展,促进与实体经济深度融合,是培育国民经济新的增长点、提升国家文化软实力和产业竞争力的重大举措,是发展创新型经济、促进经济结构调整和发展方式转变、加快实现由"中国制造"向"中国创造"转变的内在要求,是促进产品和服务创新、催生新兴业态、带动就业、满足多样化消费需求、提高人民生活质量的重要途径。
>
> ——国务院《关于推进文化创意和设计服务与相关产业融合发展的若干意见》,国发〔2014〕10 号

腾讯互动娱乐事业群泛娱乐战略的提出和践行,是腾讯在"互联网＋文创"全产业集中而富有成效的应用。泛娱乐战略在三年前就提出"以 IP 为轴心"的主题,如今已经成为产业共识。由此,腾讯成为"互联网＋文创"全产业的创新探索者、推动者与事实上的领导者。目前,腾讯游戏在收入规模上已经超越微软、索尼与任天堂三大巨头,跃居全球运营商榜首;在网络动漫、网络文学领域,也同样在用户规

模、签约作家数量、作品保有量等方面占据压倒性的优势。更引人注目的是，腾讯的成功折射出的是中国在网络游戏、网络文学和动漫等领域的全面产业成长。

"互联网＋文化创意"：攸关国家文化安全

2014 年 4 月 15 日，习近平在中央国家安全委员会第一次会议上指出，"当前我国国家安全内涵和外延比历史上任何时候都要丰富，时空领域比历史上任何时候都要宽广，内外因素比历史上任何时候都要复杂，必须坚持总体国家安全观，以人民安全为宗旨，以政治安全为根本，以经济安全为基础，以军事、文化、社会安全为保障，以促进国际安全为依托，走出一条中国特色国家安全道路。贯彻落实总体国家安全观，必须既重视外部安全，又重视内部安全，对内求发展、求变革、求稳定、建设平安中国，对外求和平、求合作、求共赢、建设和谐世界；既重视国土安全，又重视国民安全，坚持以民为本、以人为本，坚持国家安全一切为了人民、一切依靠人民，真正夯实国家安全的群众基础；既重视传统安全，又重视非传统安全，构建集政治安全、国土安全、军事安全、经济安全、文化安全、社会安全、科技安全、信息安全、生态安全、资源安全、核安全等于一体的国家安全体系；既重视发展问题，又重视安全问题，发展是安全的基础，安全是发展的条件，富国才能强兵，强兵才能卫国；既重视自身安全，又重视共同安全，打造命运共同体，推动各方朝着互利互惠、共同安全的目标相向而行"。①

---

① 《习近平：坚持总体国家安全观 走中国特色国家安全道路》，新华网，2014 年 4 月 15 日。

　　文化兴则国家兴，文化亡则国亡。"互联网＋"在"现代中国的文化创意产业发展"这个命题下有着重要、积极、现实的意义。特别是文化安全，是"互联网＋文创"全产业新生态不可忽视的组成部分。防范和抵御不良文化的渗透是一个重要方面，而在文化创意上通过更加喜闻乐见的载体、产生更多的先进文化是更加值得产业重视的方面。特别是对年轻一代这些数字原住民施加潜移默化的影响，更离不开与互联网相关的文化形态与交互方式。

　　北京大学叶自成教授认为，总体安全构建应以文化安全为突破口。他指出，由于内外的综合因素，当前中国处于严重的文化不安全状态。在中国改革开放过程中出现的各种安全问题中，文化安全是一个极为突出的问题。而文化安全是无形的安全，看不见，摸不着，但实际上它已经成为中国严重的安全问题。①

　　全球范围内，在文化领域同样存在着激烈的竞争。虽然在这条看不见的战线上没有刀光剑影，但其意义之重大却是不言而喻。这种竞争又集中地体现在"有民族文化特征的明星IP"的构建与发明这个核心点上。从某种程度上说，国民文化总量的较量，本质就是核心文化财富单元的较量。当下，一个国家对外部的文化影响力，就是IP，特别是明星IP的集合。美国有漫威英雄，有好莱坞，有唐老鸭，有美国精神；日本有火影忍者、奥特曼、聪明的一休和超级玛丽。我们不仅没有属于中国的现代大IP，传统明星IP如孙悟空也开发不够，而功夫熊猫、花木兰又成为西方色彩的构建。

　　腾讯的泛娱乐战略，是可以改变上述问题的一个好方法。互联网

---

　　① 叶自成：《习近平总体安全观的中国意蕴》，人民网，2014年6月4日。

与传统文化产业——电影、文学出版、戏剧等——的结合，不但为这些文化创意产业带来了巨大的发展机遇，对于推动中国进一步确立"文化强国"的地位也有着非常积极的意义。

所以，"互联网+文创"全产业，有三项使命召唤：一是要服务于国家文化安全；二是促进文化创意产业发展，提升软实力和文化影响力；三是将教育、文化与娱乐有机结合，丰富人民的文化娱乐生活，潜移默化地影响人的价值观、世界观乃至想象力、创造力。而对于腾讯而言，还有第四项使命，就是通过互动娱乐平台打造泛娱乐新生态，探索跨界共生新模式。

明星IP在泛娱乐语境中，是指一个形象或一个"故事核"——被如潮的粉丝簇拥，影响力巨大，能在各种形态的文化产品中穿梭变化，可以是孙悟空、超人，也可以是机器猫、变形金刚。"互联网+"，无疑给中国人塑造自己的强势IP创造了更大的机遇和空间。

腾讯的泛娱乐战略

短短十年间，包括游戏、动漫、文学、电影等行业都获得了爆发式发展。究其背后的原因，是诞生了可被统称为泛娱乐——全新的"互联网+多领域共生+明星IP"的粉丝经济。在泛娱乐这个大概念下，游戏、动漫、文学、影视都不再孤立存在和发展，而是互相连接、共融共生。

腾讯互动娱乐事业群的泛娱乐战略是基于互联网和移动互联网的多平台、多领域共生，以打造明星IP为核心的粉丝经济。本质上，泛娱乐战略是对"互联网+"思维在文化产业的具体演绎与实践，"多领域合作共生"与"基于互联网"是泛娱乐战略的两大基础要素。泛娱乐于 2011 年第一次提出后，经过不断的发展和完善，已经成为腾讯互动娱乐事业群的基础战略，并形成广泛影响。泛娱乐一词被文化部、新闻出版广电总局等中央部委的行业报告收录并重点提及。随着小米、华谊、阿里数娱、百度文学、艺动、通耀、360 等企业纷纷将泛娱乐作为公司战略大力推进，泛娱乐在 2015 年被业界公认为"互联网发展八大趋势之一"。

　　明星 IP 是泛娱乐产业中连接和聚合粉丝情感的核心。而在移动互联网、3D 显示、流媒体、云计算等新技术迅猛发展的推动下，进一步放大了粉丝效应，我们面对的已经不再是原先彼此区隔明晰的游戏玩家、影视观众、文学读者或动漫拥趸；一个明星 IP 从一个领域衍生到另一个领域不再需要漫长的时间，可以非常快速地甚至同一时间在多个领域共同衍生出多元的泛娱乐内容。比如韩剧《来自星星的你》火了之后，就很快有人去开发手游，真人秀《爸爸去哪儿》红了之后也立即推出了电影。

　　从用户的层面来看，不管来自文学、动漫还是网络游戏，用户感受最强的就是 IP。简言之，就是在琳琅满目的娱乐消费面前，决定人们选择的最大驱动力就是 IP，就是那个你在某个领域已经非常熟悉，但在另一领域却感觉陌生而又好奇的东西。明星 IP 基于情感把人们联系在一起，并进一步促进产业之间的连接与融合。基于腾讯强大的社交平台、连接能力和社群分享能力，打造基于明星 IP 的粉丝经济可以给大家无限的遐想空间。

　　四年来，腾讯泛娱乐战略实现了它最本源的内核，即连接——连接粉丝、连接艺术、连接文化、连接创意、连接商业、连接殿堂、连接快乐与想象。明星IP还将泛娱乐产业和其他一切行业连接了起来，比如催生出了游戏《天天飞车》与上海通用汽车、游戏《天天酷跑》与周大福等史无前例的跨界合作。

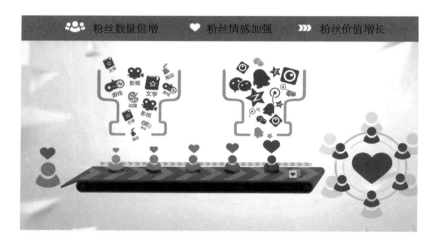

图8-1　基于互联网、多领域合作共生的泛娱乐

在泛娱乐战略的指引下，腾讯互动娱乐事业群自2012年起，基于互联网平台先后发展起动漫、文学、影视等三大泛娱乐业务，并与传统业务游戏一齐构成业务矩阵，在除影视（2014年9月推出）之外的三大业务领域均居于中国互联网行业的龙头地位。泛娱乐、全终端、国际化这三大战略，实际上连接了腾讯关于自身、关于产业、关于未来的一切想象。

腾讯泛娱乐的探索历程，可以说是整个中国互动娱乐产业发展的一个缩影、一个标杆。如今的泛娱乐，已经不再是一个需要做市场教育的概念了。泛娱乐产品矩阵，也早已不是带头大哥腾讯一家独有，它成了互联网产业的一个标配。

尽管腾讯对泛娱乐战略拥有彻底的知识产权，但它似乎从未介意那些竞争对手对这一战略的借鉴与追随，而且一直致力于在全产业层面积极推动这一战略，直至其成为如今公认的行业趋势。而这个结果的另一种解释，就是"互联网＋"让整个中国的文化创意产业获得了显著的成长，腾讯的泛娱乐战略已经成为"互联网＋文创"全产业新生态的推进器。

在动漫方面，作为国内最大的动漫平台，腾讯动漫在过去三年中，漫画用户增加到 1 500 万，动画用户增加到 2 000 万，作品总量超过两万，有超过 40 部作品点击率过亿，超过 200 部作品点击率达千万。这些数据都折射出了在互联网的助力下，一直蛰伏的中国动漫产业正在崛起的速度。

与此同时，动漫产业一直呼唤的商业链条也终于开始建设，并日趋完整与稳定起来。有一组看起来没那么高光的数据——腾讯动漫目前投稿作者总数超过 5 万，认证作者超过 9 000 人，签约作者超过 500 人，签约作品超过 6 000 部——但其实意义深远，作为动漫产业核心与内容来源的龙头，在很长时间里，中国的动漫作者都在依靠个人的激情与热爱去维系作品的运行，而现在一个稳定的作家群体正在稳定的商业机制的保护与支持下浮现出来，这无疑将成为中国动漫最终崛起的根本动力。

根据最新数据，腾讯动漫平台上的作品《尸兄》（第二季改名为《我叫白小飞》），其漫画点击量超过 50 亿，动画播放量超过 20 亿，在百度动漫排行榜上位居第三，仅次于著名日漫作品《火影忍者》和《海贼王》；而排在《尸兄》之后的，则赫然包括风靡全球的著名日漫作品《柯南》、《银魂》等——中国正在开始拥有自己的国民级甚至世界级漫画。

而在游戏领域，2014 年产业产值已经突破千亿大关，腾讯达到 72 亿美元，年增长率 37%，依旧保持了让其他对手可望而不可即的地位。

在文学方面，"互联网+"的助力会更早地显现出来。在过去十年中，网络文学的年度收入量级已经从零，迅速成长到 30 亿元以上。而泛娱乐战略的牵引，正在让这种助力显得更加多元——除了资深的出版发行价值，如今网络文学还已经成为游戏、影视、动漫有力的素材源头，在整个中国的 IP 构建体系中拥有着显赫的地位。

溢出的不仅是商业价值

腾讯泛娱乐战略的价值在商业之外，还有更深远的体现。表现在：

创新社会价值。网络游戏一直拥有中国互联网最成熟的商业模式，而在很长时间里，网络游戏的"原罪"也成为社会口诛笔伐的对象。但随着泛娱乐战略的推行，当腾讯的游戏作品越来越多地跨界到电影、文学，开始和蔡志忠、谭盾、陈可辛这样的文化巨匠走在一起、深度合作的时候，当游戏尊重人性、寓教于乐，教育游戏化、管理游戏化、交互游戏化的时候，游戏更加真实与积极的社会价值也开始浮现出来。事实上，在与中国艺术研究院——腾讯互动娱乐密切的战略合作伙伴——最新一轮合作里，双方历时三年的研究项目"游戏美学审美批评标准的构建"已经接近终稿，这将是中国游戏与中国美学史上重要的里程碑。

连接文化娱乐生活。随着QQ、微信的核心功能已经从人与人之间的连接，转化为连接人、连接物、连接服务，社交网络正迅速变为社会网络，互动娱乐业务也承担了更为广义的连接责任，我认为它的使命也应该是连接、维系人类一切的情感、梦想和想象。

文化创意人才的发现与支持。 下一个优质IP，下一个天才灵感，下一个改变世界的创新，都离不开下一个优秀的创意人才。从2012年开始，随着腾讯泛娱乐战略的正式启动，一场名为"NEXT IDEA"的青年创意大赏活动也同步开启。NEXT IDEA承担着培育属于中国自己青年创意人才的重任，是连接未来的桥梁和改变世界的工具之一。腾讯乐于见到下一个灵感和创意不断涌现，更无比期待能成为下一个伟大想象的见证者和连接者。

大师同行，推动融合，激发想象。 先后聘请诺贝尔文学奖获得者莫言、国际音乐大师谭盾、著名漫画家蔡志忠、著名导演陆川、著名玩偶艺术家迈克尔·刘（Michael Lau）、韩国著名作家全民熙等不同文化领域的领军人物担任腾讯泛娱乐大师顾问团成员，以专业的态度进行泛娱乐战略布局，令被誉为"第九艺术"和"平台艺术"的游戏与传统艺术产生更多、更完美、更具创造性的融合。2014年，更是延聘中国科幻文学的领军人物、《三体》三部曲作者刘慈欣担任移动游戏"想象力架构师"。正如刘慈欣所言，"移动游戏是一个介质，借助这个介质，可以让科幻小说中的科学理论以及人物主角丰富的情感，以更加鲜活立体的方式表现出来，让更多的人了解到科幻的无穷魅力"。

知识与价值观的养成和传递。 "洛克王国"是腾讯公司专门为儿童打造的一个在线绿色社区，社区以魔法王国为主题，小朋友可以在里面体验趣味小游戏，学习丰富的百科知识，还可以和其他小朋友一起交流玩耍。互助、欢乐、绿色是社区的主题。孩子们将化身为一个个小魔法师，在王国里学习魔法、参加兴趣协会、拜访好友，和伙伴们一起做游戏、一块参与创业实验田。"洛克王国"作为腾讯泛娱乐战略的先锋代表，基于线上社区游戏，同时延伸出动画片、图书、舞台剧等系列产品。"洛克王国"是教育游戏化的经典案例，给00后孩子们的世界带来了无限快乐，还将属于洛克（Roco）的"坚毅、乐观、勇敢、杰出"的"ROCO成长观念"，传递给了更多的人。小用户能够体验游戏角色快乐的成长，与他们一样拥有许多的愿望，在寻梦的路上充满了欢笑。"洛克王国"将每一个角色融入现实生活当中，用更易与孩子们沟通的语言，来感知梦想与亲情的可贵，向孩子们传达健康绿色的价值观。

对国漫商业化等薄弱环节的支持。国漫商业化一直不够成熟，没有形成正循环。腾讯首先打造作者生态圈，在内容创意产业层面上改善创作者和团队环境。三年前开始布局，目前已有了较为完善的福利体系。腾讯动漫已成为中国最大的正版动漫平台，注册原创作者达到5万，诞生了《尸兄》等备受欢迎的系列作品，同时也与国内外知名企业达成合作，引入海外版权，启动了动漫制作、游戏改编、周边授权等系列泛娱乐延展，打通动漫产业链，在推动动漫产业的商业化方面取得了实质性进展。

知识产权保护与开发并重。版权保护将大大提升原创者的创新动力。互联网改变了传统游戏、文学等行业，未来将改变影视行业。不同于传统迪士尼模式和漫威模式，泛娱乐模式是通过互联网进行IP内容产业升级，打造生态体系，特别是聚焦于跨平台的IP和超级IP的打造。同时，为用户打造粉丝平台，进行内容融合，并通过反馈、吐槽等方式丰富内容。

案例：最抢眼暑期儿童风暴 小洛克亲身体验魔法夏令营

探秘洛克"诞生记"与"冒险之旅"

2014 年暑期，"洛克王国魔法夏令营"火热开营，包括大电影、动漫偶像剧、儿童剧、线上社区等在内的多元化娱乐产品，给亿万小洛克带来了难忘的欢乐假期体验。现在这份快乐也延续到了线下。在此之前，魔法夏令营在线上社区、电影《洛克王国 3：圣龙的守护》影院活动等平台都开辟了抽奖途径，最终有 20 名幸运的小洛克获得了参加终极夏令营的大奖。

8 月 25 日~8 月 26 日，这批小洛克们共聚深圳，体验魔法夏令营奇妙之旅。第一天的活动内容是"洛克王国诞生记"，小朋友们前往"洛克王国"的诞生地——腾讯总部探秘，与"洛克王国"的创造者们近距离接触。同时，"洛克王国"儿童剧的导演也亲临现场，教小洛克们学习基础的戏剧表演知识。

第二天，小洛克们前往职业体验乐园深圳麦鲁小城，体验"洛克王国冒险之旅"。格里芬院长也现身现场，安排重要的使命。小洛克们模拟《洛克王国 3：圣龙的守护》的剧情，在限定时间内寻找天地圣光石，修复彩虹桥拯救洛克王国。

魔法夏令营风靡整个暑假

作为在 00 后一代中最有影响力的动漫品牌，2014 年暑假"洛克王国"给孩子们提供的不仅是一部电影或者动画片，而是一整套快乐的暑期解决方案。火热的程度也佐证了"洛克王国"品牌的强大号召力。

从 2014 年 6 月开始，风靡 90 后、00 后的动漫偶像剧《洛克王国魔法学院》在金鹰卡通频道播出。紧接着 7 月 10 日，大电影《洛克王国 3：圣龙的守护》正式在全国上映，北京、上海、长沙、杭州、广州、成都、深圳、武汉等九大城市开启了"魔法夏令营城市站"活动，其间线上社区活动也同步启动，提供了打通线上线下的互动娱乐新方式。近期，"洛克王国"精心打造的第二部儿童剧《神宠传说》也开始在全国巡回演出，先后登陆浙江、北京、辽宁等地，为小洛克和家长们带来了高品质的艺术体验。

跨平台互动娱乐打造 00 后集体回忆

怎样为孩子们带来一个充实而快乐的暑假，这一直以来都是令家长们头疼的核心主题。这一次，"洛克王国魔法夏令营"提供了一个整合的解决方案，通过动漫偶像剧、电影、线上社区活动、线下实地体验等多种跨平台的互动娱乐方式，让孩子们体验到了各种新奇、有趣的过暑假的方式。

而无论是电影、偶像剧，还是正在全国火热巡演的儿童剧，"洛克王国"倡导的爱和勇气的价值观，让孩子们得到了娱乐，也得到了家长的认可。电影《洛克王国 3：圣龙的守护》上映前，就在全国举行了"妈妈审片团"提前观影活动，影片主角"龙星"机智、勇敢、正义的形象，给家长们留下了深刻的印象，纷纷在观影完毕后为影片点赞。而在某种程度上，这也揭示了"洛克王国"品牌之所以能够风靡亿万 00 后儿童的原因。①

---

① 《最抢眼暑期儿童风暴 小洛克亲身体验魔法夏令营》，新华网，2014 年 8 月 26 日。

让想象力自由表达的泛娱乐新生态

　　马化腾在为书籍《认知盈余》（*Cognitive Surplus*）撰写的推荐序中写道，过去，互联网是内容的传递者而不是生产者；现在则不同，每个人都可以成为内容的生产者，互联网作为一个社会形态的元素，正在为社会源源不断地输出新的内容、制造新的话题。马化腾一直强调中国在很多领域有创新的空间，中国拥有庞大的用户规模、独特的文化以及丰富的应用场景，这反而是欧美不太具备的，让亚洲有机会崛起。

　　多领域共生是大势所趋，也为想象力表达提供了自由的空间。在移动互联网时代，所有的东西都不再孤立。人们可以在任何时间、任何地点，围绕自己喜欢的明星IP，阅读、听歌、观影或游戏。原有的产业界限正在变得模糊，甚至被全面打破。在泛娱乐趋势下，游戏、动漫、文学、影视都不再孤立存在和发展，而是互相连接、共融共生。这种颠覆式的改变，靠的是技术与内容的双核驱动：新技术不断催生出新内容，而内容的裂变式爆发又推动技术的不断革新。明星IP以及多种互动娱乐方式的打造，承担的是一种更为广义的连接。人类精神层面的情感、创意和想象，都因它紧紧相连。

　　打造一个生态体系，让想象力自由绽放，是腾讯的梦想。随着泛娱乐战略布局的推进，人们开始拥有更平等、更充分、更立体的想象力表达空间。许多行业同人也加入到这一全新的探索中，让泛娱乐从一个企业战略变成一种新的产业趋势。

　　在内部不断自我进化的基础上，经过前三年的积累，腾讯互动娱乐事业群融合共生式的布局初步形成，业务版图逐渐完整和多元，跨部门合作步入正轨，2015年开始真正围绕打造明星IP，做更系统和深入的探索，尝试构建一个让想象力自由表达的泛娱乐新生态。

腾讯提出打造想象力DNA双螺旋，给市场以活力，就是要以创新的玩法和有代入感的故事为基础，让游戏成为想象力的容器，为用户玩家带来更多不同的游戏体验，实现精品细分，拓展更多的细分市场，从而扩大整个移动游戏市场规模。

超级IP就是一个国家和一种文化的标签，甚至是载体。而打造具有全球影响力的超级IP，需要搭建像泛娱乐这样的培育体系，同时也需要像电影、电视剧这样全球通行的消费形态或者说共通的沟通语言。腾讯泛娱乐希望通过线上的文学、动漫等平台，聚合顶尖的创意和创意人才，并通过文学、动漫、游戏、影视等多元业务的协同，打造出属于中国的超级IP。在执行方式上，腾讯一直大胆假设，小心求证，勇于创新。这个态度，可能是更接近"互联网＋"精神的一个态度。

案例：《勇者大冒险》IP的创制尝试

2015年3月30日，腾讯互动娱乐事业群年度发布会宣布了一个极为冒险但足够勇敢的战术安排——首次采用"在一个世界观内核的基础上，多领域平行演绎，同时互动共建同一明星IP"的IP构建模式。这是腾讯自己第一次真正用案例注解泛娱乐战略。

为了确保模式的成功跟进，国内知名游戏开发商像素、畅销书作家南派三叔相继加入，在文学、游戏、动漫等多领域从零开始，从始端出发，凭借"互联网基因＋传统IP"打造手段，同步构建《勇者大冒险》这一全新IP品牌，成为首个泛娱乐实践案例，也将为用户提供立体多元的互动娱乐体验，带来不一样的创作模式升级。

在统一的 IP 框架下，《勇者大冒险》将在 2015 年集中爆发，打头阵的《勇者大冒险》手游已经在 3 月 26 日公测登陆安卓、iOS 平台，并顺利斩获应用宝飙升榜、苹果商店免费榜的"双榜第一"。端游于 4 月 13 日开启探密内测，推出全新 DIY 密宇玩法；作为超级 IP 的一部分，端游也邀请用户参与到游戏设计中，让玩家享受自定义游戏的快乐，使游戏更贴近用户需求。动画在 3 月 31 日首播，电视游戏也将在 2015 年夏天登陆腾讯电视游戏平台，小说也将于年内上架。

多领域互动共生的 IP 打造模式在搭建这个冒险世界的时候，腾讯基于 QQ 及微信等平台为用户提供了更广泛的情感沟通平台，并引入多领域用户的大数据，收集用户反馈，让 IP 更贴近用户的需求。用户反馈不断诞生出更多的 IP 线索，丰满 IP 塑造的世界。

南派三叔基于自身的创作经历评论说，这次合作《勇者大冒险》，就是将每一次 IP 运作，每一个 IP 产品的开发，变成 IP 加分的节点，这就是 IP 开发真正要做到的部分。所以跟腾讯、像素合作，希望借腾讯很强的纽带，能够让 IP 每一个端展现同样的味道，让喜欢这个 IP 的人同时可以消费动画片，消费小说，他们都爱这个人物，每一个点都感觉回家了，这才是 IP 运营及 IP 共生。

每一个粉丝都期待更丰富多元的娱乐体验，粉丝圈本身也是一个成功 IP 的一部分。充满想象力的腾讯互娱，正在通过泛娱乐战略来改变大众娱乐方式，《勇者大冒险》作为全新泛娱乐明星

IP打造模式的实践案例，即将开启泛娱乐前所未有的冒险世界。

"探索"与"尝试"，目前是腾讯互娱、像素、南派三叔为《勇者大冒险》模式定下的基调，但同源开发、贴近用户、更加稳固的打造明星IP的全新之路，已经为泛娱乐未来发展提供了更多参考。通过生态构建的硬核手段，不断提升大众互动娱乐生活，对于产业领头羊腾讯互娱而言，也是肩上的责任之一。[①]这是一个勇敢者的游戏，这是一次值得尊敬的冒险。

构建版权新生态

马化腾极力强调，内容产业最核心的就是IP，所以腾讯在很多领域呼吁IP的建立，实施相应的IP保护。与全球的IP保护程度看齐，大有可为，也是对文化产业非常重要的保障。

腾讯法务部总经理江波认为，随着"互联网+"在文化产业领域的深入，版权产业将会出现更多新情况、新趋势。互联网也将以更加直接、深入的方式推动文化产业的升级改造和结构调整，也将依托互联网平台和传播方式的革新，催化出更具有时代气息的新型版权成果。他就"互联网+版权"提出了四点思考：

"互联网+版权"是版权产业繁荣发展的催化剂，将构建更宏大的网络版权生态。近年来，互联网企业不断加大在文化版权内容采购与自制内容方面的投入，形成了良好的文化版权内容生态，使得网络

---

① 《〈勇者大冒险〉如何让"泛娱乐IP跨界共生"从理论走进现实》，微信公众号"游戏观察"，2015年4月1日。

版权产业的产值不断提升。另外，互联网也成为文化内容在发行时的首选渠道，很多无法进入电影院线和书店的电影、图书等，在网络上都获得了巨大的成功。

泛娱乐的产业生态，是"互联网＋"时代版权运营发展的创新路径。从腾讯在网络版权产业的运营经验来看，游戏、动漫、文学、影视等产业不是孤立存在和发展的，而是互相连接、共融共生的。在粉丝经济的刺激下，小说改编为电影、电影改编为游戏、动漫改编为小说等现象屡见不鲜，高额的网络改编费用激发了内容创作者的活力，使得作品可变现的价值具有更大的空间。以网络平台为基础，围绕明星IP的打造，贯通资金、内容制作、演艺明星、宣传推广、发行销售、衍生产品等各个环节，构建一个泛娱乐新生态，将是"互联网＋"时代版权运营的发展趋势。

用法律和自律来遏制盗版，是"互联网＋"时代版权产业发展的重要保障。网络盗版的治理是综合性、系统性的工程，需要包括立法、司法、行政以及权利人在内的多元主体共同参与，建立常态化的有效沟通协调机制。可喜的是，国家版权局"剑网2014"专项行动硕果累累，各级法院大量的判决有效地维护了版权人利益，净化了市场环境。同时各个企业的维权团队也在快速壮大，有效地保障了产业的健康发展。

精细化的企业IP管理，是"互联网＋"时代企业版权聚合的核心竞争力。2015年世界知识产权日的主题是"Get Up，Stand Up. For Music"（因乐而动，为乐维权）。可以预见，音乐的采购和交易将持续成为互联网行业热点。歌曲采购动辄是百万量级的曲库，如何对这些作品的IP进行有效管理，是企业未来的重要竞争力。目前腾讯已经建立起全面、完整、准确的内容资产版权信息管理平台，保证版权信息及时有效的收集、查询、分析、统计，让每一部作品的版权流动都清晰可见。版权的精细管理是互联网行业需要加大重视的问题，唯有在有效管理的基础上，才能真正保障版权价值的有效实现。[①]

泛娱乐时代的未来趋势

腾讯互娱的平台是腾讯开放平台的重要组成部分，具有很强的生态性和外部性。互娱平台的责任之一就是帮助许许多多有梦想的普通人，去发掘自己独特的才华，去追寻自己的梦想，同时，帮助千千万万用户构建新的娱乐体验。

随着移动互联网的普及，人们参与创作的障碍将彻底消失，所有前沿的科技与前卫的艺术，都将放下身段，编织进日常生活的细节中。每个人都有机会将自己的所思、所想、所感、所悟，以最生动的方式分享给其他人。这里是程武关于泛娱乐时代未来趋势的五点思考：

互联网使得任何娱乐形式不再孤立存在，而是全面跨界连接、融通共生。只要粉丝的热情点燃一个IP，围绕这个IP的所有形态的娱乐体验，都将快速跨界连接、融通共生，呈现星火燎原之势。

创作者与消费者界限逐渐打破。互联网，特别是移动互联网，让作者和粉丝实现了空前的黏性与互动。每个人都可以是创作达人，都可以实现自己的梦想，也可以通过互动影响创作者。消费即参与，参与即创造。

---

① 《互联网+时代构建版权新生态》，微信公众号"腾讯研究院"，2015年4月21日。

移动互联网催生出粉丝经济，明星IP诞生效率将大大提升。一个好的作品，通过跨界的多领域共生，能够快速撬动一个极其庞大的粉丝群体，催生出力量惊人的粉丝经济。目前还只是开始。

符合人的天性的趣味互动体验将广泛应用，娱乐思维或将重塑人们的生活方式。不仅可以解决现实生活中的很多问题，还能提升人类的幸福感。未来，互动娱乐思维很可能会融入我们衣、食、住、行、娱乐、购物、教育等方方面面，彻底改变我们的生活方式。

科技、艺术与人自由连接，"互联网＋"将催生大创意时代。最重要的一条标准，就是是否有粉丝喜欢你的创意，无论是主流的精品大作，还是小众的细分作品。一个好的泛娱乐生态，一定会打破原有的障碍，使前沿的科技与前卫的艺术，以及每一个有才华、有梦想的年轻人实现自由连接，并催生出一个人才辈出的大创意时代。[1]

正如腾讯互娱平台所期，能够为中国有梦想的年轻人不断创造新的可能，让大家能够成为网络时代的莫言，成为自己专业领域的爱因斯坦，成为新一代的卡梅隆或J·K·罗琳。让所有人都能将自己的想象力，变成打动亿万用户的创意作品，实现自己的梦想！

张晓峰

价值中国会联席会长

"互联网＋百人会"发起人

"价值中国智库丛书"主编

---

[1] 2015年3月30日，腾讯集团副总裁程武在"UP2015腾讯互动娱乐年度发布会"上的开场演讲。

第九章　社交·社群·连接·引爆

在苹果应用商店榜单上，微信连同脸谱网、QQ、WhatsApp等，一直盘踞着不同国家市场排行榜的高位，是移动世界的主宰之一。非但如此，社群经济、分享经济也每每被提及，可以去挖掘社交红利的池塘似乎变得越来越大、越来越深。

从连接和引爆的视角去分析和操作，社交应用或者现有产品社交化要思考三个问题：一是病毒性，即在用户好友间口碑扩散的能力；二是工具性或者场景，即用户利用这个产品可以解决什么问题；三是长连接，即用户在应用中的黏着和留存，长期活跃。

细分领域的"一九法则"

魔漫相机创始人黄光明曾经无意中跟我提到这样一个现象：魔漫刚推出时，业内大约有30多个创业团队被迅速组建起来，要复制这款新兴的国民级应用。但在3个月后，这些应用又都消失在了"红海"之中，留着魔漫继续一枝独秀。

在《社交红利》（修订升级版）的前言中，啪啪创始人许朝军也有类似表述：（啪啪）直接采用了成熟社交网络的账号登录体系，在用户制作有声照片后，可被鼓励分享到各大社交网络中去。这一做法是为了利用社交网络已有的便利，用户可以更方便地注册、找到自己熟悉的朋友并留下来。和社交网络的融合还能让创业公司获得更快的发展速度，借此甩开潜在对手。确实，自上线以来，很少有同类竞争对手能够对啪啪构成威胁，追随者被远远地甩在了后面。

黄光明说，"我们的对手都消失了"。许朝军说，追随者都被远远甩在了后面。这个特点我们一开始就有所感知，社交中用户的关系链（也就是用户和他的好友们）会对一些自己喜欢的应用和现象进行保护，并将其竞争对手驱赶出去。

在社交网络中，一款快速增长的应用或者服务，能在某一个细分领域中占据至少90%的市场份额。我们称之为"一九法则"。

而其他竞争对手被压制在剩余市场份额中，平庸在社交网络中已无意义。这是新兴的，由包括微博、微信等在内的社交网络带来的市场法则，真正的赢家通吃。

并不是人人都能享受到这么丰厚的红利。越来越多的企业与营销活动开始感知到资源的匮乏与无力，曾经投放广告就可以实现的效果在不断下降，企业力推的策划活动用户当作没看见……社交网络提供的红利越来越大时，大部分企业所得却越来越少。

答案并不难找，甚至就在眼前：无价值的信息泛滥时，有价值的信息、服务会变得更加昂贵。人们对于平庸的信息与应用越发没有耐心，优秀的团队和个体却凭借着提供更为愉悦、优质的服务，开始享受被空置出来的更大的市场份额。人们更加喜爱、主动寻找、关注这些信息、服务，并将它们分享给自己的好友。在可见的未来，获得社交红利的门槛仍将持续抬升，"一九法则"的效应也将越发显著。要么企业所得平平，要么赢家通吃。

"一九法则"对于细分领域的偏爱，使得现有企业细分出来的小账号、小服务和迷你创业团队（小个体），都有足够机会在社交网络这个超级舞台上崭露头角。魔漫相机、脸萌、疯狂猜图、围住神经猫等，都可以算是"小"的应用与团队。这是令更多企业毫不犹豫投身进来的最大诱惑。而这个特点，将会为诸多企业带来持续考验，那就是如何变"小"。

Bitstrips 更像是一个用漫画讲述自己故事的工具。用户使用它来代替脸谱网状态上的文字，如用夸张场景来讲述自己的遭遇、心情或者朋友间的糗事。这些有趣的漫画内容发布在脸谱网上，内容的病毒式传播会很快激起好友间的纷纷响应。

同期崛起的魔漫相机、脸萌有意无意间受惠于前行者，它们的引爆又继续为后来者带来帮助。如紧接着脸萌推出的强迫症头像应用，也曾在微信平台上异军突起。通常用户会为了让自己看起来比别人更好，而去投入做一些事情。这种状态会导致用户不断摈弃已经流行的、价值不是那么高的服务，转而寻找个性化、有趣或更有价值的新应用。一款新的应用诞生和崛起所需的时间越来越短。越新的玩法，引爆速度越快，就是指在用户状态变化下敏锐把握新趋势。

迅速爆发的应用或团队能够在短时间内迅速占据某一细分领域9 成以上的市场份额。后来者如何走出自己的爆发曲线？万一不幸成为老二又该如何生存？魔漫相机和啪啪给出了第一个参考：在关系链对于前行者的保护效应影响下，追随者多选择切换方向，不再直面竞争，这是常见的选择之一。引爆带来下一轮引爆的特点为创业者提供了第二选项。在创业历程中，社交网络提供了一种快速试错的环境，即若一款应用在试点期间无法被用户接受和分享，正式推出后也将面临较大压力。"粉尘化"的社交环境与即时互动让创业团队能快速洞悉问题所在，快速将成功经验纳入到新应用和服务中去。

"一九法则"的前提是细分领域。业界每一个领域可以被再度细分，如果某一领域已经有引爆应用出现，第二团队选择不退缩，仍想直面竞争，那么它可以在同一个市场中细分出一个更"新"的领域和玩法。某种程度上，魔漫和脸萌都可以算作图片的自助美化制作工具。它们的崛起间接受惠于iMadeFace和Bitstrips，这个领域在一段时间内持续诞生了不下数十个非常优秀的产品。

美图秀秀在目前国内市场美化自拍图片这一领域一马当先。Camera360则在风景类图片的修饰美化上占据优势。百度魔图采用创新玩法，即看看自己的照片和哪位明星相像，直接引爆微博。在这样的背景下，一款名为哈图的图片处理应用干脆定位在好友间图片恶搞上，以此获得了融资。这场细分的游戏并没有结束。啪啪也算是细分之一，它将图片和声音的玩法创新性地融合到了一起。就在脸萌之后，还有强迫症头像应用再度风靡。因此，一款应用的引爆，会引发更多巧妙的创新。

社交引爆四大定律

从疯狂猜图到围住神经猫，从魔漫速度到脸萌记录等等，把相关数据纳入到一起来分析，会看到它们率先揭示了最为直接的在社交网络或利用社交网络引爆的定律。可以归纳为四条：

定律一：用户投入时间成本越短，越容易引爆（简称为"短定律"）

"短定律"中的"短"，指的是用户花费最少的时间、投入最少的成本，来从某项服务（包括应用、活动等）中获得愉悦享受，或者解决某个实际问题。强调简单的使用和理解，用户可以很轻松地体验完整个流程。在社交网络中，时间成为最大的成本和支付货币。

短定律的背后，是人们在社交中碎裂的时间和行为所产生的影响。在手机上人们打开和关闭某一款应用、在社交网络上人们和好友之间互动沟通，都处在短促而频繁切换的过程中，很难再拿出大段时间来进行消费。这种"短促"、"频繁"传导到社交网络的服务、应用中去，会给业界带来巨大变化。

和成本对应的自然是收益。用户会期望花费几秒钟，就能享受到足够愉悦的体验或者解决某一问题，这些都是收益。收益对成本做了极大约束，即在这样"短"的时间投入中，很多应用或者服务必须要提供令人愉悦的享受，或者快速解决某一实质问题。

定律二：越新的玩法，引爆速度越快（简称为"新定律"）

引爆的结果之一是迅速获得了大量用户，但也会迅速令社交网络中用户原本个性化的信息变得同质化，这成为社交引爆最显著的副作用之一，并导致了定律四的诞生。因此，用户在满足短期愉悦体验后，又会迅速离去，再度寻觅新的玩法，以保持社交生活新颖，信息丰富多变。人们喜新厌旧，相比现实生活，在社交网络中这些变化所需时间更短，更多好玩的应用被不断搅拌出来。在这样的环境下，完全复制前行者变得没有价值。从 2013 年至今，新应用、新玩法、新服务的崛起速度越来越快，每一次都代表一种新的玩法出现。

定律三：用户越投入，对好友影响越大（简称为"好友定律"）

刷屏像是用户投入一款应用、一项服务或活动所产生的直观结果。这个新行为特点又再次引发了新的行为变化，人们开始习惯于忽略偶尔出现在面前的信息或应用，且依赖于好友更多分享才会采取行动。这意味着，活跃的用户对好友的影响越来越大，信任机制原本就是社交网络赖以壮大的基础，也通过好友定律影响着引爆现象。

定律四：使用时间越短，衰减速度越快（简称为"快衰定律"）

短玩法和追新特性会令用户退出现有服务的速度同样快。引爆带来信息同质化，继而导致用户体验下降。一定程度上看，快衰定律是对前三大定律的制约。

四大定律互相影响也互为因果。对于企业、创业者乃至社交平台来说，快衰定律是一个巨大的紧箍咒，如果不能逃脱前三大定律所引发的体验下降这个负面作用，社交网络将直接面临用户活跃程度下降乃至逃离，这时快速衰退的将是社交网络本身。

在社交网络发展中，一条隐藏的主线正是创业者各种尝试以试图突破这一定律，获得用户更长久的黏着和留存。而快衰定律也重新启动了用户渴求新应用的诉求，反过来推动新引爆事件和新玩法再次发生。

智猪博弈与时间货币

腾讯手机QQ产品经理、《缔造企鹅：产品经理是这样炼成的》

作者胡澈将引爆应用归纳在两个前置条件下：一是消耗用户时间，二是自我认可（寻找话题和刷存在感）。

"消耗用户时间的产品要崛起，必须在大量占据用户时间的平台上爆发；刷存在感的产品要快速崛起也必定要搭上社交关系链。正巧，在中国市场这两个平台都指向了微信。因此目前可见，引爆产品多依赖在微信上。"胡澈认为，这两个前提条件首先满足了碎片化场景。由此衍生出一个特殊人群状态：快速获得并快速满足使用产品的愉悦体验。

在胡澈看来，这是典型的智猪博弈。经济学范畴中智猪博弈案例较常出现，提出者假设猪圈里有一大一小两头智慧猪，猪圈一侧有食槽，另一侧安装着猪食供应开关，按一下开关会有猪食进槽，但谁按开关谁就会首先付出成本。小猪主动按将得不偿失，大猪主动按则自己能吃到，小猪也能跟着吃。因此，在这个博弈中小猪会选择等待。这个案例常被引申为市场和企业管理中的"搭便车"现象：后进者如何跟着前面的开拓者受益。社交中智猪博弈变成了：开发者和合作伙伴，会如何利用社交网络创造出的有利条件来为自己服务？

这种有利条件，指的是社交网络汇聚与分发的功能：用户细碎时间、注意力等被社交网络源源不断地汇聚在一起，通过开放合作，以流量、用户、下载、购买等各种方式分发给合作伙伴、开发者、传统企业等。当社交网络这头"大猪"已经踩下"开放"踏板时，合作伙伴"小猪"便会从中受益。社交网络积累下巨大的时间池，脸萌、魔漫相机等则在肥沃的土地上迅猛增长。在已经被积累下的巨大时间池中，如何才能最有效地获得时间货币？

《社交红利》一书出版后，中山大学创业学院一位名叫李拯民的读者，在一封沟通探讨邮件中阐述了关于"关注度货币"的提法，他说："最近最火的新闻之一想必就是苦命的汪峰了，他上不了各大媒体的头条，这对于一个明星来说是致命打击，却因为社交网络而路人皆知，反而成了人们茶余饭后闲来无事的调侃对象，从这个角度来看汪峰赢了，而且赢的不小。我不禁就想到，为什么这些明星会对曝光度或民众关注度如此在乎？用关注度货币来形容是一个很好的比喻，即一个人将目光关注到某点，就在向这点支付一定货币。关注者数量越多，就会产生越大的经济价值潜能。"

无独有偶，收到邮件后几天，我在厦门和天使投资人蔡文胜讨论社交网络带来的变化，蔡文胜认为，用户未来或会使用时间货币来进行支付。在他投资的一系列应用中，我们多见消耗时间、提供廉价娱乐这两条重要主线。

在我看来：

一、用户状态和大平台使用场景紧密相关；大部分用户时间浪费在大平台上（比如一天看数次微信、刷朋友圈这种行为）；在为大量合作伙伴提供红利的同时，也为一进入即引爆的应用奠定了支付时间货币的基础；

二、小产品在大平台上生存，必须符合上面提到的两个前提条件；

三、产品必须依附大平台，成为它的一部分，小产品和大平台场景互生关系，从而更有利于自己成长。

智猪博弈表面看是协助用户有效浪费时间，实则在将这些时间汇聚到新的产品和服务中。社交网络节省并汇聚了人们的大量时间，在如今的社交状态中，时间成本在快速被打碎及缩短，人们要求使用一项服务或应用的门槛必须要低，产品要简单。对用户而言，面对好产品时，支付的只有（也最好只有）时间。因此，引爆产品和服务更像是协助用户浪费无聊时间。

在这种格局下，小产品借大平台生存，大平台也依赖小产品的消耗时间功效来黏住用户，共生互利。这是开放，也是新产品场景下新的用户状态。因此，引爆社交网络，核心在于产品是否符合用户在社交网络中的某一状态。它不仅会左右一款产品是否能快速引爆，也会决定产品能否健康发展。只要社交网络仍是人们最常见的使用工具之一，深刻理解用户状态的产品就会不断崛起与兴盛。

连接点与接触点

"荣昌e袋洗"选择使用微信公众号切入。采用账号作为试点后，他们发现了过去被忽略的东西：一名用户使用完这项服务后，看到其他邻居、好友还在将衣物送去干洗店时，会主动推荐。若用户订阅了账号，则每周乃至每天都可以通过信息来影响用户。而App信息想要触达用户总是存在许多障碍，相比App，社交账号是最便利的分享与推荐方式。

O2O领域创业公司、专注上门推拿服务的"功夫熊"，也采用了类似先在公众号中跑通服务，再后续跟进开发App的做法。创始人王润的体会是，服务上线后需要不断摸索调整需求，社交账号可以迅速实现更新，不存在老版本升级等遗留问题；扫码关注账号比下载App更为方便，大部分用户只有在扫除了对服务的顾虑后，才会下载App。

半年内，e袋洗公众号获得了30万订阅用户，每天有超过3 000

单共两万件衣物的干洗业务通过账号下单。账号背后，是传统领域中已经具备的能力移植与升级。荣昌 e 袋洗将各个区域的洗衣资源（洗衣店）整合了进来。一般一家洗衣店（包括线下加盟商）每天最高洗衣能力为 300 件衣物，现实中最多只能洗到 100 件左右。e 袋洗将承接的订单转移到这些店面中来，消耗冗余的洗衣能力。现实中店铺租金、员工薪水、好店长难寻、干洗设备资产过重等问题，都会限制连锁洗衣业务的发展。社交账号并不受这些限制，甚至这些汇聚起来的衣物还可以集中到城市周边洗衣工厂，降低成本之余，也改变了干洗店的布局。

在这个案例中，我们看到了一个连通传统洗衣业务与社交网络的"连接点"。

连接点：和社交融合的开始

阅读和思考都无法回避当下环境，整理知识和思考也是一样。人和设备、人和关系、人和服务之间在不断发生连接，尤其当微信提出"连接一切"这个思路之后，"连接"已经成为互联网中讨论最多的词汇之一，业界对于连接的理解和讨论迅速扩张和深入。在这里，我们将不再花费时间在这个关键词上，而将目光仅仅投放到"连接点"上。

连接点依然是引申自微信的概念，微信将自己称为一种生活方式。在传统商业的世界里，生活方式是各大公司进行市场传播、广告宣传时最常采用的关键词之一。不同生活方式之间、不同产品之间将会如何连接到一起？对于大部分企业而言，需要考虑的并非是要不要和包括微信在内的社交网络连接，而是从哪个需求点切入到社交网络的用户中去这个问题。

智猪博弈显示，微信中爆火的应用和服务，其实是依靠消耗时间池里的时间来生存。这些小应用和服务需要成为社交网络的一部分。就像是两个貌似不相关的产业和领域，"轻"和"重"之间，可以找到一个非常巧妙的连接在一起的点，从而实现用户在社交网络和自己的服务中的大流动。这个切入的连接点，就是企业和创业团队需要寻找的。

连接点要在"小"中去寻找。e袋洗选择用微信公众号作为连接用户与服务之间的连接点，看似是一个意外之得。在社交中这样的"小"账号却是常态。在"短定律"一节中，我们已经看到了小团队在社交网络中的成本优势。越来越懒、越来越依赖好友的用户，很难再愿意花费更多时间去尝试繁难的服务。"小"的另一种体现，是将服务打碎，连接到社交网络中，连接点恰是这种优势的体现之一。打碎服务，或者找到合适的连接入社交网络的小切口，就成为第一个关口。

在连接点中，对企业变"小"的诉求开始出现。"一九法则"中有一个无法忽略的前提，就是在"某一细分领域"下。过于庞大的诉求和过多功能，显然用户无法及时理解并使用，这也将限制应用或服务必须以细分的状态快速增长。

用户需要的显然不是一个完整服务，而是实时响应、碎片化的服务提供。和廉价娱乐一样，用户希望用几秒钟甚至更快速的方式就获得服务。这就要求，连接企业与社交网络中用户的那个连接点，是用户非常容易理解、易于寻找和上手的小切口。通过这个小点，串联起原有的服务与新的社交世界。这种"小"，甚至需要将自己融合到一条信息中去，信息通过"富消息化"实现了自己更大的承载。

微信时代可能将这些朝用户更推进了一步，尤其以微信红包作为一个开端。这个小小的红包消息，既是一条信息，也是一项庞大而严谨的金融服务。信息通过自己的进化和升级，扮演了作为连接用户与服务之间、服务与社交之间的天然切入点。如滴滴打车在后续的时间里成功地借助了这项小功能，实现了自己在大范围内的推广和扩散。甚至，信息的分享本身也承担了连接点的作用，用户从好友分享的结果中体验到了应用的新奇，从而前来下载和体验。

明确连接点和用户在社交中的状态息息相关，获得收益是其中一个重要出发点。在"短定律"一部分可见，用户参与活动期望收益和他愿意投入的意愿成正比，收益越大（或带给朋友的收益越大），用户越愿意明确投入。

连接点也会有许多巧妙方式，小游戏有时也会扮演连接工具的角色。如围住神经猫这款给业界留下了深刻印象的小游戏，制作出发点不过是团队希望通过它在微信上获得一些订阅用户。

连接点的寻找与确定，将为更大的连接带来可能，比如应用与应用的连接。e袋洗在小区邻居上门取送衣物环节中看了一个趋势，即e袋洗聚焦小区服务提供能力，在此之上更多小区内服务可以不断嫁接进来。2014年下半年，e袋洗在部分区域测试空调清洗的业务，测试期间每天下单量超过100人次以上。通过这样的测试，e袋洗将关键节点分为三个：推广、取送、洗衣。每个环节都允许用户和商家自由接入。

推广和取送环节面向的是小区用户：如果能为e袋洗带来一名新用户，便能获得1元收入，代为取送衣服一次可以获得5~10元的收入。e袋洗希望通过这种方式，推动"小区管家"的出现：在许多小区中，有很多居民有足够的时间和精力来从事这些可以短暂出门，又无须走太远的兼职。对于被服务的小区居民来说，他们不会和陌生的快递人员闲聊，但会很乐意和这些邻居们聊上几句。在洗衣环节中，除去荣昌的洗衣能力，其他品牌洗衣店、洗衣工场也可以自由接入。账号就像是一个用户入口，服务和合作隐藏在后端。

现在，许多新产品的开发，开始直接选择平台或第三方封装好的组件工具、API、SDK（软件开发工具包）等，来节省开发工作量。不同服务对接时，会发生一些新的化学反应，新的商业可能就会浮现出来。应用与应用之间的对接，也会浮现出新的商业可能。

从某种角度上看，在新的社交形态下，不管合作伙伴大小，是否在传统领域，从诞生起就流淌着开放的基因。因此，所谓连接点，是用户从一种生活方式进入另一种生活方式，一种服务切入另一种服务，一种能力对接另一种能力的窗口。不同的个体（小团队）也会变成一个连接点，连接的是外界用户的海量创造能力和团队的变现能力。

接触点与长连接：和用户维系在一起

在社交网络新变化面前，需要直面一个命题：如何将一次性试探尝鲜的用户，转化成我们想要的核心用户，黏着在这些服务和应用之上反复体验或使用？

企业通过其应用、服务、活动、信息等方式，和用户不断发生接触，吸引他们体验产品或服务。这种企业和用户长期不断接触而产生的长时间维系，被称为"长连接"。每次接触，都可以形成反复黏着和转化用户的机会。

有了长连接，必然有对应的短连接。短连接指用户和企业（或产品、服务）发生一次接触后就断开联系的行为。长连接和短连接原是通信领域的专业术语。在社交中，短连接和长连接被引申来形容我们熟悉的两个语境。

传统产业和个人电脑互联网提供服务的方式是人们获取完服务后会暂时离开，直到下次有需求时再来，一次性关系导致企业并不握有用户。当用户再有需求时，大平台（例如新闻网站、应用市场、搜索引擎、电商平台）就扮演了分发这些用户给到具体企业的角色。为了获得源源不断的订单，企业需要持续地付费给到大平台。但社交网络正在开始改变这一点，用户与企业之间开始产生追随、订阅关系。企业可以不断地将信息传递给用户，优质服务所蕴含的分享力，也在推动用户源源不断地分享，两者之间接触不断增多。广告营销提出的"社交七定律"，是长连接的反用，即通过在社交网络中和用户的接触，来实现黏着和转化。

在通信术语中，长连接不能同时服务过多用户，但在无成本、去中心化的前提下社交网络优化了这一点，可以同时服务数百万乃至更多用户。任何企业与用户的每一次接触，都会带来扎扎实实的时间或关注度货币。短连接时代成就的无数伟大公司的历史，有可能在社交网络上再度上演，并成就更多的新型公司。

在长连接这个范畴下，不管是通过企业发布信息还是好友的分享行为，用户与企业任何一次接触，都可以称为接触点。受到短定律影响，企业与用户之间的接触越简单越直接越好，采用最少步骤实现目标成为基础要求。但这一步到位可以被细分为无数环节，每个环节就是一个接触点。对于用户来说，每一个接触点都是应用或者企业为自己提供更好的服务、产生互动的机会，也是产生分享、扩散的原点。细分这些环节，成为当下大部分应用的运营必选项。

构建更多接触点的另一种方式，是实现外部合作。如大众所熟悉的小米的接触点，和移动App与用户的接触点格局有所不同。小米开放的参与节点分为"购买前、购买中、购买后"三大环节，其中仅购买前这个环节，又细分为释放消息、排队、抢F码等，多通过商务合作、市场推广等方式增加。如小米和QQ空间合作红米首发销售的案例中，就埋设了多个新接触点。

2013年7月29日，QQ空间发布专题页面，提示将有新品首发。到7月31日正式开放预约购买页面时，半小时就获得了100万用户。这次合作还只是8月12日正式开放购买的前期活动而已。用户仍需到时在页面上抢F码，并前往小米网站下单购买。这次合作，相当于在合作伙伴处构建起了覆盖用户广泛的多个大型接触点。诸多信息在QQ空间、微博、微信等平台上被用户分享、讨论。

社群运营四项基本原则

社交引爆四大定律展示了一条迅速崛起的路径和即将面临的困境，面对瞬间触摸到百万、千万用户的诱惑，业界不希望自己仅仅成为流星，连接点、接触点等思考成为应对逆转、衰退曲线的一部分。另一种常见的社交方式也开始被纳入进来，为解决黏着和留存、让后半段走势曲线同样平稳高企的命题提供了新角度，那就是社群运营。

社群运营

个人关系链和社群，是社交网络中最为常见的两种形态。如果将这两种形态回想为社交网络中的两个典型场景，正是好友和群（及话题）。反映在产品上，一种是如微信、微博这种以用户个体为核心展开各种社交行为的产品；一种是如豆瓣、贴吧这种以圈子、话题为核心展开，基于话题、圈子获取信息，让自己找到感兴趣的人或事，从而更好扩大生活圈的产品，也称为垂直社交产品。这将会是掀起下一波触发社交红利的主角。

就目前而言，社群是将引爆中尝鲜而来的用户群长期黏着、转化的最好方式之一，也同样为企业和应用冷启动、快速切入社交网络提供了解决方案。

辣妈帮是一款面向妈妈们的无线App。从2012年5月上线到现在，这款应用积累了2 500万下载用户和1 500万注册用户，日活跃用户占了40%。这意味着在最高峰时，1 500万注册用户中至少有600万会每天打开、浏览、发帖或者回复响应某一个帖子。

在移动互联网中，一款应用中用户日活跃表现是一个关键数据，喻示着用户与应用的关系好坏，也代表着产品质量、运营质量等一系列核心问题，和日新增用户数等关键数据一起，构成了一家无线企业的核心数据。10%的日活跃比例已经是业内公认的优秀水平线。

春节前夕辣妈帮会选择一天（固定日期是1月11日），在多个城市同时举办面向用户的年会。2014年1月11日，这家公司在86个城市同时举办了年会。同一天同时进行百场年会，团队成员只有5人，预算15万，这个任务如何完成？

辣妈帮给出的答案是：年会都由各城市的妈妈们自主举办。年会规划中，辣妈帮最大成本是制作统一的背景板并快递过去，这是为了维系会场的统一氛围，其余还包括给予最优组织者、最有创意节目奖励等。

通常年会计划会于每年 11 月在 App 社区上公布，妈妈们可以申办自己所在城市的年会，从场地、节目、财务、道具、主持、导演、统筹、策划、化妆乃至宣传等，全部都要自己来。这意味着，申办年会的妈妈们需要在自己城市里组建一个志愿者团队。这是典型的线下社交方式，用户不在线上，就会选择面对面。妈妈们根据共同需求和喜好，在垂直社交工具中找到属于自己的圈子。用户活跃度高和年会及下午茶的举办有着密切关系。在这个过程中，辣妈帮的团队在做什么呢？事实上，她们几乎帮不上忙，几个人要同时控制百场年会几乎是不可能完成的任务。因此，让用户自己来就是唯一选择。为此，团队为志愿者们提供了一份详细的任务清单，其中包括：年会场地需要具备什么条件、如何征集节目、排练如何安排和进行、现场如何组织、摄影和化妆的安排和调度、年会如何宣传推广等等。这些清单被放置在不同时间和步骤中，志愿者对照相应进度就知道如何去完成。

四项原则

对于企业来说，最大挑战是如何营造及管理这样的社群氛围。至少有四项原则在发挥影响：

原则一：不是企业去自建社群，而是让用户自己来（重点解决企业构建起社群或者进入社群环节）

社群运营的目的，一是自然构建更多和用户的接触点，将企业和用户之间的连接时间和次数变得更长；二是让用户之间互相服务，实现黏着。对于许多企业来说，成本是要迈过的第一道门槛，究竟如何来构建低成本社群运营呢？

焦义刚是随手记公司的副总裁，他发起了一个深圳湾跑步群。因为这个城市优良的环境及空气质量，越来越多白领将跑步变成一种习惯。随着时间推移，群成员的推荐、互相介绍及群信息可被检索和扩散，加入进来的跑步爱好者渐渐多了起来，不同成员跑步历史、经验、技巧都不尽相同，于是他们合计开通了一个公众号，在账号中分享各自对跑步的理解和故事，这几乎成了一个开始：公众号需要有人来维护；经验少的人希望行家帮忙指点，减少受伤的可能性；有人喜好摄影，可以帮助大家拍照等，不同诉求开始不断生长出来，一个跑步大群陆续细分出志愿者群、教练群、摄影群等不同小群，大家在里面自由组合、分工。和分享的链式反应一样，爱好者们在新的兴趣小群中再度互相邀请更多好友加入。到今天，跑步群已经发展到了1 200人之多。

在社交网络中，高频的大众需求，每个人的关系链和好友圈子就是一个个社群，他们会随时随地协助这些需求展开讨论，寻求解决方案。对企业来说，高频需求下，现有用户、合作伙伴的好友关系链就是社群，分享会协助企业进入。

社群思路为传统企业进入社交网络提供了一个新的自然切口：跟随用户进入现有社群，或者鼓励用户建群。社群一旦形成，成员之间会互相介绍、推荐好友加入。在寻找社群之外，强关系好友相互介绍也是加入社群的最常见方法之一，由此带来社群的自然生长和分化，一个大社群会变成多个小社群，这些小群也会再度扩展成更大的群。

每个优质社群的诞生都遵循一些基本规律。通常,社交网络中如果需要用户结为好友加强互动,运营团队会在活跃用户中,选择地域或行业相近、排名相近(这样不至于太悬殊,进步可期)、兴趣相近、不同性别的用户组合在一起。这被简称为"三近一反"。在这个范畴内,还有相同经历(如都曾在某一家公司工作)、相同年龄、相同行业等。利于拉升用户活跃程度,相互之间影响激励。如男性用户在微信中体验漂流瓶小功能,多半会捞到女性用户扔出的瓶子。

能让用户每天活跃在里面,不断和大家讨论、互动的群会是什么样?我们无法想象一群陌生人,没有共同话题、兴趣、从业经历,突然被拉到一个群里时,会保持多长时间的活跃度。相反,有强关系好友,或相近用户在一起时,社群才会变得持续稳定和活跃。也才会具备将弱关系转化为好友、将信息扩大到更大人群的双重作用。既能强影响,又能强扩散,这是社群最大魅力所在。

原则二:给出简单而清晰的目标,逐级实现(重点解决用户个体在社群中长期活跃问题)

对于许多社群尤其是大社群来说,用户的长期维系与活跃会面临挑战。辣妈帮将计划进度、参考指标事无巨细地整理在一张表格中,任何志愿者团队只需顺着表格,在相应阶段展开对应工作即可。新遇见的问题及值得提升的环节,将被再次更新在表格中。这相当于社群氛围中不同阶段的目标释放和工作指引,通过这种方式,实现用户的自我活跃维系。

自助激励,是用户主动寻找属于自己的游戏或社交激励。自助激励随着时间和用户的不同而不同。自助激励的实现,依赖于用户能否在产品中树立属于自己的自助目标。以我们熟悉的微信"打飞机"为例，这款 2013 年下半年推出的小游戏，是彼时最火的国民级轻量游戏。许多用户纷纷在朋友圈、微博上分享自己的战绩——仅仅是在好友中排名多少，就引发了巨大的用户反馈。用户在分享最终信息时体现了不一样的诉求，有人希望在好友中占第一，有人期望能超越最高纪录，有人只是想比上一次打得更好。这就像是为自己定下了一个自助目标。目标的实现，即是激励的获得。游戏通过协助用户在不同阶段树立不同的自助目标来完成。在自助激励和自助目标联合作用下，用户得以留下，并反复体验服务与需求。而前文提到的连接点和接触点在联合发挥这一作用。

这个特点，正被充分借鉴到日常社群运营、活动运营中。在大部分引爆产品中，自助目标都会隐藏其中。如脸萌和魔漫中，用户会将自己的目标设定为"我要做出更好、更萌的画像"，关系链的区隔为目标不同提供了保证，没有人的关系链一模一样，因此，即使是都想做到好友中的第一名，最终目标也会因人而异。

用户一旦确立了个性化目标就会被牢牢吸引，并用结果的完成和不断提升激励自己。如刚开通了账号，需要添加更多好友；想建一个群，将一些特定的朋友拉到一起；打开朋友圈，看看现在有没有好玩的事情出现。目标不断在变化，激励就变成了：发的朋友圈有人点赞了，看到了好玩或有用的文章，群里聊天太逗了等等。

原则三：每个人都清晰地知道自己的任务，并去完成它（重点解决社群中核心用户群长期活跃问题）

闺密圈是一款聚焦女性市场的垂直类社交应用，创始人张威对月活跃用户做了一次全量分析，发现近半（45%）用户会关注话题，平均每人关注话题 7.5 个。在垂直应用中，话题是一种弱社群的体现形态。张威在将关注话题和不关注话题的用户做出对比分析后发现：关注了话题的用户更活跃；同时关注话题越多的用户，留存率越高。关注了 20 个以上话题的用户，留存率会比不关注话题的用户留存率高出 45% 左右，关注了 50 个以上话题的用户留存率比不关注话题的用户留存率会高出 90%。

在对社群的讨论中，过去有一个观点，认为社群领袖对于社群的长期活跃会起到很大作用。在小社群中这个观点是对的，比如工作群、同学群、明星粉丝群，领袖和活跃分子所扮演的角色会非常重要。但当我们希望运用社群的方式来运营、发展时（这时我们面对的就是成百上千个社群），社群领袖的角色会迅速淡化。每个人都在活跃、做出贡献，共同推动社群前进。可能某一时刻某一成员起到的作用会略大，但到了下一个时刻，又有其他活跃分子扮演起了关键角色。

大型社群中，用户群体分为三种，一是内容生产者，能够创造优质内容的用户一直很稀少；二是浏览者，仅仅是消费内容而不互动，是"沉默的大多数"，即使产生再多流量都对生产者和社群毫无贡献；三是内容传播者，传播者介于前面两种人群之间，也最容易被忽略，这个人群虽然没有强生产能力，却会和生产者进行互动。有价值互动在社交网络中一直是最有效的激励方式。这些互动还将对内容的优劣产生过滤作用，越好的内容越容易因此沉淀和反复出现，新人在刚进入社群时看到这些优质内容，才更容易留存，转化为传播者。

因此，互动人群及互动次数的多寡，对于社群整体活跃度非常重要。闺密圈数据中很难分清是社群拉升了社群中用户互动数据，还是互动用户比例高提升了社群活跃度。但在日常运营中，这两个结果相互支撑。具备了类似特点的社群会呈现出相似性：一是如闺密圈和节操精选的用户高活跃状态和在线时长；二是新用户新增速度，如辣妈帮，社群的壮大，对于企业日常运营有着巨大帮助；三是社群推荐、转化效果的提升。社群相对个人关系链承担着弱关系的维系作用。在社交指数中，我们首先关注到从信任背书延伸出来的社交影响力，这是以账号为代表的企业或者应用，能够在第一时间影响到多少人的最实际能力。在这一点上，个人关系链非常高效而稳定。但社群因为参与人数优势及相互背景影响，在影响人数上经常会带来惊喜。社群成员（比如QQ群、微信群）对于被推荐信息的接受度，甚至要好于个人关系链，尤其当推荐信息出自社群内生产者和传播者时。在商品推荐、一些和生活相关的领域推荐明显如此。

高质量的转化效果，使得社群为许多产品冷启动提供了入口。其实，大部分社交产品冷启动过程中，社群都发挥了重要作用。被多次提及的微信红包的爆火，和它被大量分享到微信群中有直接关系。脸萌的火爆也是率先从"海贼王"相关社区开始的。在这些应用崛起过程中，每位用户都在自发分享，自发在朋友中充当客服。

"自助目标"构建和"自助激励"获取奠定了一个基础，即个体长期活跃。但仅依靠于此，还无法称为"社群"。社群是基于兴趣、地域或者行业的用户集合，成员之间互动互助、互相影响。这就需要新原则发挥作用，以推动群体活跃。这就是第三条原则，"每个人都清晰地知道自己的任务，并去完成它"。即用户清晰地知道为了要完成目标获得激励，当下应该去完成什么任务。这条原则侧重在协助每一位社群成员设定合理目标与角色。

因此，依靠社群领袖维系大量社群活跃度的方式并不可取。用我们自己作为观察样本即可见：加入的微信群或QQ群超过百个，每天活跃使用的不过寥寥数个,其余则全部关闭了消息提示——时间长了,那些被关闭提示的社群会自然消亡。社群当然也会自然死亡或消亡。活跃人群之间相互熟悉、互帮互助会有效解决这一问题。

在社群运营中,企业施加的影响越大,有时用户参与度反而越低。企业需要做的,是去企业化,去KPI(关键绩效指标)化,放弃控制的意愿。让用户在小圈子中自由组合,分别扮演不同角色。另一种做法则是,结合自助目标中的短期和长期目标,来推动用户自我实现。

在社交中,用户的自助激励有着天然的优势,关系链会让他好友中的同类自然浮现出来,发生碰撞。"够够手就能超过"、"他能做到我也同样能做到"的比较更为明显和直接,带来的激励相比陌生人之间更大。

原则四:即时且正向的群体激励(重点解决企业与社群之间黏着关系、方向控制难题)

腾讯公司曾在内部举办过一次活动,奖品只有一部最新款iPhone手机,这让运营团队为如何激发同事们的积极性很发愁。过少的奖品让许多员工还没参与就觉得概率太小而放弃。为此,运营团队采取了一个小变通:中间增加一个抽奖环节,先抽出有资格参与抽奖的同事名单,再在这个名单中再次抽奖。最终奖品数量没有任何变化,但对于参与者而言,反而多了一次实时小激励。最后,参与数量大幅增加,远超运营团队预期。

社交网络不匮乏激励,至少我们已经看到了自助激励和互动激励。两种激励之间的差异在于,用户在社交网络上分享信息,产生的被浏览、转发评论、点赞等互动行为,都是对发布者的激励。通常情况下，越多互动，用户越活跃。除此之外，用户在社交网络中还会自己设定一种目标，并努力去完成它。我们把这个目标叫作自助目标，完成目标的过程是自助任务，获得的结果也是用户释放给自己的自助激励。

互动激励和自助激励的实时释放，已经解决了大部分用户的激励问题。这些激励实时而个性化，远非企业提供所能解决。企业提供给个体用户统一且大型的奖励远远比不上实时的、细微的小奖励，更比不上用户主动寻找并获得激励。如果企业不断释放面向个体用户的统一奖励，多半会出现一种局面：铁杆用户将会不断离去，最终只剩下"刷奖党"用户。

不过，尽管我们提到在社群崛起之后不用担心个别社群消亡，但仍会引发企业对于社群自由发展，完全和自己无关的担忧。社群运营借鉴了"去中心化"和"游戏化"，又没有完全去中心化。企业提供释放到细分群体的统一激励；自助激励是解决用户在完成大目标过程中，各自能获得的成就与愉悦，是对大目标的补充而非脱离。企业统一确立的群体激励变成引导和管理大批社群的运营主要方式之一。

群体激励的几个关键因素，一是让用户实时了解在完成过程中，自己能做出的贡献，用户在社群（或好友）中的占比、排名、贡献值等。将个人贡献与社群成长和竞争联系在一起的做法，正在被越来越多地借鉴。二是实时全员告知。将最优秀结果通过激励明确下来，并实时告知所有参与者。这就像是方向的指引。我们倾向于，这种结果的选择不是企业自身做出的，而是用户根据自身需求做出的最终决定。企业要做的，恰恰是接纳这些多样化的结果，并将它们通过宣传、进度表格指引、关键数据指标等方式来进行确认。成百上千个社群会按照各自方式竞争，并实现最优结果——企业需要一个"结果"，但用户会创造出无数结果，企业只需选择接纳其中最优秀的那一部分。这时，企业激励的即时告知，会成为引导之一：如果某一成员完成得非常优秀，那么超越他就会成为下一个新任务之一。

四个原则应对的是社群平台，及大量社群同时并发的运营状况，原则之间互相影响，互为援手。单个社群则不同于此，甚至很多运营要点是反其道而行之，如特别强调运营的力量、群的活跃依赖于社群领袖、经常投入实物奖励、运营人员深度影响社群内容等。

徐志斌

腾讯微博开放平台前负责人、微视商务副总监

《社交红利》作者

本文摘编自作者新书《社交红利 2.0》

第十章　连接数字鸿沟

> 手机正在全世界普及，但语音和短信无法推动ICT革命。如果不能让更多人获得可负担的互联网服务，那么全球很大一部分人口将持续面临数字贫困，无法享受ICT带来的巨大社会经济效益。
>
> ——世界经济论坛高级经济学家，《2015年全球信息技术报告》联合编辑蒂埃里·盖格

2015年是中国正式接入互联网21周年，中国现拥有世界上数量最大的网民。但是，在偏远山区，不少村子用电困难，有的连公路都没有通，更不曾听说过互联网。

作为一家负责任的企业，腾讯在社会公益方面做了多种尝试。其中"互联网+乡村"，就是腾讯基金会探索的以"连接"为核心的创新公益模式。腾讯基金会一方面整合腾讯内部资源以及建筑设计、平面设计、广告策划、运营商和硬件设备生产商等众多合作伙伴，共同设计"互联网+乡村"未来的开放模式，为乡村发展连接助力；另一方面邀请心怀"为多数人设计"理想的设计师志愿者，为农产品进行包装设计，并申请国家商标和外观设计专利。此外，基金会还整合设

计师、电商及推广资源，为当地农副产品、手工艺品增加附加值，希望以公平贸易的方式，为村民提供在家门口就业的机会和一份有尊严的收入，让美丽乡村更具生机和活力。

古村落的社会公益试验

贵州省黔东南苗族侗族自治州黎平县岩洞镇铜关村，村民们并不知道"互联网＋"的概念，却被悄然卷入了这场"互联网＋乡村"的变革中。

时间回到 2014 年 11 月 22 日，腾讯基金会投入 1 500 万元建设的 5 600 平方米的铜关侗族大歌生态博物馆开馆试运营了。

这是侗乡人盛大的节日，他们穿戴上最美的民族服饰，用庄严的祭祀、用侗族大歌庆祝博物馆开馆。2015 年，待博物馆全面竣工后，腾讯基金会还将把整个产权无偿交付给村民。

也是在这一天，侗寨的近百名村民免费获得了一部智能手机，并用它连接上了刚刚开通的移动互联网。

博物馆开馆是腾讯基金会"筑梦新乡村"项目的一个阶段性成果。该项目始于 2009 年，探索用互联网企业核心能力助推西部乡村发展的模式，用城市文化的善意输入，推动乡村价值的有效输出。腾讯基金会于 2011 年 7 月与黎平县委县政府签署合作协议，投入 1 500 万元，建设"腾讯·铜关侗族大歌生态博物馆"。从 2014 年开始，腾讯"移动互联网乡村"（WeCountry 为村）计划成为其中一个重要组成部分。

"2014 年 11 月 22 日在中国互联网历史上应记上一笔。这可能是中国穷乡僻壤的首个'移动互联网村'，也是腾讯的'创世记'。"新华社高级记者、科幻作家韩松写道。当天，腾讯基金会联合中国移动、中兴通讯，在铜关村建立 4G 通信基站，并为接受互联网培训的村民发放了近 100 部智能手机。

几个月过去了，侗乡与移动互联网的一个个"奇妙反应"丰富而生动地展现出来：

——中国第一个获得认证的村级公众服务号"贵州黎平铜关村"建立了。此后，村寨通知下发、投票调查、活动召集、公共事务意见交流、文化活动分享、特产推荐等工作，均可通过微信展开。

——立足本村社交的"铜关微信群"建成了。这也许是中国目前最活跃的乡村微信群。交流内容已从一开始的打招呼逐步发展为村委会对内发布村务通知、招工信息，村民向外发布农产品销售信息等。除此之外，村内还活跃着其他基于村民兴趣爱好的微信群：侗歌爱好者群、快乐群、亲子交流群等。每天活跃的用户越来越多，当地共有 130 户村民加入，月均交流信息逾千条。微信群不仅是村民社交娱乐的工具，也是村委会实现村务高效管理的渠道，村民们能高效地参与到村寨事务中。

——基于"微社区"系统建立的"铜关市集"上线了，用户可以通过扫描二维码、照片和拨打联系电话等方式来进行购买。当地的香禾糯、有牛黑米、雀舌茶等特产作为极具代表性的优质农产品，还进入了"筑梦新乡村"项目的拍拍微店"企鹅市集"销售。经过腾讯设计师的包装，"侗乡茶语"、"侗乡有米"成为高档农产品而畅销网络，仅 2014 年一年就创造了 30 万元的利润。2015 年 2 月 13 日，国务院总理李克强到黎平视察，其间询问和关注了由黎平本地农户供货、腾讯以公平贸易方式推出的产品"侗乡有米"，并对腾讯借助互联网核心能力促进乡村发展、以微信电商的方式推动农副产品网络销售的创新尝试高度肯定。

——65 岁的吴培珊老人学会了与远在广东佛山打工的小儿子用视频聊天，还会用发给她的智能手机听侗歌、看侗戏。听力衰退让她听不清楚儿子在那头儿说什么，但她很满足，笑着说："能看见儿子就好。"像吴培珊这样的"空巢老人"还有很多，互联网丰富了他们的留守生活。

——腾讯基金会通过培训、组织活动，鼓励村民勇敢分享，后来村民们积极主动分享，社区更活跃了。当地还紧跟潮流，举办了"铜关好声音"赛歌会，村民们纵情歌唱生活。

——微信给乡村生活带来很大的便利。作为村内一支侗歌队的带头人，吴定芝自己组建了一个名为"大寨侗歌队"的微信群，用于召集歌队参加排练、演出和进行队员日常交流。建歌队群最初只是为了省时间，而且用家里的 Wi-Fi 群发微信不花钱。吴定芝说："在群里通知大家过来领演出的工资，比我一个个打电话通知要快，当天晚上就发完了。"最近，她还开通了微信支付，她想试试用"微信红包"给队员们发唱歌的工资，还计划用微信把侗家特产卖出去……

"移动互联网乡村"计划的项目经理陈郡、社区营造项目经理陈晓岸表示，由于有更多的村民加入，更多的移动互联网乡村场景被创造出来，已超出了项目设计的预期。腾讯找到了社区营造过程中发挥村民主人翁意识的切入点，该计划提供了一个舞台，包括实体的和虚拟的，在这里民族文化的主人找到了自己的位置。

从众筹一场歌会到建设一座博物馆

侗族是中国 55 个少数民族之一，现有人口约 300 万。黎平是侗族的主要聚居地，是侗族文化的发祥地，却也是国家级贫困县。黎平县 2014 年人均收入只相当于中国农村人均年收入的 2/3。

"侗族大歌"是黎平最著名的侗族文化形式，是侗族独有的无指挥无伴奏多声部合唱艺术。2010 年入选世界非物质文化遗产名录，被誉为"清泉般闪光的音乐，掠过古梦边缘的旋律"。

侗族没有自己的文字，多少年来，他们就通过这样的歌曲，将祖祖辈辈的故事、生活智慧和处事原则代代相传，并由此形成了侗族文化中最重要的一个部分——"侗族大歌"。有着 2 500 多年历史的侗族大歌是珍贵的民族文化瑰宝，曾在维也纳金色大厅引起轰动。然而，它的传承在市场经济社会受到严重冲击。经济的压力迫使大量侗族青年外出务工，老一辈歌师也慢慢老去，这一珍贵的民族文化面临着断层甚至失传的危机。正如宰拱村老歌师所说："教侗歌的时候，由于侗族没有自己的文字，我们只能口口相传，先教歌词，再教唱法，声音要洪亮。我们希望把歌一代代传下去，也希望社会帮助我们。"

2011 年 8 月，"铜关五百地方"的乡民提出，希望在当年年底，由当地四个寨子召集 2 000 名歌者举办一个属于他们自己的侗族大歌演唱会——"十八腊汉歌会"，却为活动需要的 6 万元举办费用犯了难。腾讯基金会通过与腾讯网合作开设一个专题，为这个活动征集 200 名网友观众，并由村委会向每个人收取 300 元费用，包他们吃住，一起见证这个将要发生在村里的山水实景演唱会。两年多以后，这种方式开始在网络上广泛流行，大家都管这叫"众筹"。通过整合县、乡镇的支持和腾讯网络媒体的号召力，互联网轻松完成了招募人的使命。一场盛大的歌会不仅圆了村民的心愿，更带来了几个意想不到的结果：在活动开始前一个月，村里2/3外出务工的青壮年辞工回家准备这场前所未有的歌会；村委会组织的这次盛大活动不仅没有让铜关像传统村落那样"一过节就要节后穷三年"，还为村寨带来了14万元的现金收入；当年村里破天荒的有10位小伙子娶上了外村媳妇；因为活动通过腾讯网《活着·侗人秘境》进行了图片专题报道，从2011年11月到2012年"十一"结束，村里共接待中外游客超过1 000人次。

但是，活动结束后，青年们又像候鸟一样飞往广东、福建等地打工，后来的游人更多的是乘兴而来，却无法看到图片中那样众人盛装歌唱的绚丽场面，侗族大歌破坏的速度也比我们保护的速度要快。2012年，在北京的小剧场和酒吧，还有一支从岩洞镇出去的歌队驻唱，但侗族大歌这样一种艺术形式，在这样的场合显得不合时宜，有些人甚至认为是刺耳的噪声。听到朋友们说起去试听的感受，以及那支最终落寞而归的歌队，腾讯希望能再为他们做点什么。让村民唱下去，一次众筹不能解决长久的问题。要唱歌，更要在自己的土地上唱歌，首先要解决他们家门口的生计问题。当时，用生态博物馆把侗族大歌保护下来的思路渐渐在我们脑海里清晰起来。

博物馆中心范围占地约46亩，设计建筑面积约2 500平方米，由四组建筑构成，与周围山水民居融为一体。包括侗族大歌音乐厅、花桥、戏台、多媒体社区活动室、十洞十三寨民俗展厅、传统织染及刺绣区、农耕文化体验区、专家工作站、文化交流接待站、生态博物馆形象店等功能区，辐射受益范围包括铜关五百地方的四个村寨、400余户、3 000多名村民。该馆由腾讯基金会邀请志愿者设计师公益设计，由捐建地村寨的寨老掌墨师担纲建造，全部建设均由村民工匠队自行完成。

现在，铜关侗族大歌生态博物馆已经面向铜关五百地方村民正式开放，村民们从惴惴不安地路过，到私下打听什么时候开始收门票，再到现在大大方方走进属于自己的音乐厅，快快乐乐地歌唱。

与传统博物馆强调藏品和建筑不同，生态博物馆将保护对象扩大至文化遗产，将保护范围扩大到文化遗产留存地，采用社区居民参与管理的方式，强调社区居民是文化的真正主人，鼓励他们以民主的方式管理自己的文化，并依照可持续发展的原则，利用自己的文化创造社区发展的机会。另外，该生态博物馆项目还致力于借助互联网的媒介与渠道力量，探索使乡村的人文与自然生态产出价值最大化的可复制模式，促进侗族大歌更好地传播，让更多的人知晓和喜爱它，让侗族文化更好地被世界认识，也使乡村经济得到更好发展。

在这里，自然环境、人文环境等有形和无形文化遗产在其原生地由居民自发保护，人与自然、文化处于其固有的生态关系中，从而较完整地保留了社会自然风貌、生产生活用品、风俗习惯等文化因素。步入村寨，你就已经步入了生态博物馆，村寨里的所有村民活动、物质及非物质文化遗产均以其原生的、自然的、活态的方式一一呈现；而此时的你，也成了博物馆中的一部分，只要你记录下所见所闻所感，并留存于研究中心，就已经在为博物馆书写新的记忆。

在争议和不理解中前行

侗乡人有了智能手机和互联网，除了传唱侗族大歌，还可以把村民生产的优质茶叶、刺绣、银制品和油料销售出去，把家里小宝宝的照片发送给远方打工的父母。现在村里发通知也不用喇叭广播和贴告示了，直接用微信发送，一秒钟就能让村民们知道。腾讯希望以铜关村和黑洞村为试点，在未来复制和开展更多的试点。

北京大学社会学系研究团队和腾讯互联网及社会发展研究院也以科研方身份加入了本计划，他们会提供系统的研究报告，进一步探索移动互联网对乡村发展产生的影响。

铜关村村支书吴珍刚说，博物馆开馆和移动互联网入村，是侗乡千百年难遇的喜庆。互联网引领村庄走进信息时代，孩子们将接受学习、生活和工作的新理念，传统的生产经营模式也会打破。

用腾讯大浙网总裁傅剑锋的话说，这里将成为村庄的文化保存与经济造血功能的重要公共空间，并与移动互联工具的微电商、公平贸易结合起来，成为一个颇有想象空间的乡村试验场。

韩松曾在新华网上发文《移动互联网进入偏僻乡村》，推崇这个乡村试验，称这几乎是全国首次把移动互联网推广到了偏远山村。

中央电视台新闻频道的《新闻周刊》栏目也加入了报道行列，在《2015 留住乡愁》中报道了腾讯"移动互联网乡村"项目。节目从新闻当事人的视角，以真实的影像记录了项目在当地开展工作中遇到的种种困难和矛盾，同时展现了腾讯团队和当地民众对项目的深厚感情。

节目主持人白岩松评论说："如果所有人都是指责者，事情一定会变得更坏，然后所有的人都成为受害者。可要是有更多的人都开始建设，事情就开始变好，慢慢地大家都成了受益者。这道理谁都懂，但真做起来不易。太多的人都感叹乡土的沦陷，出去后也总是有乡愁，感叹乡关何处。可出于生计和现实的考虑，还是有一拨又一拨的人们从故乡出走，将乡土留给老人、留给孩子、留给杂草。不过，一切都在变，开始有一些 80 后、90 后在向外走的人流中逆流而动，因为他们感受到了乡土，做好了就是机会、是舞台，未来也许在这儿。他们想的对吗？"

铜关的"筑梦新乡村"团队有 6 人，大都是 90 后。陈郡本科是学数学的，来铜关后实际做的是"包工头"，整天与建筑队打交道。因为要在草丛和泥地里不停地走路，一年里他穿破了两条牛仔裤、五双拖鞋、两双解放鞋，去向村民"布道"，去与他们沟通。现在移动互联网终于进村了，博物馆也开馆了，并将由腾讯把整个产权移交给铜关村，由村民享受其永乐真福。

2013 年，在"筑梦新乡村"项目开展的第三年，腾讯邀请第三方的资深媒体人员，用半个月的时间，奔走云贵两地，对我们进行审视，成果发布在《返璞归真的力量——腾讯"筑梦新乡村"项目绿皮书》上。

访谈都在腾讯不干涉的情况下进行，腾讯及其伙伴和扶助对象，都尽力做到坦诚——这也是腾讯一直秉持的态度。所有的一切，无非实事求是而已。我们的目的，是想通过第三方的审视，为腾讯慈善基金会以及所有致力于公益的同道们提供一个样本，由此共同探索中国当下一家本土企业的公益之道。事实上，上述目的也绝非终极目的——我们最终想要的，甚至不是腾讯自己想清楚并与同道们分享怎样做好公益，而是为了知道如何让那些公益项目的受益者能更好地生活。这是一切努力的核心。

毛周女士评论道："是文化拯救还是文化入侵，是带村民致富还是带村民保护文化，是保持公益理想还是做商业利益性的妥协？一个新的公益模式，需要经过不断的反思和调整、吸纳和简化、冲突和选择，从而找好自己的定位，找到矛盾中的平衡点。我们都刚刚起步，都还在不停地学习，或许还没有找到最佳的答案，但至少这是一个好的开始。"

"筑梦新乡村"的项目经理贺捷说："我们是汉族人，连汉服都不穿了，毛笔字都没有写好，却来帮助侗族保护文化。我觉得互联网在这儿还只是一张皮。"

马旗戟说，重要的是让村民成为主人，必须在村寨中培养一批本地精英。村支书吴珍刚觉得这很难："本地精英，三五年都培养不起来，如何把本地人融进来，这是一个很大的问题。"

难题还包括如何处理好旅游与环保的关系、协调好文化与商业的关系，比如：互联网究竟是会保护侗族大歌，还是将令它丧失原生态味道？腾讯一旦撤走，博物馆还能经营得下去吗？它会不会像"侏罗纪公园"一样进入混沌失控？会不会有村民用互联网去开黑网吧、搞赌博？网络会摧毁村里的原始宗教吗？"互联网究竟会给这个村子带来什么？我们是会名垂青史，还是成为千古罪人？"建筑专家杜孝民说。

项目执行最大的难题是当地居民的理解和信任。第一次征地的时候村民很配合，因为他们在"铜关五百地方歌会"上看到了希望，认为我们是好人。但第二次征地时，生态博物馆项目因为各种原因进度较缓，可能带来的好处还太过长远，村民们看不到，加上一些人的负面言论，村民都开始坐地起价，征地几度搁置。

信仰的力量支持着我们，互联网就是小步快跑。我每时每刻都笑容满面，甚至学会了唱侗歌，穿上民族服装混入村民中看不出是外来人。问题都考虑到了，只是目前人手太少，有的一时还不能去做。铜关村只是特殊个案。更重要的是，在这里办 20 件事，如果有 5 件得到落实，就能把福音传至全国的农村，缩小它们在信息时代与城市之间越拉越大的差距：一是用移动互联网管理村子；二是让知识青年返乡；三是建立公平贸易平台，让村民挣有尊严的钱；四是为多数人设计，用设计改变贫困；五是探索传统村落保护之道，留住乡愁。

接着我们邀请了各路智者：一位知名建筑师为博物馆做了规划；一位企业家提供了阻燃漆；一位著名设计师为村里的优质茶叶和大米做了包装，注册为"侗乡茶语"、"侗乡有米"在互联网上销售。黎平县招商局党组书记罗永光说："我们有好东西，却不会自己说故事，是腾讯帮我们说了故事。现在我们可以自豪地说，马化腾办公室的桌上就放着我们的茶叶。那还愁什么呢？"

为了尽快让村民看到实惠，团队指导村民开办民宿，接通无线网，销售土特产。博物馆全部由当地工匠建造，材料就地购买。村民们领到了钱，才逐渐放下了戒备。但团队工作并没有变得轻松，要教会村民自己做生意，可比建造博物馆更复杂。

四位年轻的铜关人成了侗族大歌生态博物馆的第一批工作人员，待基金会把博物馆产权交给村里自主经营后，希望这个全新的生态系统能吸引知识青年返乡，建立公平贸易平台，让村民挣有尊严的钱；同时也能保护传统村落，留住乡愁。

连接数字鸿沟：一家互联网企业的公益创新

2014 年侗族大歌生态博物馆开馆，与此同时，在江南水乡乌镇，首届世界互联网大会圆满闭幕。习近平在贺词中说，中国正在积极推进网络建设，让互联网发展成果惠及 13 亿中国人。

国家信息中心"中国数字鸿沟研究"课题组发布的《中国数字鸿沟报告 2013》指出，所谓数字鸿沟，是指不同社会群体之间在拥有和使用现代信息技术方面存在的差距。数字鸿沟问题不仅关系国家信息化战略目标的实现，也将对统筹城乡和区域发展产生深远影响，日益成为和谐社会建设过程中必须面对的重要课题。报告认为，中国依然存在明显的数字鸿沟：2012 年中国数字鸿沟总指数为 0.38，而且数字鸿沟主要体现在城乡之间和地区之间。2012 年城乡数字鸿沟指数为 0.44（即农村信息技术应用水平比城市落后 44%），地区数字鸿沟指数为 0.32（即最落后地区的信息技术应用水平比全国平均水平落后32%）。从地区来看，贵州排在鸿沟最大的行列。联合国开发计划署的顾问丹尼斯指出，数字鸿沟实际上表现为一种创造财富能力的差距。

数字鸿沟造成连接鸿沟，少数民族、古村落、山区等因素让当地居民的连接程度非常低，与外部世界的对话几乎处于空白，大部分人、大部分时间处于"失连"的状态。

2009 年腾讯基金会提出"筑梦新乡村"计划，启动为期五年的探索，尝试用互联网企业的核心优势助推西部乡村发展。我们不曾想过五年后的这一刻竟然不是结束，而是另一个新的起点，这种"失控"让人心潮澎湃，感慨万千，同时又对未来充满期待。

腾讯的经营理念是"一切以用户价值为依归"，致力于连接一切的腾讯，五年磨一剑，思考如何用互联网的核心能力连接乡村，在2014~2015 这股还乡浪潮中，有了更聚焦的方向和更具操作性的解决方案。

五年前，"筑梦新乡村"项目刚开始的时候，也走过一段曲折的探索之路。我们组织过支教，捐赠过学堂，举办过比赛，开展过培训。可是最终却发现，乡村的发展是一个系统问题，单单从某一个方面入手，无法根本解决。

中国西南地区农村的现状是：大多数青壮年选择外出务工，留下父母、妻子和孩童。家庭结构的巨大变化影响了乡村的整体面貌，城乡差距的拉大、集体文化的衰落、亲情关系的破碎，这些都削弱着村民们的自信心和归属感。

人们都知道乡村需要发展，但是阻碍其发展的关键因素，比如资源不集中、信息不对称、交通不便利，却一直让引领者有心无力，参与者事倍功半。

可喜的是，互联网特别是移动互联网在中国的迅速发展让人们有可能寻找到一条全新的发展道路。腾讯"筑梦新乡村"项目也在一步步的实践中，在立足自身特色的同时集思广益，逐步摸索出一套综合性的解决方案，探讨"互联网+"的真谛。

"互联网+公平贸易"

黎平山环水绕，气候温润，土质肥厚，盛产侗家人栽培的特色水稻香禾糯，采用"稻鱼鸭共生"的自然农法种植，气味香醇、糯而不腻，是受中国国家地理标志保护的特色农产品。稻鱼鸭共生系统是目前世界上遗存的五个传统农作模式之一，被联合国粮农组织认定为全球首批重要农业文化遗产。可惜，谷贱伤农，缺乏商业意识和市场渠道的侗家人难以从传统的宝藏中挖掘到财富。

2014年端午节前夕，腾讯近3万员工收到了一份特殊的节日礼物：由香禾糯和黎平茶组成的"侗之以情"。9月，腾讯基金会"筑梦市集"在微信平台正式改版上线，在慈善展销会上预售有机红米、香禾糯和无公害白米。

这其实就是腾讯"筑梦新乡村"项目的公平贸易。长久以来，人们一想到公益，第一反应便是捐款捐物，而"筑梦新乡村"则希望以一种更有益、更平等和尊重的公益模式，授人以渔，让那些权益无法得到有效保护的人，快乐而有尊严地获得他们应得的权益。

在商品的价值链中，一线生产者的回报往往被无限压榨，成为最易受伤的角色。腾讯试图通过互联网的核心优势，整合设计包装与宣传、推广渠道等各类资源，与被边缘化的生产者紧密合作，将他们从易受伤的角色转化为商品的利害关系人，在市场中扮演更积极的角色，体会一颗种子变成高附加值商品的喜悦。

在未来，"筑梦市集"还将有更多的公平贸易产品上线。有公益圈的伙伴还建议，如果"筑梦市集"成功了，希望腾讯能够搭建一个更大的平台，让各种乡村特色产品上线，让全国的乡村都能享受到互联网带来的好处。

"互联网＋文化教育"

黎平县岩洞镇是世界非物质文化遗产"侗族大歌"的发源地。当地妇女曾经在维也纳金色大厅表演，天籁之音震撼观众。但是回到乡村，贫困的现实却让她们不得不放弃梦想，背井离乡，在城市中打工赚钱。

腾讯基金会捐建的"腾讯侗族大歌生态博物馆研究中心"注重生态化，与周围山水民居融为一体。博物馆连同附近的民宿建成后，腾讯将通过"在线定制游"的方式，吸引那些尊重、向往、研究侗族文化的人群来侗乡做客，带动当地旅游业的发展，增强人们对于传统民族和民俗文化的理解。

与此同时，每一个村民都可以在博物馆及周边产品生产中找到合适的工作。酿酒、织布、刺绣、打银饰等古老的手艺都将有发挥的空间，民族文化也有机会可以充分地展示、传承，与城市人一同寻找返璞归真的力量。这样一种保护与开放的有效融合，将记录下侗族人鲜活的历史和文化。只有当地的年轻人都开始重视和挖掘家乡的价值，文化的生命力才会薪火相传，生生不息。

在教育方面，"筑梦新乡村"还积极与腾讯在线教育团队合作，打造腾讯公益课堂联合公益项目。对接当地的学校，引入优质课程内容，以解决当地师资力量不足、教育资源落后的问题。当学生们可以充分地通过互联网学习最先进、最适用的课程时，他们将有切切实实的机会来拥抱人生的梦想。

"互联网+X"

"互联网+乡村"在中国将不再仅仅是一个处于萌芽状态的命题，而有可能发展成为一个提上时间表的课题。目前，腾讯"筑梦新乡村"团队还在与技术部门联合，推动岩洞镇铜关村实现"全村Wi-Fi"等项目。一旦项目运行良好，那么"互联网+社区营造"、"互联网+公共生活"、"互联网+乡村政务"等，都将不再是梦。

道阻且长。乡村帮扶工作是一个庞大的系统工程，"筑梦新乡村"这样一种新的公益模式，总是会出现困惑、矛盾和阻碍。费孝通先生在《乡土中国》一书中曾说："在变迁中，习惯是适应的阻碍，经验等于顽固和落伍。"中国乡村发展的道路没有止境，在"互联网+乡村"这条前进的路上，腾讯"筑梦新乡村"一点一滴的成长，都凝聚了群体的关注和支持。

铜关移动互联网古村落，还只是一个样本。相比五年前起步期的懵懂与孤独，今时今日无论是国家政策、市场环境还是科技进步，对乡村来说都是一次全新的发展机会。乡村，这个与互联网和娱乐都相去甚远的所在，在未来的数年间，将会经历一轮试验性的刷新，其中成败得失，此刻尚未有定论。梁漱溟、晏阳初、费孝通等在乡村建设中以学术实践乃至精神力量引领的前辈，一定不曾想过还会有"移动互联网"这样一个时代。在这个时代里，无论是集聚资源与力量的大型企业，还是由时代造就的新农民或返乡青年，对中国任何一个渴望发展的乡村而言都很关键。

也许在不远的将来，"＋"的是更多的人和机构，更多的创意与服务，希望大家与腾讯一道守望文明，关注"失连"，共同来帮扶乡村、连接乡村、探寻乡村诸多发展的可能性空间。这将是乡村之福，中国之福。

陈圆圆

腾讯公益慈善基金会公益项目总监

腾讯"筑梦新乡村"项目设计者

第三篇
"互联网+"在行动

第十一章 《"互联网+"行动的指导意见》导引

> 今年总理的报告提"互联网+"，下一个风口我感觉是互联网走出我们所谓的新经济这个圈子，走到更广阔的天地，跟所有的行业结合，这是一个非常大的风口。
>
> ——马化腾，2015 年 3 月 22 日
> 2015 中国（深圳 IT）领袖峰会开幕式高端对话

从 2015 年 3 月 5 日李克强总理提出"'互联网+'行动计划"，到 6 月 24 日通过、7 月 4 日正式发布《国务院关于积极推进"互联网+"行动的指导意见》（国发〔2015〕40 号，以下简称"40 号文"或《意见》），前后不过 4 个月的时间。这 4 个月，"互联网+"热潮席卷大江南北，几乎成为每一个人耳熟能详、津津乐道的话题。对于 40 号文的出台，新华社就此评论认为，"此举意味着中国全面开启通往'互联网+'时代的奇幻大门"。

"互联网+"不能停留在概念上，否则只是"看起来很美"。从报告到计划，从战略到行动，这才是大家最应该关心、最应该勇于实践的。"互联网+"代表一种经济社会发展新形态，它是新常态的重要组成部分，业已成为中国创新发展、可持续发展的关键驱动要素。那

么，如何最大限度地凝聚共识？如何刻画关键路径？如何集成智慧，融合协同展开行动？

鉴于"互联网＋"的全局性、泛在性，可以说，"互联网＋"行动计划及其指导意见是当前最重要的顶层设计，是具有里程碑意义的文件，其最重要的特点有四。

一是对互联网、"互联网＋"的认识达到新水平、新高度。同《政府工作报告》首提"互联网＋"时的注释比，"互联网＋"百人会发起人张晓峰敏锐地注意到了《意见》对"互联网＋"概念的深化——把"以互联网为基础设施和实现工具"改为"以互联网为基础设施和创新要素"，把"经济发展新形态"改为"经济社会发展新形态"。"这表明决策层对互联网和'互联网＋'的认识更到位了。"他说。[①]

二是"互联网＋"是未来 10 年我国十分重要的顶层设计与战略规划，将深刻改变中国经济发展、社会进步的走向，是总体性、纲领性的综合安排。

三是创新创业获得前所未有的关注；国家看待未来的颗粒度越来越低，越来越深入到每一个个体、每一个细胞、每一个因子；以众包、众筹、众挖、众设、众创等个体创造性参与、协同融合为特征的 WE 众经济呼之欲出。

四是新常态就是创新驱动发展的新模式、新阶段；就是工业化时代的传统框架逐步被智力资本新框架、新范式所取代；也是重塑社会新生态，特别是创新创业的新生态，让创新创业生态化自由生长！

[①] 新华社：李斌、杨步月等，《当中国遇上互联网"＋"——写在中国开启"互联网＋"时代大门之际》，新华网，2015 年 7 月 5 日。

40 号文，不仅仅是面向政府的导引，而是让不同层次、不同群体的每一家机构、每一个个体都能够找到自己的节点，清晰自己的任务，明确自己的行动路线。本章尝试与大家一道发现文字背后的逻辑、计划内外的机会。

关于互联网、"互联网＋"的再认识、再定位

"互联网＋"的再认识

官方曾以"2015《政府工作报告》缩略词注释"发布对"互联网＋"的第一版定义："互联网＋"代表一种新的经济形态，即充分发挥互联网在生产要素配置中的优化和集成作用，将互联网的创新成果深度融合于经济社会各领域之中，提升实体经济的创新力和生产力，形成更广泛的以互联网为基础设施和实现工具的经济发展新形态。

40 号文对"互联网＋"的定义可以视为官方第二版："互联网＋"是把互联网的创新成果与经济社会各领域深度融合，推动技术进步、效率提升和组织变革，提升实体经济创新力和生产力，形成更广泛的以互联网为基础设施和创新要素的经济社会发展新形态。

比较官方两个不同的版本，新定义中，去掉了"充分发挥互联网在生产要素配置中的优化和集成作用"，增加了"推动技术进步、效率提升和组织变革"。此外，更重要的改动在最后一句中的两点，一是将"以互联网为基础设施和实现工具"改为"以互联网为基础设施和创新要素"，大家都很清楚"工具"与"要素"之间的差异是非常

大的，"要素"驱动价值创造，是核心，而"工具"具有很大的可选择弹性；二是将"代表一种新的经济形态"、"经济发展新形态"，改为"经济社会发展新形态"，这也是一个非常重要的改动，表明互联网不仅仅对经济发展产生深远影响，同时对社会发展带来重大影响。因为互联网不仅仅要＋传统行业，还要＋政务，＋公共服务，＋智慧民生；说白了，政府不能袖手旁观，"互联网＋"同时也倒逼改革，改进公共服务，优化社会治理。更重要的还来自"互联网＋"对于社会新生态的发育、优化。

显然，新定义要好于前一个定义，这和本书的观点也是完全一致的。在接受新华社采访时我曾经重申了一个观点，"在当下的中国，'互联网＋'正演变为一场重新发现生产要素、释放生产力动能的集体实践与社会化创造性实验，一次关乎生活方式、生产方式、社会生态、治理模式等领域的深层次重构。"[①]

作用与意义

我们只有对互联网、"互联网＋"的作用，对推进"互联网＋"行动的战略意义有更全面、更深入的了解、把握和认同，才有可能凝聚共识、有效作为。

"在全球新一轮科技革命和产业变革中，互联网与各领域的融合发展具有广阔前景和无限潜力，已成为不可阻挡的时代潮流，正对各国经济社会发展产生着战略性和全局性的影响。"40号文这句话对互联网的作用概况得非常简洁、精到，它的影响与作用是"战略性和全

---

① 新华社，李斌、杨步月等，《当中国遇上互联网"＋"——写在中国开启"互联网＋"时代大门之际》，新华网，2015年7月5日。

局性"的，而不是非此即彼、可有可无的。

2014 年 2 月 27 日，习近平在中央网络安全和信息化领导小组第一次会议上的讲话曾指出："网络信息是跨国界流动的，信息流引领技术流、资金流、人才流，信息资源日益成为重要生产要素和社会财富，信息掌握的多寡成为国家软实力和竞争力的重要标志。信息技术和产业发展程度决定着信息化发展水平，要加强核心技术自主创新和基础设施建设，提升信息采集、处理、传播、利用、安全能力，更好惠及民生。""要制定全面的信息技术、网络技术研究发展战略，下大气力解决科研成果转化问题。要出台支持企业发展的政策，让它们成为技术创新主体，成为信息产业发展主体。"所以，互联网、"互联网＋"是信息时代的主旋律。从中央到地方，从政府到民间，从企业到个人，都要拥抱互联网，主动"互联网＋"，拥抱创新拥抱未来。

上海市委书记韩正说过一句话，也比较深刻地印证了中央提出"互联网＋"的真正意义："我们正处在'互联网＋'的时代背景下，互联网已经远远超出工具范畴，它代表着未来全新的生产方式和生活方式，社会经济发展的模式和形态都将随之发生变化，这些变化不是简单的变化，而是化合反应，对经济社会、生产生活各领域将产生深远的影响，对所有行业和产业，都进行着革命性的再造。"

关于战略意义，40 号文是这样论述的："积极发挥我国互联网已经形成的比较优势，把握机遇，增强信心，加快推进'互联网＋'发展，有利于重塑创新体系、激发创新活力、培育新兴业态和创新公共服务模式，对打造大众创业、万众创新和增加公共产品、公共服务'双引擎'，主动适应和引领经济发展新常态，形成经济发展新动能，实现中国经济提质增效升级具有重要意义。"这把相关的提法通过"互联网＋"进行了连接，并把"互联网＋"与创新驱动发展、与大众创业万众创新、与新常态新引擎新动能、与公共治理和公共服务之间的关系讲得非常清晰。当然，这主要是从经济这个角度看待，而从社会这个角度稍微欠缺了点。

从定义以及后面的论述，也可以发现更多对于互联网、"互联网＋"作用、意义的定位：如对"推动技术进步、效率提升和组织变革，提升实体经济创新力和生产力"，"构筑经济社会发展新优势和新动能"的期望；如对平台作用的描绘，"充分发挥互联网在促进产业升级以及信息化和工业化深度融合中的平台作用"；再如当作"新起跑线"和跨越的动能，"坚持引领跨越。巩固提升我国互联网发展优势，加强重点领域前瞻性布局，以互联网融合创新为突破口，培育壮大新兴产业，引领新一轮科技革命和产业变革，实现跨越式发展"；如对"驱动力量"的肯定，10 年发展目标中提出"'互联网＋'成为经济社会创新发展的重要驱动力量"。诸上，可谓既洞察了"互联网＋"的战略作用，又展示了对我国互联网发展的规模优势、应用优势的充分肯定和自信，更重要的是展示了对洞察并把握"互联网＋"这条新起跑线的信心，对互联网与经济社会深度跨界融合的信心，对中国借助"互联网＋"实现新跨越的信心和决心！

发展目标

40 号文清晰地勾勒了"互联网＋"行动 3 年短期发展目标和 10 年中长期发展目标，并兼顾了经济、社会发展目标。

03.05——06.24——07.04
从"互联网+"行动计划到《"互联网+"行动指导意见》

推动互联网与各行业深度融合，对促进大众创业、万众创新，加快形成经济发展新功能，意义重大

图 11—1　"互联网+"重点行动与发展目标

如果对目标进行梳理、归纳和提炼，包括未清晰表达的诉求与目标，整体目标清单应如下：

转型与发展目标：形成网络经济与实体经济协同互动的发展格局；实现平稳转型，提质增效升级，做优存量；打造新引擎，创新驱动发展取得重要成果，做大增量。平稳就是不造成巨大波动，不要硬着陆，要兼顾速度和效能，保持健康，但创新驱动发展坚定不移。民众享受智慧生活的同时，也可以促进信息消费、生产性服务业等成为新增长点。

连接目标：将大力推动移动互联网、云计算、大数据、安全、物联网、人工智能建设，整体连接指数大幅提高，对内基本消灭数字鸿沟，还要提高面向全球的连接能力。

生态目标：应用"互联网+"优化社会新生态，让移动互联网、云计算、大数据、物联网等成为生态的基础，让连接更畅通，让跨界融合更具可能性，让要素的流动性更足，让科技创新的机制更灵活，让创新创业的环境更健康、更智慧；促进"互联网＋"产业生态体系基本完善，"互联网＋"新经济形态初步形成。

民生目标：针对民生问题，习近平强调，做好经济社会发展工作，民生是"指南针"。"互联网＋"，最重要的就是＋人，真正以人为本、公平可及、便捷普惠，创新发现与放大人的价值，促进各得其所；通过互联网融入生活，提供更加优质、更有效率的公共服务，建立公众参与的网络化社会管理服务新模式；让每一个个体体会互联网技术带给他们的生产、生活、创新创业的巨大便利性；在衣食住行、健康、娱乐等诸方面，获得连接一切的智慧化生活体验。

创新创业目标：鼓励在"互联网＋"率先发展的领域更多地发现机会，展开创新，融合创业；利用"互联网＋"的渗透性，让创新创业获得生态化、集聚性支持，催生高质量、可落地的前瞻性项目，真正成为"双引擎"之一，发力创新驱动发展，让创新创业生态化自由生长。

产业行业目标："互联网我＋"逐步由第三产业向第二、第一产业渗透，促进网络化、智能化、服务化、协同化；率先转型的重点产业已经明确，即金融业、电子商务、工业制造业，但是其他行业也要次第跟上。形成一批有国际影响力和竞争力的行业样本，在中国制造2025、互联网金融、电子商务三大领域形成重点突破；优化价值链，催生新业态、新模式，发育新兴产业；促进"互联网＋产业资本＋众创空间"，以创新为纽带促进产业集群、智力集群。

跨境发展目标：大大增强全球连接能力、全球价值创造能力，在全球市场、全球服务、全球供应链、全球价值链、全球合作伙伴方面，构建跨境产业链体系，发展全球市场应用，特别是培育具有全球影响力的"互联网＋"应用平台，增强走出去服务能力，带动一批骨干企业主体及其产业联盟形成全球跨界融合能力。

智力资本目标：激活人力资本，发挥创造性，培育企业家精神；发育结构资本，让创新创业的生态、跨界融合的生态、产业价值链的生态、外部合作的生态不断完善、优化；积淀、产生标准（创制一批全球有影响力的重要标准）、惯例、标杆、样本等具有知识、技术、商业价值的输出，在"互联网＋"上形成集群示范效应；在关系资本上，形成一批具有一定主导权的标准联盟、产业联盟、服务联盟，通过组办具有全球影响力的"互联网＋"论坛与博览会，通过"一带一路"、自贸区、亚投行辐射区等方面促进交互、信任关系的资本化。

竞争力目标："互联网我＋"驱动，通过扫除羁绊、架构生态，解放生产关系，释放生产力动能；用技术创新、思想创新、产业创新、文化创新推动社会价值创新，对世界形成友好而深刻的影响；在民生、治理、公共服务等方面建立具有独特魅力的示范效应。通过努力，实现在全球的产业主导权、市场话语权，构建具有全球影响力的科技创新中心、价值输出中心、连接融合中心、思想创新中心。

拥抱新形态，发育新业态，优化新生态

促进生态化

"互联网＋"行动计划的核心是生态计划制订与实施，必定重塑

教育生态、创新生态、协作生态、创业生态、融合生态、虚拟空间生态，重塑资源配置、价值实现机制和价值分配规则，是另一层意义上的"开放"，即由过去的对外开放为主转向对内开放为主，激发内生活力，从而推动整体开放生态的塑造。

最亟待关注的生态问题包括但不限于：内在创造性激发导向的教育生态，消弭高中前与大学教育、大学教育与应用教育的鸿沟；社会价值创新导向的创意创新生态，搭建创意创新与价值创造之间的桥梁；协同创新、融合创新、价值网络再造的生态，让知识产权、人力资本和努力与可预期结果匹配。这才是以国人为中心的"中国梦"的本质。

要融入"互联网＋"时代，需要以自我革命的精神同步推进政府管理模式创新；要以开放的理念激发各类创新主体活力，真正营造大众创业、万众创新的文化和环境。

发育新业态

关于"新业态"，重点有三个方面，一是战略新兴产业，还有分化出的细分垂直领域的新服务、新模式，以及跨界融合产生的全新的业态。40号文内还有一个"融合性新兴产业"新提法，是新业态的重点。

40号文指出"新业态发展面临体制机制障碍"问题；要求"着力做大增量，培育新兴业态，打造新的增长点"；"以融合促创新，最大程度汇聚各类市场要素的创新力量，推动融合性新兴产业成为经济发展新动力和新支柱"；要求"发展便民服务新业态"；强调"推动建立'互联网＋'知识产权保护联盟，加大对新业态、新模式等创新成果的保护力度"；在 2018 三年目标中把"基于互联网的新业态成为新的经济增长动力"作为目标之一；文件最后在"有序推进实施"中再次强调，要"促进'互联网＋'新业态、新经济发展"。

最近流行的一个段子讲道："百度干了广告的事，淘宝干了超市的事，阿里巴巴干了批发市场的事，微博干了媒体的事，微信干了通信的事，不是外行干掉内行，是趋势干掉规模！"的确，2014 年，互联网公司纷纷布局O2O。阿里巴巴收购美团、新浪微博、高德并投资银泰，形成"支付宝＋微博＋高德地图＋淘点点＋美团＋聚划算"的O2O闭环网络；腾讯收购大众点评并入股京东，全力布局生活类O2O，形成"微信＋搜搜地图＋大众点评"的移动电商生态圈；百度也进行了"糯米网＋百度团购＋百度地图"的商业布局。

中国互联网协会发布的《2014 中国互联网产业发展综述报告》称，2014 年中国互联网产业呈现"新业态、深融合"态势，产业格局加速变革，产业链更加细分，业务应用日益丰富，商业模式不断创新，特别是产业互联网已逐步形成新业态。

报告指出，2014 年产业互联网在中国崭露头角，IC元器件流通平台、煤炭供应链管理服务平台、钢铁现货交易平台逐步建立，产业价值链多维度进化。产业互联网在中国经济转型过程中改变的不仅仅是产业销售体系，还包括整个生产体系、流通体系、融资体系和交付体系。

2014 年国内的一些大型工业企业和互联网企业共同推进中国制造业转型，新技术、新产品、新业态、新商业模式不断涌现，生产的网络化、智能化、绿色化特征日趋明显。目前，大众创新成为产业转型升级的加速器，网络平台对接全球研发资源促进产品创新，互联网经济正在从消费型向生产型转型，工业互联网时代已经开启。

随着技术应用日臻成熟，产业互联网生态链逐步形成。互联网企业积极打造产业生态链，助推产业加速升级，其中京东建立了家电统一控制与数据处理体系；阿里巴巴打造了云服务、智能硬件、智能路由、家居生态圈；海尔成立了"U+"开放平台，积极打造涵盖芯片、模组、电控、厂商、开发者、投资者、电子商务、云服务平台和跨平台合作生态系统。产业互联网发展基础进一步夯实，市场潜力巨大。

上述报告还指出，随着互联网加速向传统行业渗透，O2O融合业务开始引领移动应用服务。2014年，在招聘、电影票、交通票务、旅游门票、打车代驾租车、餐饮、美容美体、汽车保养等领域热点不断，服务民生的应用体系逐步成熟，市场规模加速扩大。大数据技术促使O2O商业服务更加精准，O2O商家不断挖掘数据价值，为用户提供决策咨询服务，进行个性化推荐。同时，海量数据分析为商家开展会员管理、位子预订、客户点单、广告投放等服务提供便利，企业市场赢利空间广阔。

拥抱新形态

这样一个"经济社会发展新形态"在40号文虽然没有给出直接的定义，但是每一部分都是在阐释这样一个"新形态"蓝图，并指出它的要素、驱动力、结构、逻辑乃至标准。

不妨对未来10年逐步形成的这样一个"新形态"做一下展望：网络经济与实体经济协同互动；互联网与经济、社会、生态、生活深度融合；网络化、智能化、服务化、协同化无缝嵌入；创意、创新、创业自由生长，新服务、新模式、新业态、新体验融汇涌现；社会生态化要素齐备、结构合理、彼此协同，群体智能生态化发育，知识、创新真正驱动价值创造和社会进步；虚拟社会与现实社会、虚拟体验与现实体验无缝连接，身份、信息、信用、关系、资源、影响多维贯通；智能化人、机、物、场景泛在互联，智慧化生存体验无处不在。总之，它是真正的跨界融合、连接一切。

政府：不是主导者也不是旁观者

政府要不要被"互联网＋"重构？怎样看待结构的动态被重塑？怎样看待权力的迁移？怎样建立与公民的信任？怎样用"互联网＋"思维开展公共服务？如何看待游戏规则制定者的广泛参与性和议决机制？怎样进行社会治理和虚拟社会治理？怎样把握度和边界？怎样开启智慧民生？

破垒清障，简政放权，包容创新

"互联网＋政务"、"互联网＋公共服务"、"互联网＋智慧民生"等拓展了政府决策、治理、服务的结构、空间与形态。智慧治理与智慧城市、智慧民生的关联也越来越强，越来越相互依赖。随着沟通对话管道、沟通方式的多元化、移动化、扁平化、敏捷化、平等化、"亲萌化"（当然不是庸俗化、娱乐化、段子化），甚至放弃中心思维、去除刻板形象、结合流行元素，政府的不适应性是不可避免、可想而知的；要快速度过这个不适应期，除了加强学习，全面把握"互联网＋"带来的新思维、新模式、新特征，掌握新技术、新平台、新手段之外，别无他途。"跟着大大走"就运用动漫、视频等方式呈现，甚至借助"虚拟新闻发布会",起到了意想不到的沟通效果。

政府必须拿出自我革命的精神,要敢于打破垄断格局与条框的自我设限,破除束缚生产力发展的因素,坚决转变职能、简政放权、创新管理,建立可跨界、可协作、可融合的环境与条件。40 号文提出,要"创新政府服务模式,提升政府科学决策能力和管理水平"。只有坚持"让市场在资源配置中起决定性作用和更好发挥政府作用"的原则,才能激发各类市场主体的创新活力和动力,使各类创新主体真正进入市场并成为市场主体。简政放权改革也是解放生产力。在不断取消和下放审批事项、解决"审批多"的基础上,应着力规范和改进行政审批行为,治理"审批难"。要跟上时代的步伐,做现代政府;还要做到"有权不能任性",提高行政效能,促进行政权力法治化,防止权力寻租,营造便利创业创新的营商环境,激发社会活力和创造力。"互联网＋"需要跨界融合,实现并联审批除可使相关部门打破利益藩篱、提高办事效率外,信息资源共享、大数据的作用十分明显,各部门共享审批材料和信息后,就能更好地实现并行办理。

只有清障破垄,开放包容,允许试错纠错,才能公平可及,各得其所。40 号文提出"构建开放包容环境",要"贯彻落实《中共中央国务院关于深化体制机制改革加快实施创新驱动发展战略的若干意见》,放宽融合性产品和服务的市场准入限制,制定实施各行业互联网准入负面清单,允许各类主体依法平等进入未纳入负面清单管理的领域。破除行业壁垒,推动各行业、各领域在技术、标准、监管等方面充分对接,最大限度减少事前准入限制,加强事中事后监管。继续深化电信体制改革,有序开放电信市场,加快民营资本进入基础电信业务。加快深化商事制度改革,推进投资贸易便利化"。

而三年目标之一也为"发展环境进一步开放包容"，"全社会对互联网融合创新的认识不断深入，互联网融合发展面临的体制机制障碍有效破除，公共数据资源开放取得实质性进展，相关标准规范、信用体系和法律法规逐步完善"。

提供新服务，开展新治理

2014 年 5 月，天津滨海新区在全国率先成立行政审批局，通过"一颗印章管审批"的体制改革，向投资贸易便利化迈出了关键一步。审批局有一个名为《审批标准化流程》的册子，上面详细记录着相关审批工作人员所负责的多条审批细则，通过标准化减少自由裁量权。审批人员减少了 75%，使政府运行的成本大大降低。政府将降低的运行成本反馈给社会，减少了 14 项行政事业性收费，为申请人大大减轻了负担。

40 号文倡导"创新政府网络化管理和服务"，强调"加快互联网与政府公共服务体系的深度融合，推动公共数据资源开放，促进公共服务创新供给和服务资源整合，构建面向公众的一体化在线公共服务体系"。并提出"积极探索公众参与的网络化社会管理服务新模式"，"深入推进网上信访"，"政府和互联网企业合作建立信用信息共享平台"，打通政府部门、企事业单位之间的数据壁垒，利用大数据分析手段，提升各级政府的社会治理能力。

应探索电子政务云计算发展新模式。鼓励应用云计算技术整合改造现有电子政务信息系统，实现各领域政务信息系统整体部署和共建共用。政府部门要加大采购云计算服务的力度，探索基于云计算的政务信息化建设运行新机制，推动政务信息资源共享和业务协同，为云计算创造更大市场空间，带动云计算产业快速发展。

积极利用、科学发展、依法管理、确保安全是中国政府的基本互联网政策。要充分发挥互联网的监督作用，高度重视互联网上反映的社情民意，切实体现中国社会民主与进步。互联网是政府与公众之间直接沟通的桥梁，要把通过互联网了解民情、汇聚民智，当作政府执政为民、改进工作的新渠道。要继续积极创造条件让人民监督政府；对人民通过互联网反映的问题，要求各级政府及时调查解决，并及时向公众反馈处理结果。各级政府要关注互联网上的公众言论，经常上网了解公众意愿；必要时直接在网上与网民交流，讨论国家大事，回答网民的问题；政府重大政策出台前和"两会"期间，要通过互联网征求意见，为完善政府工作提供有益参考。

宜建立一个多边、民主和透明的互联网治理体系。网络空间同时具有跨界的特点，带来巨大的数字机遇的同时，面临的安全挑战也在增加。外交部网络事务办公室协调员吴海涛认为，从安全的角度来讲，任何一个国家或地区在处理安全问题上，如果举措不当就有可能带来挑战，所以要从全球治理角度看待网络空间问题，应该建立一个和平、安全、开放、合作的网络空间，建立一个多边、民主和透明的互联网治理体系。

让创新创业生态化自由生长

创新驱动发展是呼唤未来与可持续，创新创业是给中国一个未来。打造经济发展新引擎，首先需要优化创新创业生态。这方面既有市场的力量，也离不开政府的推动。特别是大量的高新区、开发区、孵化器、公共服务平台目前还是由政府主导的，因此政府应该先行一步，做出示范，并对样板进行激励引导。李克强总理倡导的要催生小企业"铺天盖地"地涌现，促进大企业"顶天立地"，让市场活力和改革红利更加充分地释放，这些都有赖于政府鼓励并强化众创空间、孵化器、社会服务、市场检验等综合性作用，促进系统化、生态化，补齐要素，优化环境，加强引导，透明支持，"+互联网"、"+社会化之力"，真正开发创新者、创客各得其所的生态环境，营造"价值正义"的机制与条件。

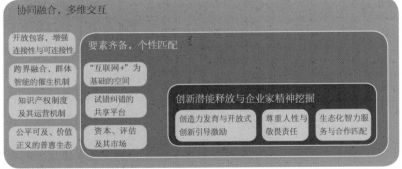

图 11-2　让创新创业生态化自由生长

40 号文把"'互联网+'创业创新"行动作为重点行动的第一位，要求"充分发挥互联网的创新驱动作用，以促进创业创新为重点，推动各类要素资源聚集、开放和共享，大力发展众创空间、开放式创新等，引导和推动全社会形成大众创业、万众创新的浓厚氛围，打造经济发展新引擎"。这进一步凸显了国家对创新创业的重视，对"互联网＋"促进创新创业生态化自由生长的期待，对创新驱动发展的坚定不移。而这种自由生长的生态微观上要释放、发育创新潜能，挖掘、弘扬企业家精神；中观上要促进要素向创新创业的集聚和结构化、匹配化；总体上要推动融合协同，让智力资本及其运营走上前台，打造公平可及、价值正义的普惠生态。

深化改革与细化"互联网＋"行动路线图同步

深化改革是一个永恒的命题。必要时，政府可以安排部门试点给自己制定一个负面清单，并尝试更多通过"互联网＋"的方式优化规划、规则、规制。政府牵头，以"互联网＋"行动计划为契机，对深化改革进行整体设计与路径描摹是一个合理的选择。

这里，提出通往"互联网＋"未来的11个路标。

1.从中央到地方，具备条件的部委、省份先吃螃蟹。没有审批，自主申报，持续改进，自主确定路线图与里程碑。

2.从央企到地方国企、上市公司再到骨干民企、科技企业。央企要率先垂范，"＋"与"被＋"，是两个境界、两种结果。

3.从支撑工程、平台工程到试点样本工程、示范推广工程。对样本示范、先行试点企业或区域提供一定的支持。

4.从互联网、移动互联网到云计算、大数据、物联网。这是支撑工程、平台工程的重心，"宽带中国"是基础，其他层次融合并行。

5.互联网产业从分散到联盟再到公共平台。打铁先要自身硬，互联网产业也需要进步、需要改造、需要融合、需要协同。

6.从金融、工业制造业、电子商务到更多行业的覆盖。金融、电子商务有了比较好的基础；工业制造业是基础性产业，有与信息化融合的基础，有"中国制造2025"支撑，早转早受益。其他行业不要等，要找到自己的路径。

7.从政府到组织再到全民。政府体制机制的深化改革要走在前面，地方要有主导性和责任意识；全面享受生态红利，挖掘能动性，通过创新创业、合作协同，智慧化生活。

8.从智库到智慧产业再到思想市场。没有思想市场的发育，没有国家智力资本的积淀、发育、运营和放大，就没有创新创造的春天，也没有巧实力、软实力和影响力、控制力。

9.将"智慧城市"、电子商务城市等集成为"互联网＋"计划。原来的"智慧城市"、电子商务城市等不同部门牵头，存在重复建设和缺乏实效的问题。今后，一个区域内与之相关的工作统一纳入"互联网＋"计划内，进行协调、总括、连接。

10.从自我革命到"互联网＋"助力再到帮助相关者。各级各类主体要从自身、自己的行业、自己的环境出发，发现机会、呈现问题、自我革新甚至革命。借助互联网实现改造增效，发育创新基因，优化内外生态，再通过众创空间、基金、产业链合作等，履行社会责任。

11.从硬到软再到生态化、动态化。将光纤、路由、终端和机器、工厂、制造连接起来，软件驱动起来，人的能动性、创造性参与进来，世界就会焕然一新。生态的完善是持续的过程，而所有的平台、所有的连接、所有的结构、所有的模式都不会一成不变，而要动态调适。

当然，它们之间不具有完全的顺序和因果关系。

新常态，新思维，新经济

新常态

新常态是新驱动（新动能）、新要素、新生态、新业态的集成。新驱动（新动能）即创新驱动发展。看创新的来源就可以区分究竟是谁靠什么来驱动了。细分的话，主要包括一是协同创新生态与联盟，如40号文提到的"'互联网＋'创业网络体系"、"开放式创新体系"、"创业服务业"等新业态；二是企业主体，40号文强调"坚持改革创新和市场需求导向，突出企业的主体作用，大力拓展互联网与经济社会各领域融合的广度和深度"；三是大众创业、万众创新，是每一个个体，这些中国经济的每一个细胞、万千创新因子，这是新动能的最重要来源；四是政府与非政府组织、中介组织、科研院所的创新。所以，要求政府在新常态下"着力深化体制机制改革，释放发展潜力和活力"；"着力创新政府服务模式，夯实网络发展基础，营造安全网络环境，提升公共服务水平"。当然有一点需要明确，就是创新不限于技术创新。

新思维

坚持开放共享思维。开放是引领，开放是一切的起点，开放是互联网最重要的精神，开放才有生态可言，开放才有连接性的产生，开放才有自我变革的勇气和接纳的胸怀。要努力实现以"互联网＋"促进新业态、新模式的创新、培育与发展。《意见》强调"营造开放包容的发展环境，将互联网作为生产生活要素共享的重要平台，最大限度优化资源配置，加快形成以开放、共享为特征的经济社会运行新模式。"也就是把互联网作为开放共享的基础，作为优化资源配置、构建开放式创新体系、驱动智慧生活的重要平台。

坚持跨界思维。跨界可以跨主体，跨区域，跨领域，跨组织，跨平台，跨要素。40号文提出"引导建立社会各界交流合作的平台，推动跨区域、跨领域的技术成果转移和协同创新"。尊重价值、有效交互、注重体验、放大价值本来就是互联网精神的内涵，各类主体间要加强对彼此的尊重和理解，融合协同探索新的连接方式、新的互动模式、新的价值创造路径，再推动行业应用，跨界集群。

坚持融合创新思维。40号文"鼓励传统产业树立互联网思维，积极与'互联网+'相结合。推动互联网向经济社会各领域加速渗透，以融合促创新，最大程度汇聚各类市场要素的创新力量，推动融合性新兴产业成为经济发展新动力和新支柱"。

坚持普惠思维。《意见》贯穿普惠意识，全文从两个角度、出现4处"普惠"：一是目标上让"社会服务进一步便捷普惠"；二是"'互联网+'普惠金融"行动，要"促进互联网金融健康发展，全面提升互联网金融服务能力和普惠水平"；"拓宽普惠金融服务范围，为实体经济发展提供有效支撑。"

坚持公平思维。"公平"出现4处：一是在原则上针对"安全有序"，要求"建立科学有效的市场监管方式，促进市场有序发展，保护公平竞争，防止形成行业垄断和市场壁垒。"二是谈发展目标针对"社会服务进一步便捷普惠"，要求"社会服务资源配置不断优化，公众享受到更加公平、高效、优质、便捷的服务。"三是在"'互联网+'益民服务"中，强调"促进教育公平"。四是在"保障支撑"之"营造宽松环境"中，对信息企业垄断行为亮起了红灯，进行了预警，指出"完善反垄断法配套规则，进一步加大反垄断法执行力度，严格查处信息领域企业垄断行为，营造互联网公平竞争环境。"所以，可以把握新常态下"公平"的新内涵：公平的享受服务的机会——平等的接受教育、医疗、数字服务的机会；公平的进入机会——国民待遇；公平的发展机会——同起点非歧视，公平的竞争机会；等等。

新经济

"互联网＋"的时代，经济发展呈现新的特征与形态。共享经济、信息经济、WE众经济、普惠经济等等，实际上都是"经济社会发展新形态"的一部分或不同表现形式。

有意思的是，40号文在"发展便民服务新业态"中一口气就提到三种新经济形态。"发展体验经济，支持实体零售商综合利用网上商店、移动支付、智能试衣等新技术，打造体验式购物模式。发展社区经济，在餐饮、娱乐、家政等领域培育线上线下结合的社区服务新模式。发展共享经济，规范发展网络约租车，积极推广在线租房等新业态，着力破除准入门槛高、服务规范难、个人征信缺失等瓶颈制约。发展基于互联网的文化、媒体和旅游等服务，培育形式多样的新型业态。积极推广基于移动互联网入口的城市服务，开展网上社保办理、个人社保权益查询、跨地区医保结算等互联网应用，让老百姓足不出户享受便捷高效的服务"。三种新经济形态放在一起说，似乎是第一次；也表明对新业态的包容性进一步增强。

行业机会新观察：跨界、联盟与融合

平台化

40 号文中出现了 62 次"平台"；26 处提到"互联网企业"，1 处提到"大型互联网企业"。而这些平台是"互联网+产业"的表现，因此既对互联网企业寄予了厚望，也指明了企业"互联网+"的方向。

联盟化

联盟就是跨界、就是融合。40 号文中 5 处提到"联盟"。一是在"保障支撑"之"强化创新驱动"中，"鼓励构建以企业为主导，产学研用合作的'互联网+'产业创新网络或产业技术创新联盟"。在本书前文已经反复呼吁，一定要借鉴工业互联网联盟的经验，同时还有必要建立安全联盟与细分领域的服务联盟。应积极鼓励互联网产业的企业之间、互联网产业与特定行业之间、产学研用之间，形成相应的产业联盟，通过众创空间、创新社区、公共创新平台、生态平台、共同基金等展开合作，打破固有的行业边界、组织边界和创新边界，向跨界融合要效能，向协同创新要价值。

二是在"保障支撑"之"强化创新驱动"中，强调"不断完善'互联网+'融合标准体系，同步推进国际国内标准化工作，增强在国际标准化组织（ISO）、国际电工委员会（IEC）和国际电信联盟（ITU）等国际组织中的话语权"。这点非常重要，标准的重要性也自不待言，否则就没有连接一切，没有互联互通；也更谈不上结构资本、智力资本，谈不上国家竞争力和控制力、话语权。所以这一点凸显了国家要利用"互联网＋"去获得未来国际影响力和话语权的决心，也是对"互联网＋"战略地位的再一次肯定和强调。

三是在"保障支撑"之"强化创新驱动"中，要求"增强全社会对网络知识产权的保护意识，推动建立'互联网＋'知识产权保护联盟，加大对新业态、新模式等创新成果的保护力度"。知识产权制度是保护创新的基石，是创新驱动发展制度建设题中应有之义。而通过"互联网＋"知识产权保护联盟形成全覆盖、全天候的创新保护机制与价值实现机制，是非常重要的制度安排。

四是在"保障支撑"之"拓展海外合作"中，强调"增强走出去服务能力"，要"充分发挥政府、产业联盟、行业协会及相关中介机构作用，形成支持'互联网＋'企业走出去的合力。鼓励中介机构为企业拓展海外市场提供信息咨询、法律援助、税务中介等服务。支持行业协会、产业联盟与企业共同推广中国技术和中国标准，以技术标准走出去带动产品和服务在海外推广应用"。这是抱团国际化的需要，单打独斗、互相攻讦、无底线压低价格、不尊重知识产权是我们面对海外市场的痼疾，以生态化合作协力做好全球化服务是值得期待的。

此外，要做好"互联网＋"，互联网产业有必要形成联盟。互联网产业与传统产业情同手足而非势同水火，传统产业为互联网提供了丰厚的应用土壤，互联网为传统产业输出而不是侵蚀或伤害商业价值，互联网与传统产业的交互融合可以让彼此获得长足的发展，而且会创新社会价值。从另一层意义上来讲，互联网产业之间、传统产业之间的跨界、融合和协同的可能性也不可限量。所以，加深对彼此的了解与体认，加大对彼此利益的关切和尊重，加强跨界的共同思考与创新融合，不自我设限，不保守封闭，多维连接，才能真正展现"互联网＋"的独有魅力。

各级政府要积极鼓励一部分跨界的专业人才脱颖而出，积极鼓励融合创新者得到更有力的支持，积极鼓励各种连接与合作形式的创新探索，积极鼓励相应的服务中介组织发育和成长。资本市场、技术市场、人才市场都要为"互联网＋"提供有力的要素支持。

新机会

"互联网＋"行动带来的新机会比比皆是，从每一项重点行动中都可以找到创新业态、创新服务、创新模式的线索。这里无法一一列举，只选择几个方面作为例子。

比如服务创新。服务对象从个体层面、企业层面到产业层面，从政府到行业、企业，从网络空间到线下，从国内到海外，融合创新平台还要体现个性化，服务创新是关键。通过服务标准创制和个性化服务，可以促进科技成果转化和产业化，提高产业创新、转型的效率与效能。

比如，40号文提到的"创业服务业"，既可以从事专业化众创空间管理运营外包，也可以集聚"互联网＋"服务能力与合作资源。

再如智库、文化创意、智力服务将迎来最好的发展时机。创意众包的"猪八戒网"获得资本方青睐自有其道理，特别是在强调创新驱动发展、智力资本走上前台、知识产权越发重要的"互联网＋"时代，拥有知识、经验、能力、创新就有理由获得合理的对价。

企业"互联网＋"行动计划 1.0

在"互联网＋"背景下，企业是否具备连接的能力或被连接的价值，是事关企业生死存亡的大事。"互联网＋"行动，企业是主体；企业家如何面对"互联网＋"的大机遇，描绘企业连接力行动路线图，练就深厚的连接功底，是当前企业家困惑的热点和难点。

如前所述，连接是一种对话方式和信息、能量交换，交互是互联网语境下最重要的对话方式。没有连接就谈不上"互联网＋"，对企业而言就没了存在的基础，而连接一切是"互联网＋"的结果，容易被连接、具备可连接性与连接价值就不会"失连"。

企业"互联网＋"的六项修炼

企业无论提交"互联网＋"服务、合作或者创新，还是推动自身的"互联网＋"转型，归根结底，要做好六项修炼，不断精进，以终为始，必有斩获。

思维之剑：刚才强调了新思维，要用思维之剑破茧蜕变——破自我束缚之茧，破工业思维之茧，破脆弱生态之茧；还要敢于自我革命，并抱持开放心态，懂得跨界融合。

审计之盾：盾是自己拥有的资源、能力、关系。企业不能对自己的这三大要素都稀里糊涂，确实很少有企业家曾经对之列出过详细清单。如果连自己的看家本领都说不清道不明，何谈转型路径的选择、行动计划与策略的制定？

要素之势："互联网＋"的时代，要素发生了很大的变化，就会带来管理模式与管理重心的迁移。现在连接力、信任性关系、创新力、生态性、智力资本成为要素，不明白这个"势"，就很难把握风口，也无法找到动态调适的逻辑。

框架之变：工业时代的管理模式与思维框架要因应调整，比如对于O2O，对于个性化定制，对于智力资本管理与运营，对于关系管理等等，都需要学习、实践、优化、升华。

关系之本：信任性关系成为事业前进的驱动力，不能展开有效的交互，就难以让用户获得有价值的体验；而个性化时代的来临要求敏捷的反应、柔性的生产；企业的社会责任也被重新改写；关系能否资本化越来越决定了企业能走多远……覆盖客户关系管理、员工关系管理、伙伴关系管理、社会关系管理的全面关系管理被越来越多的企业所重视。

资本之力：智力资本有三个维度——人力资本、关系资本与结构资本，它们共同构成了企业核心竞争优势的主体。而连接力、驱动力、持续力、粘着力、同构力、"互联网＋"的领导力，都是新时期要重点打造的核心能力。

连接力与企业的连接性

连接既然这么重要，那么企业能力当中就有必要增添一个新项目——连接力。那些能够重塑结构、连接一切、有机交互、优化生态的组织将居于领袖地位。

根据连接力及其性质可以把企业大致分为两类：连接器企业和连接型企业。后者又包括两类：可以连接其他的企业和可以被连接的企业。当然有些机构可能是跨界的，比如既有连接性，又有被连接的价值，这里仅提供一个讨论框架，而不再一一细分。

怎样成为连接型企业？

首先，红线——你再厉害，也不要盲目地做"连接器"，因为"万一能实现"的理想终归是小概率事件。婆婆不是随随便便就熬成的。

现在有些公司还未上手就想做平台、当入口、行垄断之实，这样是找不到战略投资人的。把钱烧完了以后，唯一获得的就是教训，或者多出现几位纸上谈兵者。

但是，做连接型企业是每一家企业都绕不过的，这里针对创业初期、中小微型企业给出 6 点建议，姑且称为"连接力塑造路线图 1.0"：

1.基于社会责任思考，基于人性洞察，敬畏底线，基于能力资源关系保持专注。要敬畏底线，尊重人性，感知问题，看清机会。不要只看单一的产品，不要只基于当前这个时点。

2.永续创新。专注为始，社会价值创新为终。没有社会价值创新，而只是价值腾挪，其持久意义不大。创新需要找到切入口，使创新机制清晰化，适度包容，协同融合，提高产品化、产业化能力。协同是创意的孵化器，跨界是创新的加速器。

3.用户即伙伴，员工即伙伴。用创业的心态做事，用合伙凝聚并促进分享。让用户卷进，建立伙伴机制，分享成功，创造成就感。

4.开放，还是开放。内部塑造微生态，分享、协作，用价值网的逻辑、"互联网＋"的要求来思考、行动。

5.重视用户体验、市场口碑，做好交互、对话，沉淀有价值的信任关系。

6.积累企业自己的智力资本，摸索成长的逻辑。智力资本分为人力资本、结构资本、关系资本，员工、伙伴、用户都有可能成为人力资本的一部分，连接、"＋"、知识产权、机制、文化、品牌组成结构资本，员工关系、客户关系、合作关系、社会关系、连接关系等是关系资本的组成部分。

由于企业所在的行业、企业所处的阶段、企业的特质以及场景差异巨大，所以路线图1.0不是包治百病的灵丹妙药，应当结合个性化条件进行思考、实践、检验，做到动态调适。

新起跑线，既没有终点，也没有终极答案

新起跑线

马化腾在本书开篇前言就指出："互联网＋"是一条新的起跑线，可以弯道超车，也可能加大了被超越的风险。那么"互联网＋"是否意味着我们都有着同等的机遇？早认识将有利于在诸多重要方面做出更加合理的安排与部署。

"互联网＋"总体上有四个层次的机会：

一是在ICT也就是信息通信技术上的机会，过去的钢铁水泥所代表的基础设施基本齐备，未来的基础设施是ICT、是云计算大数据、是安全、是物联网乃至万联网，这方面留给大家的机会基本是均等的。比如贵州就找到了在大数据方面弯道超车的机会。

二是在互联网对传统行业的跨界融合与创新驱动上，大家的机会是公平的。转型的早晚、转型的方向、转型的力度、转型的创新程度就决定了优势的水准。

三是在新兴战略产业以及新业态上，大家的机会也是均等的。

第四，再次强调一下联盟的重要性，无论是跨界联盟，还是同业联盟，以及产业互联网、服务互联网建设方面，都可以做出有特点的安排。

特别要说明的是，这里没有终点，"互联网＋"也没有终极答案，这是由每一个定义者的个性化特征以及"互联网＋"本身以及环境的动态性决定的。

预见新问题

因为"互联网＋"在发展中难免出现一些新问题，这里不得不做出一些提醒。

一是"互联网＋"一定不要泡沫化，不要变成狗皮膏药，不要被过度消费，不要成为新一轮投资竞赛的借口，政府不要过度干预，包括"互联网＋"什么、"怎么＋"，要更多地让市场的力量、生态的力量、自然的力量、人自身能动的力量来做主。

二是大众创业、万众创新立足发挥"细胞"的能量与活力，优化创新创业生态，挖掘企业家精神，打造创客经济，立意高，问题准，才能影响远。切忌让一部分人念歪了经。每个人都是创意创新的主体，但只有少部分人才是创业的主体；政府财政资金支持要交给市场来评判、追踪，切忌政府手无限长，更要杀掉那些"黑掮客"，不要资金走不出大院；创新的方向可以通过制定技术路线图等方式来影响，不要规定只有什么行业才可以发展、什么方向才可以资助，结果往往会事与愿违。

三是创新驱动发展的新常态不会一蹴而就，大家的心理预期已经调整，承受能力有所增强，经济可以有起伏，但政策切忌反复无常，重走资源驱动的老路。要知道，心理的问题要重于增速的问题，政府和企业一样，要做好预期管理。

四是互联网产业方兴未艾，已经暴露出不少问题，而这些问题多由人为造成。做好"互联网＋"，非一人一企之力能完成，发挥互联网本身的包容性和协作精神，多向内部寻差距，在联盟中找未来。不但在"互联网＋"，而且在全球化发展上都可以找到融合、协同的力量。

五是信任资本化，这是现在和未来的铁律。从思维上、行为上而不是口头上敬畏客户、敬畏伙伴、敬畏生态，用心连接，用心与员工、伙伴、社会、世界对话，就会获得好的回应，就能够获取连接的机会、连接的价值。

六是不但国家要精心培育国家智力资本，企业也要切实重视智力资本的放大和运营，个人更要不断提高自己的智力资本价值。智慧的国度、创新的未来、智能的世界，被连接的最重要方面就是组成智力资本的各类要素。培育智力资本与信任型关系是提高可连接性的不二法门，当然其基础更值得再次强调，"用心连接，用心感应"！

40 号文个别值得商榷之处

毋庸置疑，40 号文是非常重要的文件，是国家级战略性安排。整体文件的制定也是"互联网＋"成果的重要组成部分。有瑕不掩瑜几处可以提出商榷：

一是在定义上，互联网是"创新要素"还是"创新驱动要素"。鉴于互联网对跨界融合、对各行各业、对经济社会发展创新的重要推动作用，如果把互联网视为"创新驱动要素"可能更恰切一些。

二是在定义上，用"经济社会发展新形态"比之前的定义"经济发展新形态"要贴切、恰当得多。如果最后再加一句"也是生产、生活、生态的新形态"，可能更有利于把每个人都摆进去，因为"互联网＋"和每个人都息息相关。

三是对"互联网＋"领域人才的界定不够准确。《意见》中提到"利用全球智力资源。充分利用现有人才引进计划和鼓励企业设立海外研发中心等多种方式，引进和培养一批'互联网＋'领域高端人才。完善移民、签证等制度，形成有利于吸引人才的分配、激励和保障机制，为引进海外人才提供有利条件。支持通过任务外包、产业合作、学术交流等方式，充分利用全球互联网人才资源。吸引互联网领域领军人才、特殊人才、紧缺人才在我国创业创新和从事教学科研等活动"。这里对所谓的"互联网＋"人才的认识明显还没到位，这样明显会错配，不是说互联网领域的高级从业者就是"互联网＋"高端人才，传统领域只要了解互联网及其跨界融合，一样可以是"互联网＋"高端人才；互联网与其他行业之间的中间件企业、组织、个体，一样可以产生"互联网＋"专家。如果要有一个标准，那就是跨界思维、专业能力、融合意识、服务能力、分享精神、责任与价值观。

四是在倒逼改革上的阐述还可以更透彻一些。比如创新驱动发展，鼓励大众创业、万众创新，如果创新意识不强、创造力不够、创新精神不足怎么办？而中国的教育体系和教育导向需要因应而变，特别需要倒逼教育改革，否则就会缺乏创意的根基和创新的基因。

张晓峰

价值中国会联席会长

"互联网＋百人会"发起人

"价值中国智库丛书"主编

第十二章 "互联网+"与工业

> 正在席卷各个经济领域的数字化趋势是全球制造业转型的强大推动力。工厂系统与能源系统通过数字化方式相互连通，产品从研发到上市的周期变得越来越短，新的商业模式以更快的速度不断涌现。在这一背景下，不重视与他人合作、完全靠自己单打独斗的制造商终将被淘汰。能够以最快速度将产品推向市场并在竞争中处于优势地位的公司将会是那些与其产品生产过程中所有的利益相关方建立密切联系的公司。我们为2015年汉诺威工业博览会设定的全新主题——"产业集成—加入网络大家庭！"正反映了这一趋势，为工业发展提供了新动力。
>
> —— 汉诺威工业博览会（HANNOVER MESSE）
> 主办方德国汉诺威展览公司董事局成员
> 约亨·科克勒博士

近期的《商业周刊》（中文版）有一段比较精彩的评论：对于互联网价值的认知，中国从上至下正在形成一个新共识——消费和个人是互联网活力的起点，但并非其全部价值所在；下一步，将是更具有颠覆性的互联网工业时代。

由西方的"去工业化"到"再工业化"再到工业互联网、工业 4.0 的反转，给未来工业格局带来很大的不确定性。作为首屈一指的制造业大国，中国的工业化之路何去何从？"中国制造 2025"能否达成预期目标？"互联网＋"服务中国工业精进可能有怎样的路径线索？

第三次工业革命

《第三次工业革命》作者杰里米·里夫金是"第三次工业革命"的提出者。他认为，所谓"工业革命"必须包含三大要素：新能源技术的出现、新通信技术的出现以及新能源和新通信技术的融合。当新的能源、通信技术出现、使用和不断融合时，将极大地改变人类的生产方式，进而改变人类的生活方式。目前，新的能源技术和通信技术正在融合，其结果将再次改变我们的经济形态和生活方式。

以化石燃料以及相关技术为基础的第二次工业革命已经日薄西山，无法再支撑世界经济的发展。这是因为相关的技术已经日渐落后，而以此为基础的工业生产也越来越没有效率。欧洲已经开始进行第三次工业革命的尝试。欧洲计划在 2020 年前，由可再生能源提供 20% 的电力，到 2030 年，30% 的电力将来源于绿色能源。

里夫金认为，第三次工业革命将和前两次工业革命截然不同，前两次工业革命中的通信技术都是"中心化"的，能源的生产方式以及工业生产方式都是集中生产。但是第三次工业革命中的互联网技术，则更多的是一种点对点的分散式技术，这样将使分散式的能源生产和工业生产成为可能。而这种生产方式将更有效率，同时也能创造更多的就业机会。

在《第三次工业革命》一书中，里夫金对第三次工业革命的实现方式提出了"五大支柱"：支柱一，向可再生能源转型；支柱二，将每一大洲的建筑转化为微型发电厂，以便就地收集可再生能源；支柱三，在每一栋建筑物以及基础设施中使用氢气和其他储存技术，以存储间歇式能源；支柱四，利用能源互联网技术将每一大洲的电力网转化为能源共享网络，这一共享网络的工作原理类似于互联网；支柱五，将运输工具转向插电式以及燃料电池动力车，这种电动车所需的电可以通过洲际间的共享电网平台进行买卖。

里夫金指出，之所以提出这五大支柱，是因为这些将是第三次工业革命中的关键要素。支柱一是能源本身，也是新能源技术以及新通信技术融合的基础；支柱二是能源的生产方式；支柱三是能源的储存形式；支柱四是能源的分享机制；支柱五是如何更加有效地利用新能源，而这种方式也会极大地促进新能源的推广。五大支柱必须协同发展，不能有所偏废。

目前，越来越多的人都对建立一个能源互联网表示出了兴趣。IBM、思科、西门子、通用电气等大公司正跃跃欲试，期望把智能电网变成能够运输电力的新型高速公路。由此，电子传输网络将会变成信息能源网络，使得数以百万计自主生产能源的人们能够通过对等网络的方式分享彼此的能源。

由于电网电流在 24 小时内是不间断变化的，因此每栋大厦中分布在数字仪表上的信息会采用动态定价形式，以便消费者能够根据价格变动，自动调整用电量。此外，能够接受用电调整的消费者，将会享受相应的优惠。与此同时，动态定价也将促使能源生产商们把握回收电流的最佳时机。在里夫金看来，互联网等新通信技术可以帮助分散式的可再生能源生产，并实现其储存和分享，并能使利用率大大提升，其在五大支柱和第三次工业革命中的作用是显而易见的。通过互联网等技术，分散式的能源生产和分享的成本将大大降低，会对五大支柱中的其他因素有所促进。

2007 年 5 月，欧洲议会通过了一项正式宣言，该宣言将进行第三次工业革命的任务交给了欧盟 27 国的立法部门。议会对新经济愿景的强烈支持向世界其他地区传递出一个清晰的信号——欧洲已经走上了新经济之路。欧洲计划到 2020 年可再生能源消耗占能源总消耗的 20%，意味着可再生能源将为欧洲生产 1/3 的电力。而德国等国家已经开始着手将建筑改造成微型发电厂了。欧洲已经成为第三次工业革命的领导者。[1]

工业互联网

工业互联网（industrial internet）是通用电气 2012 年提出的关于产业设备与 IT 融合的概念，目标是通过高功能设备、低成本传感器、互联网、大数据收集及分析技术等的组合，大幅提高现有产业的效率并创造新产业。通用电气将工业互联网定位为一场新的"革命"。通用电气指出，从 18 世纪中期到 20 世纪初的工业革命是产业界的第一场革命，20 世纪末的互联网革命是第二场革命，通过将这些革命带来的先进产业设备与 IT 融合，将产生第三场革命——工业互联网[2]革命。

---

[1] 侯云龙、曾德金、王龙云：《专访：第三次工业革命是摆脱经济危机的必由之路》，载于《经济参考报》，2012 年 6 月 11 日。

[2] 高野敦：《工业互联网：GE 提出的"人与机器融合的世界"》，人民网，日经技术在线供稿。

工业互联网不仅提振制造业，还将帮助消费互联网突破瓶颈，提供新的解决方案，进而搭建好未来的框架。通用电气掌门人伊梅尔特如此描述这种巨变："也许你昨晚入睡前还是一个工业企业，今天一觉醒来却成了软件和数据分析公司。""工业互联网依靠数据连接机器与机器、人与机器，进而将设计、产品制造、供应链及分销以数字化的方式串联成有机整体。"伊梅尔特对工业互联网的预言正逐步成为现实。通用电气全球共有 12 000 人为工业互联网服务，推动能源、医疗、航空等领域的最新变革。在美国，通用电气主导的工业互联网革命如火如荼，已经成为美国"制造业回归"的一项重要内容。

相比于工业 4.0，通用电气的工业互联网方案更加注重软件、网络、大数据等对于工业领域的服务方式的颠覆——与德国强调的"硬"制造不同，"软"服务恰恰是软件和互联网经济发达的美国较为擅长的。

根据通用电气的预测，在美国，工业互联网能够使生产率每年提高 1%~1.5%，那么未来 20 年，它将使美国人的平均收入比当前水平提高 25%~40%；如果世界其他地区能确保实现美国生产率增长的一半，那么工业互联网在此期间会为全球 GDP 增加 10 万亿~15 万亿美元，相当于再创一个美国经济体。[1]

但同时，通用电气软件和分析业务全球总裁比尔·鲁认为，目前工业互联网至少面临三大挑战：传统技术难以支撑的数据处理和管理能力；如何将海量数据转化为有效服务提供给客户；物理世界和软件世界的更好融合。

---

[1] 张枕河：《通用电气——美国工业 4.0 践行者》，中证网，2014 年 12 月 20 日。

工业 4.0

如第三章所述，工业 4.0 概念首先由德国联邦教研部与经济信息部在 2013 年提出。随着信息技术与工业技术的高度融合，网络、计算机技术、信息技术、软件与自动化技术的深度交织催生出新的价值模型，在制造领域，这种资源、信息、物品和人相互关联的"虚拟网络-实体物理系统"（cyber-physical system，CPS），德国人称其为"工业 4.0"。简单地说，工业 4.0 就是以智能制造为主导的第四次工业革命。

2013 年 4 月，德国在汉诺威工业博览会上首次发布《实施"工业 4.0"战略建议书》；德国电气电子和信息技术协会于 2013 年 12 月发布"工业 4.0"标准化路线图。汉诺威工业博览会被称为"世界工业的晴雨表"，回顾这几年的官方主题就可以发现一些端倪：2012 年主题为"绿色、智能"；2013 年主题为"产业集成化"；2014 年主题为"产业集成，未来趋势"；2015 年主题为"融合的工业——加入网络"。这些主题鲜明地刻画出了跨行业联网和产业整合的强劲趋势。

工业 4.0 描绘了制造业的未来愿望，人类将迎来以信息物理融合系统为基础，以高度数字化、网络化、机器自组织为标志的第四次工业革命。其本质是数据，其终极目标是建立一个高度灵活的个性化和数字化的产品与服务的生产模式，使工业生产由集中式控制向分散式增强型控制的模式转变。工业 4.0 的三大主题是智能工厂＋智能生产＋智能物流。其中，智能工厂重点研究智能化生产系统及过程，以及网络化分布式生产设施的实现；智能生产主要涉及整个企业的生产物流管理、人机互动、3D 打印以及增材制造等技术在工业生产过程中的应用；而智能物流则通过各种联网，充分整合物流资源，实现供给和需求的快速匹配。

东方证券的一个研究报告描绘了这样一个场景，互联网让工厂设备"能说话，会思考"：在理想化的智能车间里，所有加工设备、待加工部件（运输小车）、装料机器人都装有信息物理系统，都具有无线上网功能。待加工部件不通过中央控制器，直接与加工设备联系确定，到哪台设备进行哪些加工。工件控制工厂负责为下道工序的加工设备直接调用待加工件，独立自主的运输小车根据地下铺设的感应线路，把工件送给装料机器手。所有后续工序需要的产品信息，包括生产销售文件都由各工件自己携带。如果出现差错，或顾客的特别要求与现有的CAM（计算机辅助制造）数据不符，研发部的工程师会马上得到报警，补充改进措施会立刻在一个虚拟的试验环境下展开，然后发给工件。

工业4.0所涉及的数据处理（传感器、大数据处理、云服务）、智能互联（智能机床、物联网、工业机器人）、系统集成（工业自动化、工业互联网）等，毋庸置疑会成为投资与竞争的热点。据工信部估算，中国未来20年工业互联网的发展至少可带来3万亿美元左右的GDP增量。

工业4.0的终极目的是使制造业脱离劳动力禀赋的桎梏，将全流程成本进一步降低，从而明显增强制造业的竞争力。在工业4.0时代，不仅制造环节的人工将得到节省（机器人为主体的自动化生产连线），前端供应链管理、生产计划（互联网接入，实施订单管理）、后端仓储物流管理（仓库管理系统＋自动化立体仓库）都将实现无人化，以及较低的渠道库存和物流成本。

回顾前三次工业革命，实际上是应用机械、电气和信息技术等越来越先进的工具逐步将人力从生产中解放，从而提高生产效率、降低生产成本的过程。而对于即将到来的工业4.0，一项更为伟大的工具——互联网，将深度参与到生产过程中去，从而将制造业对劳动力的依赖和生产成本的优化带到一个全新的高度。

实际上，工业4.0还算不上真正的第四次工业革命，我们可以看到，所谓的工业4.0和之前提到的第三次工业革命有很多是重叠的，只是不同主体对工业发展当前及今后一个阶段的不同说法而已。但是，很鲜明的是，互联网应用、智能化、融合趋势已经对工业发展带来了强劲的影响，而且这种影响会越来越大。同时，机器时代以臃肿、冰冷为特征的工业要进化到一个新阶段：更灵动、更敏捷、更高效、更柔性、更人性化、更个性化。造成这一切的最根本原因就是互联网技术及其思维、逻辑。

不得不指出的是，制造业是德国的看家本领，德国期待借此持续提高制造业的全球竞争力，并成为新一代工业生产技术的主导者，特别是新一代标准的制定者，不但保持领先供应商地位，更将集成的成套装备制造、IT技术、控制技术、信息技术机器人等核心技术路线纳入标准来坐实，引领再工业化的产业变革、价值变革、社会变革。值得肯定的是，他们的企业也在该方向上取得了富有成效的进展：在信息技术集成领域占有领导地位的西门子公司通过虚拟生产规划，可以降低生产线上机器人50%的能耗；施耐德电气推出的能效管理平台，实现了对电力、工业、建筑楼宇、数据中心和安防五大领域的技术和专业经验的整合；还有菲尼克斯电气、罗克韦尔自动化发力以太网等。

自德国提出工业 4.0 的概念并将其提升至国家战略层面以来，美国、日本等发达国家陆续跟进。而欧洲计划到 2030 年将其制造业在 GDP 中所占的份额提高 5 个百分点，其竞争的焦点不言而喻是中国、美国、日本。

在这种大背景下，如果我国仅仅以"中国制造 2025"来应对，显然棋输一着，既没有包容性，更不能体现全局思考与未来性，所以是在全球战役大背景下我们在秀一场局部战役的策略，它会影响到我们价值输出的可能性。幸运的是我们有更具全球化战略思考、更具包容性的"互联网+"，但现在官方对于"互联网+"的解读又过于小心翼翼，生怕显得不够韬光养晦、不够沉稳老练，其实这些担心时间会证明都是多余的。

中国社会科学院工业经济研究所黄群慧等认为，工业 4.0 不仅会削弱中国等发展中国家的低成本比较优势，而且有利于发达国家形成新的竞争优势，通过发展现代装备制造业控制产业制高点，发达国家可以运用现代制造技术和制造系统装备传统产业来提高传统产业的生产效率，通过装备新兴产业来强化新兴技术的工程化和产业化能力。同时，其在高端服务业的领先优势也可能被进一步强化。

2014 年 10 月，李克强总理在访德期间签订了《"工业 4.0"战略合作框架》，这是值得肯定的事。不论工业 4.0 站不站得住脚，能否自圆其说，我们不能像有些国家面对亚投行的态度那样置身事外。我们实施"一带一路"战略主动出击是一码事，用包容、融合、建设的精神去积极参与工业 4.0 是另一码事，都是值得洞察、践行的。

"互联网＋"和"中国制造2025"

与过去两次工业革命明显不同的是，在第三次工业革命中，我国作为全球最大的新兴经济体，是以一个积极参与者和推动者的姿态出现的。抓住新一轮科技革命的重大机遇，加快从"中国制造"向"中国智造"的转变，我国有望到2020年初步完成从工业2.0向工业3.0的升级，并奠定工业4.0的重要基础。

工业文明的复兴与变革

近30年来，世界工业发展经历了一个很有意思的由"去工业化"到"再工业化"的过程。我国成为全球第一制造业大国的重要历史背景正是发达国家的去工业化。目前，主要发达国家试图夺回制造业优势的势头非常明显，工业再次成为全球关注的焦点，新一轮全球竞赛已经拉开序幕。奥巴马政府明确提出要让美国经济"基业长青"，必须重振制造业；德国提出工业4.0战略；2013年，欧盟明确提出欧洲需进行"再工业化"以重振欧洲经济，并将工业占欧盟GDP的比重由15.6%提升至2020年20%的总体目标。当回归工业成为世界主要国家的发展共识，一轮新的工业革命正蓄势待发，工业互联网正是推动新一轮工业革命的重要引擎。而从总体来看，我国工业体系是按照工业2.0时代的模式建立起来的，传统的工业模式不可持续的矛盾日益凸显。

通过前面的背景分析，我们知道"中国制造2025"的出台不是无来由的，也不是一个简单的计划。据了解，"中国制造2025"的总体思路是以促进制造业创新发展为主题，以提质增效为中心，以加快新一代信息技术与制造业融合为主线，以推进智能制造为主攻方向，以满足经济社会发展和国防建设对重大技术装备的需求为目标，强化工业基础能力，提高综合集成水平，完善多层次人才体系，促进产业转型升级，实现制造业由大变强的历史跨越。

"中国制造 2025"和德国工业 4.0 有何异同？原工业和信息化部副部长苏波就此做了解答。

相同点：新一轮科技革命和产业变革的主要特征是信息技术与制造技术的深度融合。基于物联网的数据革命与能源、医疗、制造、交通、农业、媒体等相结合，会产生新的产品、新的业态、新的模式和新的技术，产生巨大产业影响力。比如说移动互联网、物联网、云计算、大数据、机器人等新一代信息技术已经渗透到经济社会发展的各方面，这一变革的趋势和核心就是制造业的数字化、网络化和智能化。在这一点上，"中国制造 2025"和德国工业 4.0 都是在新一轮科技革命和产业变革背景下针对制造业发展提出的重要战略举措。

差异化：第一，德国制造业具有强大的技术基础，所以它直接实施工业 4.0，在两化融合、信息化推动"互联网＋"等各方面具有优势，而且产业技术比较好。中国是在工业 2.0、3.0 和 4.0 同时推动的情况下，实现传统产业转型升级，还要实现高端领域的跨越式发展，任务比德国实现工业 4.0 更加复杂、更加艰巨。

制造业大国向制造业强国转变

"中国制造 2025"规划旨在将中国由制造业大国向制造业强国转变，以新兴领域为未来发展的主方向，促进国内产业转型升级和经济效率的提升。制造业是我国市场化程度很高的领域，是国民经济的重要支柱和基础，对国民经济发展起着十分重要的作用，是立国之本、兴国之器、强国之基。中国将成立国家制造强国建设领导小组，扩大"中国制造 2025"在国内国际的影响，进一步形成广泛共识，形成合力，把改革的红利、内需的潜力、创新的活力和更高水平的开放合作叠加起来，共同推进制造强国的建设。

为十大新兴领域插上腾飞的翅膀

知名经济学者、国家发改委特邀研究员郭凡礼表示，"互联网＋"的概念与"中国制造 2025"的结合，将为十大新兴领域插上腾飞的翅膀，为其提供渠道、营销、信息等方面的必要支持，促进企业创新，提高市场效率，符合当前互联网科技发展趋势，有利于新兴产业的发展。[1]

这十大重点发展领域，包括新一代信息技术、高档数控机床和机器人、航空航天装备、海洋工程装备及高技术船舶、先进轨道交通装备、节能与新能源汽车、电力装备、新材料、生物医药及高性能医疗器械、农业机械装备。

近几年来，国家及各级政府不断推出支持工业机器人行业发展的政策，推动行业发展。例如上海、昆山、徐州、芜湖等多地规划了机器人产业园，推出政府引导资金、所得税优惠等多项产业扶持政策。2013 年 11 月，浙江省提出在未来五年年均实施"机器换人"项目5 000 项、完成技术改造投入 5 000 亿元。

---

[1]　网易财经，《郭凡礼："互联网＋"为中国工业 4.0 插上翅膀》，2015 年 4 月 6 日。

实现工业与服务业的深度融合

"互联网+"促进工业转型升级，可以实质性提高生产性服务业的发展水平，推动制造业信息化、服务化、全球化。

需要实质性提升生产性服务业水平，应把提高生产性服务业占比作为"十三五"规划的约束性目标。中国（海南）改革发展研究院课题组建议，把生产性服务业占服务业的比重从 35% 提高到 55%、占GDP 的比重从 15% 提高到 30%~40% 作为主要的约束性目标，并以此作为衡量结构调整优化的主要标准。[1]

实现制造业信息化、服务化，就要以"互联网+"推动制造业升级，形成信息技术改造传统工业、提升战略性新兴产业和先进制造业的战略规划，推动物联网、大数据、云计算技术在工业领域的广泛应用，到 2020 年，我国制造业基本普及数字化技术，实现机械产品全面应用数控技术，总体升级为"数控一代"，初步实现战略性新兴产业和先进制造业智能化。

中国规模以上的工业企业中，生产线上数控装备的比重已经达到 30%。未来应用工业互联网后，企业的效率会提高大约 20%，成本可以下降 20%，节能减排可以下降 10% 左右。这些都是中国急需实现的改变，更是全球经济能量释放的发射井。[2]据测算，如果工业互联网和现在的消费互联网一样得到充分应用，从现在到 2030 年，工业互联网将可能为中国经济带来累计 3 万亿美元的GDP 增量。未来，全球得益于工业互联网的GDP 增量将达到 15 万亿美元，这相当于目

①　中国（海南）改革发展研究院课题组，《大趋势：从中国制造走向中国智造》，载于新华网和《上海证券报》，2015 年 3 月 27 日。

②　新浪科技，《工信部部长苗圩：将开展智能制造试点》，2015 年 3 月 7 日。

前整个美国的 GDP 总量。[①]

"互联网 +" 供应链

全球产业链的调整与高端制造业竞争日益加剧。我们在供应链管理上就一直比较薄弱，更谈不上全球供应链管理。著名供应链管理专家马丁 · 克里斯托弗曾说："真正的竞争不是企业与企业之间的竞争，而是供应链和供应链之间的竞争。"

随着竞争越来越激烈，企业相继进入微利时代。有一个众所周知的说法，企业很难在销售环节提高 1% 的利润，而在采购环节降低 1% 的成本则非常容易。

传统的采购问题多多，主要集中在四个方面。第一，传统的采购方式多为分散采购模式，不能形成规模采购和集中库存的优势，造成采购、贮备资金的浪费。第二，一竿子采购业务模式居多，不利于及时了解物资市场变动情况和新产品情况。第三，电话传真等传统采购方式效率低、周期长。第四，无法平衡库存和交期的矛盾。

如今，互联网日益渗透到各行各业，随着"互联网＋"和工业互联网等概念的兴起，业界更是将互联网视作传统企业转型升级的关键因素。互联网与工业制造业结合，运用大数据、云计算等现代计算机技术，将供应链成员通过双方资源和竞争优势的整合来实现双赢的趋势越来越明显。在传统企业的互联网化改革过程中，供应链管理由于改革成本低、产出效益大，非常适合先行一步。对于企业来说，先进的、

---

① 中国新闻网，《到 2030 年工业互联网或为中国带来 3 万亿美元 GDP 增量》，2013 年 6 月 4 日。

互联网化的供应链管理已成为能最先在互联网化进程中获利的一环。

"互联网+"供应链领域有三家企业值得着墨：一家是香港的利丰；一家是深圳的怡亚通；还有一家虽然不像前两家那么出名，但是非常有"互联网+"的特色，那就是必联。成立于 2001 年的必联，核心产品包括必联网、悦采、商麦和中国国际招标网等系列，是中国领先的互联网采购招标服务商，也有可能成为"互联网+"领域的标杆企业。

"互联网+"样本：
必联悦采的"互联网+"供应链管理平台

必联算得上是"互联网+"的实践者，一直助力传统企业的转型升级，致力为传统企业提供供应链管理方面的互联网化解决方案。

为帮助传统企业的互联网化转型，2013 年，必联推出互联网采供平台——悦采（yuecai.com）。悦采基于 SaaS 服务模式，充分利用互联网的开放性和资源复利优势，创造了以采供管理和在线交易为基本服务内容的企业级互联网采供平台，为中国的工业互联网和"互联网+"战略提供支持。悦采上线以来，已经开始为蒙牛股份、君正化工、新华制药、修正药业、东阿阿胶、新安化工、鄂尔多斯等数百家世界或中国 500 强企业提供服务，在线交易超过 500 亿元人民币。

悦采功能覆盖了从采购计划、询比价、招标、供应商管理、合同管理、订单管理、支付到入库管理的采购全流程管理，为采购企业打造云端化、信用化、简易化、高效完善的一站式解

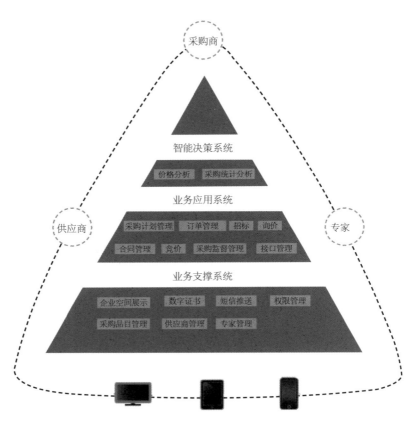

图 12-1 必联悦采模式图

决方案，帮助采购企业超越时间与地域限制，实现电子寻源、缩减采购成本、建设供应商梯队的管理诉求。

悦采基于SaaS模式为企业提供更智能的互联网供应链管理体验。充分运用大数据和云计算等现代化计算机工具，利用互联网的开放性和资源复利优势，打通信息孤岛，为采购企业打造一站式解决方案。在悦采混合云的帮助下，采购企业不需要再自行建设大型的机房设备进行存储和计算，而是全部进行云端化管理，降低运营压力，有效控制成本。

企业往往对供应商的信息、供应市场掌握不够充分，无法有效降低采购成本。悦采拥有一批安全可靠的认证商户资源，这些供应商需要经商务部有关部门权威认证，帮助采购商从准入流程到合作管理，建设专属供应商梯队；对企业则运用大数据、人工智能等新兴技术，集合互联网平台优势，为招标企业自动匹配、智能推荐，真正让采购商货比三家。同时，采购平台为采购企业提供以真实交易为核心的电子商务诚信服务，对资质认证、经营实力、交易规模、交易评价、合作企业数量等方面数据进行综合评估和诚信公开。

悦采的大数据和智能推荐系统，将会对企业客户的物流、生产、销售、管理流程产生数据飞轮效应。数据驱动会改变竞争，企业可以通过挖掘大量内部和外部数据中所蕴含的信息，预测客户需求，进行智能化决策分析，制定更加行之有效的战略。这是个正向反馈的循环，如同巨大的飞轮越转越快。用数据飞轮来指导企业发展，可帮助企业有效提高整个采购供应链的执行速度和采购效率，缩短采购周期；企业可以利用互联网数据规模优势减少企业总体的供应商数量和采购频率，提高采购的管理水平。互联网化的数据记录使每一次采购都可以做到有据可查，而无时间地域的限制。

悦采为采购提供电子商务交易服务平台，覆盖从支付、物流到安全、信用体系的全面建设。在电子商务交易过程中，悦

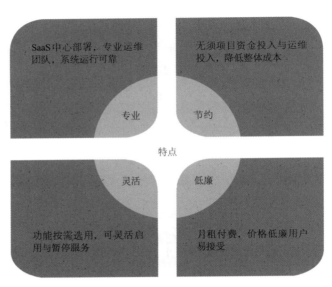

SaaS中心部署，专业运维团队，系统运行可靠

无须项目资金投入与运维投入，降低整体成本

专业

节约

特点

灵活

低廉

功能按需选用，可灵活启用与暂停服务

月租付费，价格低廉用户易接受

图 12—2 　基于混合云的 SaaS 模式

采加强与互联网金融的深度融合，支持多种在线支付方式，实现了快捷支付、安全支付。在信用体系方面，为采购商提供以真实交易为核心的电子商务诚信服务。悦采平台独家拥有供应商评价体系，交易记录作为供应商评分依据，省去了采购商线下问询的精力。

"互联网 +"个性化定制

工业 4.0 时代，产业互联网与消费互联网深度融合，软件技术、物联网技术、云计算以及大数据技术的综合利用，将会促使生产实现智能制造和柔性化生产，由于移动互联网的普及，用户将逐步习惯按需定制。

以服装企业为例，其数字化系统包括产品研发数字化系统、生产制造数字化系统、市场营销数字化系统以及组织管理数字化系统等等；目前虽然很多企业购买了各种类型的系统，可是这些系统都没有实现数据互通，从而形成了一个个的"数据孤岛"。

可见，数字化平台的建设显得尤其重要。目前互联网的发展主要集中在流通环节，没有办法实现消费与生产的数字一体化。根据博克科技云衣定制创始人贺宪亭的观点，今后平台的发展需要实现"垂直一体化，数据集成化"。服装行业平台至少包括软件信息平台、设计研发平台、订单交易平台、服装定制平台、行业资讯平台、行业教育平台等等，这些平台需要能够实现数据互通，集成化程度越高越有利于提升数据的转化效率。

信息化发展以及用户交互的结果就是实现规模化的按需定制。服装产业从自然经济下的个体裁缝，发展到了基于工业标准化的批量成衣，再到下一步的基于信息技术的规模化定制。值得庆幸的是，目前在通往定制化的道路上中国已经有了不错的开端，备受关注的青岛红领在定制化的道路上迈出了超前的一步，引起了行业的普遍关注。可是多数企业并没有能力像红领那样投入巨资建设信息化，所以公共化的行业软件信息平台尤其重要。在这方面，博克科技云衣定制进行了富有成效的探索。

"互联网＋"样本：
云衣定制一体化解决方案——工具＋内容＋平台＋生态

既然工业 4.0 需要实现从设计到营销的全面数字化，作为第一步，实现数字化设计成为服装行业的最关键一步。目前 CAD/

CAM（计算机辅助设计/计算机辅助制造）系统已经普遍应用于服装的数字化设计，在这些系统中，参数化设计的方式是更好的数字化形式，尤其会给按需定制带来更高的效率和准确度。目前主流的参数化系统是深圳博克科技开发的博克CAD系统，除了用于样板设计的CAD，还包括博克超级排料系统、博克裁剪计划分床系统、博克模板设计系统等。

　　以辅助设计系统和辅助生产系统为核心，与各种智能硬件相结合，就可以实现智能制造。自动裁剪在国内外已经有多家专业厂商推广了多年，普及范围正在进一步扩大。近年来自动缝纫机发展迅猛，国内企业走在了前面，今后自动缝纫机的发展趋势是网络化链接与智能化的进一步提升。

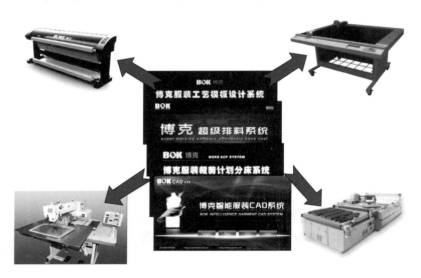

图 12-3　以数字化软件系统为核心的智能化制造

目前专业用于服装定制的CAD系统并不多见，总体上有两类系统——密集号型的定数法设计和一人一版的参数法设计。密集号型的方式需要每个样板推放出几百个号型，效率和准确度都不高，而参数化的方式无须事先样板推放，每个款式只要建立一个基础版，把客户的量体数据输入系统就可以自动生成完全符合客户体型的样板，效率和准确度更高。

博克科技开发的定制CAD系统为服装定制的规模化带来了可能，通过这个系统可以非常快速地建立企业的板型库，然后通过输入客户的数据，就可以自动生成符合客户体型的样板，真正实现定制化的"一人一版"。

服装CAD/CAM属于定制发展的基础工具，当然还有其他诸如订单管理、工艺管理、供应链管理等多种工具系统。经过多年研究，云衣服装云服务平台作为一个一体化的平台解决方案目前已经推出，其核心服务是在线行业软件系统，目前已经上线的包括CAD系统、超级排料系统、分床系统等，不久的将来还将与第三方软件提供商合作上线更多的行业软件系统，并且各个系统都能够打通数据，这样既实现了数据的集成化，同时又降低了服装企业引进系统的成本门槛，让广大中小企业也可以实现数字化。

云衣平台通过在线软件这个工具，让设计师以交换模式使用，获得了大量的设计内容。企业既可以租用这些系统，又可以低成本购买这些设计内容，还可以方便地购买设计师推荐的面辅料。另外，服装商家可以看款下单，服装企业又可以在线接单，通过平台的第三方资金监管，实现所有的交易。云衣通过垂直一体化、数据集成化实现了行业生态优化。

在线化的设计使服装设计大数据的应用成为可能，云衣平台通过对大数据的挖掘，可以对产品设计、供应链的优化以及市场营销带来全面的提升。

除了面向行业的云平台，云衣还规划了面向消费者的服装定制平台，通过资源的链接和优化，实现服装由C2B向O2O的转型。平台通过与众多品牌企业和设计师合作，为消费者提供比较高端时尚的产品，消费者通过线下体验、线上下单的方式实现了比较完整的定制化消费。目前云衣定制通过代理加盟的方式以及与品牌店合作的方式，在国内快速发展，通过为代理输出标准服务和提供平台服务，再由本地化代理为消费者提供量体服务和服装推荐服务。

图 12—4　云衣定制平台实现服装C2B向O2O转型

　　云衣定制平台的核心价值不仅仅是提供电商平台，更重要的是通过与产业平台软件系统的数据对接，实现数据的集成化，进而逐步形成更好的行业生态。

　　数据的集成化将深层次改变服装行业的大数据应用，通过云衣大数据中心，对服装设计大数据进行深入挖掘，进而影响流行趋势预测，改进供应链资源管理，加强对市场营销的监控，营销数据反过来又会对设计产生引导。

"互联网＋"制造业样本

　　"未来20~30年内，传统社会一定会演进为信息社会，虽然实现形式我们并不清楚，但趋势已经明显。这是人类社会千年来最重要的转折，是时代的期盼与使命，我们一定要在信息的传送、处理与储存上做出贡献。为满足这样的社会需要，网络一定会发生巨大变化。我们要站在全局的观点上，对未来信息的传送在思想上、理论上、架构上做出贡献。未来的网络结构一定是标准化、简单化、易用化。我们不能光关注竞争能力以及盈利增长，更要关注合作创造，共建一个世界统一标准的网络。要接受20世纪火车所谓宽轨、米轨、标准轨距的教训，要使信息列车在全球快速、无碍前行。我们一定要坚信信息化应是一个全球统一的标准，网络的核心价值是互联互通，信息的核心价值在于有序的流通和共享。而且这也不是一两家公司能做到的，必须与全球的优势企业合作"。这段话来自华为总裁任正非在2015年市场工作会议上的讲话。

华为自己就是"互联网+"的样本。据华为 2014 年报，数据显示，2014 年华为实现全球销售收入 2 882 亿元人民币（折合 465 亿美元），同比增长 20.6%，净利润 279 亿元人民币（折合 45 亿美元），同比增长 32.7%。华为 2014 年的销售毛利率可以达到 44.2%，这一数字甚至超过不少互联网公司的水平。根据爱立信、阿朗、诺基亚、中兴通讯此前各自发布的年报，2014 财年，这四家设备商的净利润之和不到 30 亿美元。由此看来，华为实际已登上了全球电信设备商的巅峰。

另一家不得不提的公司是海尔。海尔认为工业 4.0 的本质就是互联工厂，目前已在沈阳、郑州、佛山、青岛等地建成了四大互联工厂，并同时上线了用户交互定制平台和模块商资源平台，并下线全球第一台定制空调。中国制造逻辑的重塑也许就此启动。

"互联网+"样本：海尔的互联工厂①

据了解，目前海尔已建成沈阳冰箱、郑州空调和佛山洗衣机、青岛热水器四大互联工厂，全球首台定制空调已经在郑州互联工厂下线。海尔互联工厂的前端就是名为"众创汇"的用户交互定制平台。在这个平台上，海尔与用户能够零距离对话，用户可通过多种终端查看产品"诞生"的整个过程，如定制内容、定制下单、订单下线等 10 个关节性节点，产品生产过程都在用户"掌握"中。用户交互定制平台的上线意味着用户不再是产品的旁观者，而是可以全流程参与其中，开启了人人自造

---

① 本文引自新华网，2015 年 3 月 13 日。

时代。

"海达源"模块商资源平台是全球家电业第一家为供应商提供在线注册、直接对接用户需求的零距离平台。该平台具备开放、零距离、用户评价、公开透明四个特征，可以推动全球一流模块商资源自注册、自抢单、自交互、自交易、自交付、自优化。与传统"零组件采购—订单销售"模式相比，模块商的注册、响应需求、方案选择结果、评价结果等全过程都将在平台上公开公示，考核模块商的主体不再是企业，而是用户。

最新统计数据显示，目前该平台已经完成自注册模块商3 700多家，平台上交互的2 000多个方案为用户提供了最佳体验。模块商资源平台将企业与模块商传统的价格博弈关系转变为共创共赢关系，双方共同致力于提供满足用户需求的产品解决方案。海尔这一创新给现场近千名模块商带来了强烈冲击，他们纷纷表示，必须快速转变经营模式，从零部件商升级为模块商，与用户共同设计创造产品，才能获得更大的增值空间。

海尔家电产业集团副总裁陈录城表示，海尔早在2012年就开始了互联工厂的实践，致力于打造按需设计、按需制造、按需配送的体系。为实现从大规模制造向个性化定制的转型，企业必须转型为开放的平台，以模块化为基础的互联工厂是为用户提供个性化定制体验的"主体"，而用户交互定制平台和模块商资源平台是为用户提供个性化定制体验的"两翼"。

从制造逻辑来看，海尔实践互联工厂战略的必要条件是工厂实现了模块化、自动化、智能化，有效提升效率；充分条件是用户能够无障碍参与到产品设计、供应链管理、营销等流程中。互联工厂的最终指向是构建大规模个性化定制模式，创造最佳用户体验。海尔互联工厂的架构构建了一张动态抓取用户需求、快速整合全球最优资源的强大网络，将碎片化、个性化的用户需求与智能化、透明化的制造体系高效对接起来，是对"中国制造2025"战略的率先实践。

德国弗劳恩霍夫研究所首席科学家房殿军教授认为，在全球范围内，海尔对工业4.0战略的探索和实践是非常超前的，中国制造业转型升级的关键是制造逻辑的重塑，海尔互联工厂将用户、模块商和工厂等要素，用开放平台的方式聚集到一起，这种制造逻辑给家电行业甚至其他行业的转型升级带来启示。

张晓峰

价值中国会联席会长

"互联网＋百人会"发起人

"价值中国智库丛书"主编

第十三章 "互联网+"与金融

> 互联网的金融业务发展也算是一个新事物，所以过去的政策、监管、调控，各个方面不能完全适应，需要进一步完善。但整个来讲，金融业的政策是鼓励科技的应用，因此也需要跟上时代与科技的脚步。
>
> ——周小川，2014 年 3 月 4 日，全国政协会议

李克强总理在 2014 年《政府工作报告》中首次提出"互联网金融"的概念；在 2015 年《政府工作报告》中又推出"互联网+"概念，要求制订"互联网+"行动计划，并对互联网金融的发展大为褒奖，认为"互联网金融异军突起"。那么，"互联网+"与互联网金融间有怎样的关联？互联网金融在国家"互联网+"行动计划中会以什么形式起到什么作用？

我们理解的 "互联网+"

2014 年，易宝支付联合创始人余晨有幸参与了央视大型纪录片《互联网时代》的制作，并因此系统采访了互联网史上 40 多位著名的

先驱和企业家。通过这些互联网历史创造者的亲自证言，以及结合余晨和我从硅谷回国 12 年来在中国互联网金融和支付领域的实践，我们梳理了一条互联网发展的脉络并写成了《看见未来》一书，在此背景下提出自己对"互联网＋"的看法。

"互联网＋"时代＝产业互联网时代

过去的 20 年，随着万维网的出现，互联网的发展主要意味着从原子向比特的虚拟化，这是互联网的第一波。从 1995 年全球网民 1 600 万人，到 2013 年的 27 亿人，人类进行了史无前例的网络大迁徙。这个时代的互联网商业模式主要是眼球为王、流量变现，也称为消费互联网时代。

如今，互联网正在从比特回归原子，融合虚拟和现实世界，步入波澜壮阔的第二波，互联网又走到了一个重要关口：进入互联网深水区，从线上延伸到线下，从虚拟经济渗透到实体经济，从 IT 行业影响到传统行业，从把人们固定在个人电脑前上网，到移动互联网使得人们和互联网 24 小时在一起，所有的商业、我们生活的方方面面，已经无法和互联网完全分开了。

这个时代也称为产业互联网时代，或者"互联网＋"时代。在这个时代，互联网影响的不再只是企业前端的营销环节，而是渗入企业的研发、生产、仓储、运输、客户管理等全部环节，并正在深刻改变我们的组织形式。

把握特征，拥抱机会

在这个时代，更具体地说，互联网的影响体现在四个方面。

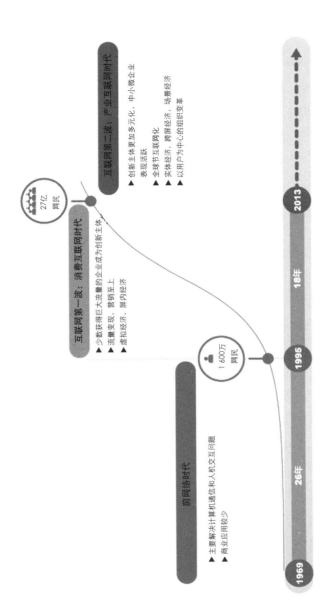

图 13-1 互联网简史

第一，移动互联网彻底融合了线上线下。从此，商务交易和人们的生活，除了拥抱互联网别无选择，我们正在走进新的时代。

三年前传统的行业，不管是卖服装的李宁还是卖电器的苏宁，对互联网感觉都像温水煮青蛙，没有紧迫感。但现在完全不一样了：苏宁改名云商，李宁也在拥抱互联网，连餐饮和打车这样的传统行业也在快速地互联网化。因为移动互联网已把线上线下彻底融合了，现在大家不在个人电脑前并没有离开互联网，因为智能手机、平板电脑可以随时随地上网，而且是带有个性化信息（如地理位置、朋友链接等）的上网。

以前很多行业，尤其是传统的服务行业，互联网很难进去，随着移动互联时代的到来，所有的行业、人们的生活，已经全面进入了一个新互联的时代。互联网作为新的时代，会彻底地改变中国，包括经济、社会、政治，还有我们的思想。

第二，互联网开始打破行业垄断，给商业带来了更多的透明、高效、活力和普惠。如近来微信打破通信垄断，微博打破宣传垄断，互联网金融打破金融的垄断。

第三，互联网带来了三大新技术：云计算、移动互联和这两年开始走向成熟的大数据技术。云计算的价值在于技术的民主化，使得先进的互联网技术可以为人人所用，为小微企业所用。在云计算的基础上，移动互联技术变得可行。通过移动互联把商业场景和生活场景连接起来并数字化，催生了大数据。大数据的核心不是简单的规模化，而是大规模的个性化。100 年前，福特通过流水线已经实现了大规模化，但他无法同时实现个性化。互联网最核心的是个性化，让技术服务人性、回归人性必须要有足够的数据，因为人性希望个性化的服务。我获得的服务跟你获得的不一样，因为每个人都是独一无二的。互联网通过新技术、新思想，尽量高效地为每个人提供独一无二的服务。

第四，是组织变革。在信息充足的情况下，去中心的网络结构促使企业科层结构解体而变得更平等化，企业开始以客户为中心再造组织结构。以餐饮行业为例，传统的餐饮企业通过一条龙来服务客户。这条龙从头到尾分别是服务员、端盘小生、领班、洗菜员、切菜员、厨师、厨师长、餐馆经理、老板等。客户基本只和服务员发生直接关系。当客户把建议或意见（如菜太咸）告诉服务员的时候，信息经常不能及时或准确地传递到中后台，尤其是厨师和餐馆经理，造成信息脱节，以至餐馆服务质量不能及时提升。最近火热的"五味网络餐厅"，是一家非传统餐饮企业，它运用移动互联网技术，让用户可以随时随地通过手机或平板电脑反馈信息，并确保信息到达需要到达的地方，建立和强化用户和服务中后台的关系，并促使中后台人员采取改进措施。这是通过互联网技术建立和强化关系、提供用户忠诚度的一个案例。

理解"互联网＋金融"的切入点

传统金融如何实现"互联网＋"？最好的切入点是先了解互联网金融是如何崛起的，尤其是作为互联网金融的先锋队和基石——第三方支付为什么能异军突起？

互联网金融的先锋队和基石——第三方支付

支付是金融的基础环节，作为互联网金融的排头兵，第三方支付于 2000 年左右在国内开始出现。2003 年的"非典"给电子商务带来了意外的发展机遇，不敢轻易出门的人们开始尝试网上购物，从此各类电子商务网站迅猛发展，有力地推动了第三方支付大军的崛起。

随着交易服务对象的不断细分，在第三方支付领域中，出现了三种不同的模式：一种是以银联为代表的网关型综合支付，一种是以支付宝为代表的担保型账户支付，另一种则是以易宝支付为代表的行业支付。近几年，伴随着互联网的发展和居民消费水平的提高，第三方支付企业交易规模更是得到快速提升。

表 13-1　主流第三方支付公司成立或上线时间表

主流第三方支付公司	成立或上线时间
易宝支付	2003 年
支付宝	2003 年诞生于淘宝，2004 年独立
快钱	2004 年
财付通	2005 年
汇付天下	2006 年（ChinaPay 团队分出来的）

第三方支付在短短十来年中，从没有名气、没有钱、没有人才、没有客户，到今天在零售支付领域已经超越了很多传统银行，证明了自己，为什么？这是核心问题。

第三方支付服务了近 7 000 万的中国中小企业和 6 亿网民，并越来越成为零售金融创新的主力，在国民经济中所占的比重也越来越大。在中国，中小企业的支付服务主要是由第三方支付来提供的。目前中国有 7 000 万左右的市场主体，其中 99% 是中小微企业。服务好这些企业，对于推动中小企业发展、稳定就业，具有举足轻重的作用。

根据艾瑞的报告显示：2013 年中国第三方互联网支付市场交易规模达 53 729.8 亿（相当于当年社会消费品总额的 22.9%），同比增长 46.8%，其中移动支付市场交易规模 12 197.4 亿（相当于当年社会消费品总额的 5.2%），同比增长 707%，实现了持续高速增长，在整体国民经济中的重要性显著增强。

那么，为什么第三方支付在互联网金融中处于核心位置呢？

首先是第三方支付所占的比重大。据来自速途研究院 2013 年的调研，在整个互联网金融市场中，第三方支付占据了绝大部分的份额，占比达到 76.3%。

更重要的是第三方支付对风险的控制和把握。金融的本质是在经营风险，风险控制的基础是基于数据分析的征信体系，目前我国征信体系建设还有待提高，与美国拥有三大征信局、FICO 评分（由美国个人消费信用评估公司开发出的一种个人信用评级法）等成熟的征信体系相比还有不少差距。因此，拥有商业交易支付数据的第三方支付公司，尤其像支付宝、易宝支付这样经营时间较长的企业，就更能在常年累积的大数据基础上做好风险控制，也因此顺理成章地成为整个互联网金融的核心和发展的动力之一。

以第三方支付为核心发展起来的互联网金融，在创新方式上也呈现出其特色。传统的第三方支付是把自有的交易、支付和金融统揽起来，形成自循环的封闭体系，而易宝支付追求开放式创新，其平台有如安卓系统，上下游乃至跨界的合作伙伴都可以在这个平台上衍生出基于交易数据的商务模式，激发中小企业的创新活力。

银行和第三方支付公司对支付的不同理解

司马迁在《史记》中就说过：天下熙熙皆为利来，天下攘攘皆为利往。他是把支付理解成一个经济的基本手段，利来利往就是支付结算，支付是整个交易的核心环节，只有支付完成交易才能闭环。

同样是支付，银行和第三方对支付的理解却大相径庭，这种理解的不同造成的影响是深远的。传统的银行并非没有实力去引领互联网金融的发展，而核心就在于对同样一个概念或问题的理解存在质的差异，用《从 0 到 1》作者、PayPal 创始人彼得·蒂尔的话说，大家看到的秘密不一样。

银行认为支付就是安全地把钱从 A 运到 B，这有点像古代镖局的感觉，一班人马在武师的带领下，浩浩荡荡，就是为了把银子从 A 地安全地运送到 B 地。这个理解十几年前看可能并没有错，但是它简单地把支付当作工具来看，而没有从它的载体角度去深刻地思考支付的内涵。到了互联网时代，这个理解就过时了，就如到了智能手机时代，诺基亚还固执地认为手机只是可靠的通信工具一样落伍。现在的手机更多的是作为智能的信息消费终端，以及可靠的个人助理（如导航、学习英语等）。

我们看看国外的先驱们怎么来说支付吧。彼得·蒂尔认为："21世纪的支付，是为了保护每一个人的货币财产。"Square 公司创始人杰克·多西认为："支付从来无关金钱，而是买家和卖家之间的价值交换。"Ripple 公司创始人克里斯·拉森则更进一步："我们搭建的不是支付网络，而是货币的未来。"而 Affirm 公司创始人马克斯·列夫琴认为："数据是新世界的货币。"这些理解早已超越了冷冰冰的工具概念，而赋予支付更丰富的人文内涵。

对第三方支付企业来说，支付背后是什么呢？是交易，而交易的背后是生活。正如Visa公司创始人迪伊·霍克所言："这是献给这个星球上每一个人的礼物。"

第一，支付作为中立的平台能帮助解决信息不对称的问题。镖局时代强调支付的安全，但是现在我们应该超越这一理解，关注安全之外的内容，比如作为交易，由于买方和卖方信息不对称，很容易发生欺骗。我总讲一个案例，在北京秀水街市场，500元钱的衣服你砍到250元很有成就感，其实卖家进价可能只有50元钱。这里面就有个信息不对称的问题。

第二，支付平台能聚合用户需求，增加谈判砝码。交易双方的实力往往不均等，尤其面对大商家时，普通的消费者是没有多少议价能力的。那就可以考虑通过支付平台，把每一个个体的需求聚合起来，形成更大的需求，这样就能获得相对对等的议价权了。

第三，支付平台有助于提供个性化的交易服务。每一个人都是独一无二的，尤其在今天的中国，中产阶层和中上阶层正在崛起，他们需要更加个性化的服务。但现在传统的金融服务难以个性化，比如你去银行，你要拿票，要坐下来排队，要隔着一个玻璃跟对方说话，银行难以把你作为个性化的人，而只是把你作为一个数字、一本存折来看。但第三方支付公司可以通过各种交易数据的挖掘，来提供更个性化的服务。比如你在买机票的时候，我可以根据你的消费记录免费或低价给你一份保险。

第四，促进诚信建设，利用交易数据建立信用数据库。金融的本质就是经营风险，而经营风险最基本的是诚信建设。目前在中国，这是一个很有挑战性的难题。中国互联网金融的发展，机会确实巨大，但问题更多，解决这些问题的一个重要路径就是利用交易数据建立信用数据库，构建完整的信用体系。这需要大数据，尤其是支付数据的支持。支付数据未来可以帮助我们建设一个更加诚信的社会。

第五，推动公益事业。支付和公益是孪生兄弟。汶川地震的时候，网络小额捐赠超过 6 000 多万元。不要小看这 6 000 万，它是海内外许许多多的网民，不分肤色，不分男女，不分老少，一点一滴积累起来的。2015 年，易宝支付还打算借用互联网金融的思维和模式来改造升级公益模式，推出国内首个"公益众筹"平台，让更多人能以更加有创意、有正能量的方式，参与到易宝公益圈建设中来。

以上对第三方支付的理解大大扩展了支付在互联网时代的内涵，这就是第三方支付公司发现的"秘密"。在此基础上，第三方支付通过灵活的组织，运用互联网技术，加上大把的汗水，在短短十来年时间里，就成为零售支付领域的主力军。

支付在国内的发展经历的阶段

纵观支付在国内的发展，大概经历了三个阶段。

第一个阶段，支付只是一种金融工具，这主要是传统金融机构的理解。支付作为工具完成交易，对安全的追求是第一位的。小额的交易在网络支付的时候很不方便，甚至需要U盾。

第二个阶段，支付不只是简单的工具了，还要帮助行业更加高效、透明地完成交易。比如支付宝通过担保让淘宝上的买家和卖家互相信任起来；再比如易宝支付，开创了行业支付模式，提供行业定制化解决方案，让航空、教育、游戏等行业的交易实现了高效和透明，有力地推动了这些行业的互联网化进程。

我们目前正在走向第三个阶段，就是实现"支付＋"：基于支付叠加金融服务、营销服务和征信服务。以易宝支付为例，在支付业务的基础上，衍生了易宝金融和懒猫金服；在营销方面衍生了五味、哆啦宝；在征信方面也成立了专门的团队。能实现这些衍生，奠定有序增长的基础，在于支付数据是核心的商业数据，能提高互联网金融的风险控制力；能够以支付为核心实现营销全环节互联网化；能为互联网征信打下最牢固的基石。我们已经进入大数据时代，支付不仅仅作为闭环交易的核心环节，更作为核心商业数据的发源地发挥着越来越重要的作用。

彼得·蒂尔推崇能力垄断，他对垄断有着很精辟的定义，在他的语境里，能赚取丰厚利润的垄断企业都发现了独有的秘密，解决了独一无二的问题。同样是支付，第三方支付公司和传统银行之间、第三方支付公司之间发现的秘密不一样，解决的方式不一样，所以开创的未来当然就不会一样。

互联网金融及其意义是什么？

互联网金融是什么？有人说是颠覆，有人说是补充，都是针对传统金融说的。其实我们要站到一个更为宏观的角度去思考，互联网金融对中国传统金融最大的意义是什么呢？

"互联网＋金融"的意义

首先，它让我们深刻意识到传统金融的问题有多大；同时，它让我们意识到中国金融创新和发展的机会更大！

对于金融行业而言，互联网金融意味着回归和提升。让金融不再自娱自乐、躺着挣钱，而是回归服务商贸交易和生活的本源，并通过互联网思想、技术和渠道去改造提升金融，让它更开放、更高效、更透明、更普惠，这才是我们应该着眼的。

对于小微企业而言，互联网金融意味着公平与机会。互联网金融具有非凡的意义，非凡在哪里？中国有 7 000 万家企业，其中 99% 是中小微企业，94.8% 是小微企业，但传统金融对它们的服务是远远不到位的。此外，中国的就业人口接近 8 亿，月平均工资才四五千元，传统金融也难以惠及广大的人群。而互联网金融就能很好地服务于中国的中小微企业和个人，这对整个中国的创新驱动发展具有举足轻重的意义。

对于金融产品而言，互联网金融意味着融合和再造。余额宝，一个不知名基金公司的普通货币基金，因为融合了支付宝的资源，并运用互联网用户中心的思维和互联网的售卖渠道，在短短一年内就成了中国最大的货币基金，这就是融合的力量。比特币，一个互联网世界横空出世的自由的新货币，没有发行机构，不代表国家主权，颠覆了我们对于传统货币的理解，这就是彻底的再造！

对于金融机构而言，互联网金融意味着颠覆或重生。如果只把互联网看作渠道，而没有深刻地意识到互联网是全方位的革命，等待的就是被颠覆的命运；反之，如果意识到互联网是一个新时代，带来深刻的变革，并拥抱互联网，主动去融合和再造，就可能重生并升华。

现代工业文明始于科技创新，成于金融创新，这是历史事实无数次证明了的。昔日正是因为有了股份公司、有了股市等等金融创新，才让蒸汽机不只是停留在实验室里，而是装进火车、轮船，改变了整个世界。我们注意到，但凡发达的国家，金融创新就很发达。

比如在美国，脸谱网等一批公司就很有代表性。脸谱网起家的时候只是在哈佛大学的学生宿舍里，短短10年就成长为全球第一的社交网站，成为市值千亿美元级的世界大公司。这样快的成长速度，如果没有金融的支持是难以想象的。

如果脸谱网诞生在中国会怎么样？没有互联网金融之前，我对这个问题的答案不会乐观，因为脸谱网是一种创新，风险程度比较高，肯定不是传统金融青睐的。当然，我们最近有了风投的支持，但相对于7 000万这个庞大的群体，风投能惠及的群体也是相当有限的。而互联网金融崛起后，就很好地解决了这个问题。

现在比较热的是P2P。P2P解决的主要是中小微企业短期融资的问题，三个月、半年、也有一年的，采用债权的方式。接下来是股权众筹，解决的是中小微企业中长期发展的融资问题。再加上供应链金融、虚拟信用卡等形式，和传统金融结合起来，形成了对中小微企业成长和发展的"全金融支持体系"。也就是说，一个有潜力成长为世界级企业的公司即便从一两个人的窘迫状态起步，也有获得互联网金融有力支持的可能。

金融是经济的血液。互联网金融对于中国经济的转型和社会的进步有极其重大的意义，它意味着更大基数的中小微企业可以获得更多生存和发展的机会，那些潜藏其中有潜力快速成长的企业也因此获益脱颖而出。这对带动整个社会的创新和财富的增加有着重要的意义。当然，互联网金融的意义还不仅仅在这里，比如比特币的创新，甚至会改写金融中信用和风险这些基本层面。要知道，比特币是屈指可数采用互联网作信用背书的金融产品。再如Ripple对全球结算体系的创新，假以时日将影响整个社会。

未来互联网金融谁主沉浮？

未来互联网金融将谁主沉浮，是银行？是银联？是电信运营商？是电商平台？是P2P平台？是股权众筹平台？还是第三方支付平台？我更偏向认为是第三方支付平台，原因有五个。

交易的核心环节

所有商业形态，无论是做大生意还是小生意，跨国生意还是路边小摊，最终都需要完成交易。而支付是交易的核心环节，没有支付交易就无法闭环，没有交易也就谈不到需要金融了。支付、交易和金融三位一体，是分不开的。

真实大数据基础

金融的本质是经营风险。经营风险需要大量真实的数据为基础来做风险评估。互联网上可采集的数据确实很多，但不是每种数据都有同等价值。如前所述，支付数据在整个商业中属于核心数据，支付公司拥有天然的大量真实数据。像易宝支付每天有数以百万计的交易，每一笔都是真实的，收多了钱用户不愿意，收少了钱商家不愿意，数据的真实性得到了天然的保证。

天然的信任中介

如果从某个角度看，金融很简单，金融首先是信息，其次是信任，再次就是制度安排（主要是监管）。支付公司既不缺信息，有大量数据；更不缺信任，买方把钱放到我的口袋里面，卖方把钱让我来收，银行也相信我；制度安排方面，由人民银行进行监管，所以支付在这个方面是拥有天然优势的。

闭环的商户资源（理财 + 融资）

大型支付公司动辄就有上百万的商家，假设中间一部分比如说10万家有理财需求，它们如果把钱放在银行，服务经常不到位，利息还很低，取起来很麻烦；放在支付公司随时都可以取，支付公司跟理财机构合作，给商家的利息可以轻松达到银行的两倍。另外一方面，支付平台的商户中很多有融资需求。一边是有理财需求，一边是有融资需求，支付平台可以像媒婆一样把两边拉到一起来，资金来源清楚，资金成本可控，信息透明，风险可控，支付公司做这些业务的优势是天然的。

推动金融生态系统多元化

第三方支付作为国内第一个由国家认可的金融或类金融资质的行业，通过互联网撬动了金融，打开了一个缺口。它既有互联网的基因，又具金融资质，还有金融审慎安全方面的能力和意识，这使支付公司在互联网金融里发挥了举足轻重的作用。P2P企业与支付公司合作可以得到保障，资金可以监管。P2P企业的商户资源不足，而支付公司有很多商户，它们需要融资，大家可以紧密合作，因为支付做的是基础性的东西。支付对于中国金融生态系统还有一个很大的价值，就是推动传统金融机构改革，这对于整个金融行业的转型升级有非常积极的意义。支付公司做到一定的体量，改变了很多传统行业，比如说机票行业，彻底被支付改变了。此外不管是余额宝也好，水电煤缴费也好，手机充值也好，游戏的点卡也好，都改变了，这对这些行业本身来说很有价值。

更大的价值是这些改变反过来倒逼中国的传统金融机构，尤其是银行进行变革。在过去的 12 年里，应该说在和支付公司的竞争和合作的博弈中，银行也在改变，中国工商银行最近就提出了一个互联网金融战略，如果没有蚂蚁金服、支付宝、易宝支付、财付通等等创新的倒逼，这些传统金融机构会这么着急吗？

从趋势看转型与创新

前面谈到，易宝支付的联合创始人余晨系统梳理了互联网的发展脉络和核心思想。现在，我们结合这些脉络和思想，谈谈"互联网+金融"的七大趋势，借此也可以使得传统金融转型、新兴互联网金融创新发现各自的逻辑与路线。

抓住长尾

长尾定律是克里斯·安德森提出来的。他观察到，在传统的卖场里，销售往往遵从二八定律，即很少量的畅销品却能带来绝大部分的销量，而大部分商品鲜有人问津。但类似亚马逊这样的网上商城出现后情况就大不一样了。从理论上讲，电子商城的展示空间是无限的，每种产品都有展示的空间，非但如此，由于搜索引擎、导航、标签、电子商务智能等工具的帮助，每种商品都有被真正对它们中意的小众人群选到的可能。这样即便单笔销量不大，但总数相加，却是一个让人叹为观止的数量，这就是长尾效应。

传统的金融机构比较偏好服务高大上的企业。道理很简单，这些企业的业务量大，而且偿还能力强，属于优质客户。但毕竟企业中 99% 是中小微企业，或者因为服务成本高，或者因为担心风险，传统金融机构往往对中小微企业的服务并不到位。而互联网金融就能把数量庞大的中小微企业和个人聚集起来，帮助他们抓住"金融长尾"，取得骄人的成绩。比如 2013 年的余额宝就是非常典型的例子。支付宝本来就有数量庞大的用户群体，是一种"短路径"的互联网产品，一旦和传统的基金公司结合，庞大的用户群体就让传统金融业务迸发出极大的力量。天弘基金也一举成为基金业备受关注的翘楚。

跨界和融合

工业时代充满阳刚之气，那个时代的气质是泾渭分明，一切皆有明确的边界。无论是当时的产品，比如汽车、飞机等，还是公司这样的组织，都可以感受到这种边界。

但互联网阴柔如水，本身就没有明确的形态。互联网在各个领域的渗透，也在模糊众多边界。今天许多流行的产品比如微信、P2P 平台等等，都是没有具体边界、形态的；甚至传统的产品，比如特斯拉这样的汽车，也不能完全用物理边界来定义。

非但如此，互联网在模糊产业、专业的领域，例如最后革了诺基亚命的并非是一个传统做手机的厂商，而是苹果——一个最早做电脑的企业，重新定义了手机这个行业。又如在通信领域，腾讯、谷歌等互联网企业正在毫不客气地吃着三大垄断通信运营商明天的午餐。

企业也是如此，内部组织架构在以用户为中心扁平化，并且边界在模糊。例如大数据的兴起，让技术和营销意外地结合，这在过去是难以想象的。在金融领域，这样的例子也不胜枚举。比如东方财富网、和讯网，这些过去只是单纯的媒体角色，但现在却转型切入销售领域。不要小看这种变化，它们有流量、有用户，而且如果大数据做得好的话，会更加理解用户，一旦通过大数据掌握了真正为行业最终埋单的人，将来也许就会成为传统金融要面对的"门口野蛮人"。

我觉得大家要有些危机感，未来你最强劲的竞争对手未必是你现在盯着看的那几个老家伙。过去，淘宝、京东是做电商的，百度是做搜索的，现在也都大张旗鼓进入了金融领域，跨界的趋势越来越明显。一个余额宝就让 2013 年的中国金融界沸沸扬扬，一个小小的微信就让三个庞大的运营商找不到北。所以，未来的跨界依然值得期待。

去中心化

凯文·凯利的《失控》一书开辟了一种全新的视野，他从进化论的角度来看技术的发展。其中精要表述之一，就是网络（或者说互联网，《失控》出版的时候互联网其实还处于蛮荒状态）的发展并不存在中心控制方式，并没有一个人，或者一个中心设计了互联网的诞生和发展，创新总在边缘发生。

前面我们论及，中国的企业数量 7 000 万家，就业人口也将近 8 亿，仅手机网民规模在 2014 年就达到 5.57 亿，超过电脑用户。围绕这些庞大的群体提供金融服务，自上而下的中心控制系统显然无法应对越来越庞大而个性化的需求，无法灵活应对市场瞬间千变万化的环境。

这个时候就要采用去中心化的方式来处理。比如易宝支付，在最近两年就"裂变"了不少易宝系公司，这些公司既相互独立，又相互协同；既要自己主导创新，对风险承担第一责任，又能彼此携手，共同为客户提供最佳的服务，我称之为"一群人的浪漫"。

这些公司肯定不可能全部成功，但是如果只有一个中心，让易宝支付来做所有的事情，那肯定不会成功。一个中心反映不了所有的市场、政策信息，也无法对所有的变化做出灵活应对。去中心化也许意味着一些节点的力量会变得薄弱而无法抗拒风险，但同时意味着能更加灵活地发现机会和创新点，更加灵活地应对市场，从而获得成长机会。对于金融市场的发展，与其采用传统的控制的观点去看，不如采用进化的观点去看。

P2P和共享

今天在互联网金融圈，P2P是一个热词，提起P2P就想到网络借贷平台，其实P2P是一种互联网精神，自互联网诞生时就存在了。比如过去我们用BT下载软件，你会发现很特别，下载的人越多，速度反而越快。这和以服务器为中心、访问的人越多速度越慢的传统是很不一样的体验。为什么呢？因为在P2P模式中，大家都共享了自己的资源，加入的人越多，共享的资源就越多，当然体验就越好。

所以P2P在互联网金融圈里成为一种代名词，这是一个非常好的现象，这是自现代银行诞生400年以来，金融史上首个脱媒的创新。过去我们是把钱存在银行，需要钱时去银行借贷，离不开银行这个中介，但P2P就绕开了银行这个中介。P2P的含义是peer to peer，即点对点，这就把很多资源个性化地共享了。比如在网络借贷中，就实现了对资金供需方风险偏好等的匹配。这是传统银行的标准化服务难以做到的。

P2P的出现曾一度被银行等传统金融机构视为洪水猛兽，这些草根平台不仅抢占了银行的信贷客户，更笼络了不少银行赖以为生的存款及理财资源。不少互联网人士认为网贷模式终将部分取代银行。由于P2P与银行存在内在的利益冲突，银行明明知道P2P市场前景大却一直行动迟缓，陷入左右互搏的困境，不久前才有部分银行开始尝试P2P。

P2P发展极其迅速，2015年预计会突破3 000家，交易规模突破5 000亿元，但良莠不齐，这是发展中的问题。P2P如何才能良性发展？关键有三点。一是必须找到根。把P2P想象为成长中的一棵树，决定树未来的不是现在的枝叶有多繁茂或漂亮，而是地下看不见的东西——树根。P2P的枝叶是网络的融资环节，主要体现在网页，而根则是如何高效地发现需要融资的项目并管理好这些项目的风险，这就需要P2P公司有独特的数据、商户等资源。二是用好互联网技术。互联网金融能超越传统金融的重要原因是互联网带来了新技术，使得发现客户变得更加高效，并能有效地管理好风险。三是自律。

大数据和个性化

大数据的应用早已经展开，并没有一些人吹得那么玄妙与遥不可及。举个简单的例子，你用站长分析工具分析你的网站，就可以清晰地看到网站每天有多少人访问，这些人都是循着什么路径来的，在你的网站上停留了多久，都看了些什么页面，最后又是从哪里离开的。

这本身对营销就很有价值了，如果更进一步做数据挖掘，就可以找到更多的机会和创新点。比如，你可以通过用户注册的资料，对比他访问的页面、浏览的新闻和知识普及页面，判别这个客户可能想要找的理财产品、对风险的偏好等等。这些数据非但可以促进销售，还可以用来协助开发产品等。

大数据在金融中的应用自不待言，前面我们谈到支付企业之所以在互联网金融处于核心地位，就是因为它们拥有丰富而真实的核心商业数据，并可以以此来做风险控制。

此外，大数据还意味着我们能给客户提供更加个性化的服务。从长远来看，在个人金融服务方面，大数据最大的用武之地是建立起个人征信体系。有了完善的个人征信体系，整个互联网金融的健康长足发展才会有坚实的基础，个人也才能更加便利地享受到金融的服务。那时候我们再消费或者融资的时候，就不用为繁杂的手续或者质押而烦恼了。

短路径和组织扁平化

金融企业做互联网和互联网企业做金融，有没有明显的区别？答案是，肯定有，而且还不少。这里只强调一下短路径，这是互联网企业和传统企业最显著的不同。

传统金融模式的不足之一就是对于用户来说路径太长。尽管不少传统金融机构也强调用户至上，提供给用户方便，比如我们可以直观感受到现在的银行营业厅越来越现代阔气，还提供糖甚至针线等，银行人员也很强调服务意识，似乎真是在为用户提供方便。但你有没有想过，尽管你做了很多努力，其实用户对金融产品的使用路径还是非常长。用户要从家里或公司到银行，需要在路上花费太多的时间，到了银行要填一堆表格，如果填错还要重新填，还要在银行有漫长的等候，许多业务还需要预约，需要层层审批，等等。

互联网产品为什么有非常强的生命力？首先在于它的使用是短路径的，网上支付，1分钟不到的时间就完成了，操作非常简便。余额宝为什么有生命力？首先就在于它的使用路径很短，用自己熟悉的账户，很快就能完成操作。你要让老百姓去理解货币基金，熟悉货币基金的一套操作流程，那路径太长、损失太多用户了。

路径要足够短，就意味着传统金融企业要对业务流程，继而对组织结构做出变革。前面我们谈到，中心化的模式已经难以适应现在金融面对的挑战了，组织结构必须扁平化、去中心化，真正的核心是用户，要以用户体验为出发点去再造组织架构。

指数级增长

现在一些传统金融机构还没有充分意识到互联网金融的生命力，它们也探讨，但其实没有现实地感受到威胁。这是可以理解的，毕竟互联网金融在整个金融体系里现在所占的比例还非常小，尚不足以和传统金融相提并论。

但是，和传统金融不太一样，有生命力的互联网产品往往不是线性增长，而是指数级增长。互联网金融也会有这个特性。这意味着什么呢？意味着这些互联网金融企业发展刚开始是比较缓慢的，但渐渐发展过了一个阈值，就会呈井喷式的高速发展态势，其增长速度让传统金融机构难以望其项背。

2014~2015 年，易宝支付在北京、深圳、杭州和成都做了 4 场 P2P 资金移动托管平台发布暨 P2P 行业研讨会，请了很多 P2P 重量级公司、P2P 行业专家、P2P 投资者等做了多方位的探讨。尽管大家在行业发展的很多问题上存在分歧，但在一个问题上却是惊人的一致：P2P 行业在未来 5~10 年会呈现高速井喷，相比现在甚至可以增长达 100 倍之多；甚至有嘉宾大胆预言，P2P 投资者有望覆盖大多数手机用户，成为一个"标配"的投资渠道。

如果是传统金融行业，要做这样的预测是会让人笑掉大牙的，但互联网金融就能做到。我的看法是，这个井喷肯定会有，只是早晚的问题。因为互联网产品的价值遵循的是梅特卡夫定律，即一个产品的价值并不只是取决于自身，更取决于有多少人在使用这个产品。比如手机、IM等都具有这个特点。在P2P中，参与的投资者和融资者越多，风险和收益偏好度匹配就越好，资金融通就越快，这是可以进入正反馈发展的。而一旦呈现正反馈的发展势头，就会出现指数级增长，其量级将让人叹为观止。

"互联网+"与中国梦

22年前，我去硅谷，见证了互联网开始走向大众的过程。这是互联网掀起的令人激动的第一波浪潮，这一波浪潮改变了我们获取信息、娱乐以及购物的方式。

今天，随着智能终端的普及、云计算和大数据等新技术不断走向成熟，互联网亦步入深水区，掀起了波澜壮阔的第二波浪潮。在这一波里，互联网从比特回归原子，开始深入改造传统商业和社会，全面改变我们的生活。

在中国，互联网正在打破多年的垄断，释放思想、经济和金融等方面的活力。正如大家已经看到的，通信的垄断正在被微信打破；权力的垄断因互联网的"透明化"而得到更有效的监督；传播的垄断已被微博等自媒体打破；庞大、封闭、低效和长期被垄断的金融领域也开始被以第三方支付为先锋的互联网金融打破。特别是互联网金融，让我们更加深刻地认识到金融行业所存在的问题和潜力到底有多大！

其实互联网就是人性。我对互联网有一种信仰，我认为它真正做到了以人为本，并以去中心化的结构和新技术融合东西方文化，把人类带进一个新的时代，实现了"人人为我，我为人人"的自由人的大联合，让每一个人在和世界紧密连接的过程中更加独立、自由和强大，让整个世界因为连接、创造和分享而更加和谐与丰富多彩。此即为我所谓的"一群人的浪漫"！

无独有偶，中华文明之根也是和谐：人与自然之间推崇天人合一，人与人之间讲究和而不同的君子之道，国与国之间讲究内圣外王之王道。互联网和中华文明之根是相通的，这就是我们的文化自信，我想这也是互联网能在中国如此蓬勃发展的深层次原因。"互联网＋"已成为国家战略，我深信，结合互联网时代先进的思想和技术，中华文明之根一定能结出硕果——实现中国梦！

唐彬

易宝支付首席执行官、联合创始人

互联网金融千人会轮值主席

"互联网＋百人会"联合发起人

第十四章 "互联网＋"与能源

> 中国、印度、日本、德国，每个国家都在争先开发智能电网和能源利用的新途径，而赢得这场竞争的国家将在全球经济中处于领先。我希望美国成为这个国家。
>
> ——奥巴马

电力系统是为电能的产生、输送、分配与应用而构建的人工系统，是人类到目前为止构建的最庞大、最复杂的系统，随着社会需求的变化、技术的进步，它处在不断发展、变化和更新之中。传统的电力系统主要包括发电设备、输配电设备、用电设备，以及保护与控制设备。这些设备通过适当的方式进行连接，组成有机整体，确保电力系统在任何时刻都能够产生数量充足的电能，以满足系统负荷的要求。

从诞生至今，电力系统已历经百年，但是发展的方向一直在于建造更大的电站、更强壮的电网，以及更高的发电效率和更低的输电损耗，传统电力系统在技术方面已经臻于极致。三峡水电项目是人类建造的最大发电站，能够完全满足一些中小国家的所有电力需求。而正在蓬勃发展的特高压电网则能够将电力从一个大陆传输到另一个大陆。但随着人类技术的不断进步，社会需求的不断演变，传统电力系统目前已经显得有点跟不上时代了。

能源电力行业处于剧变前夕

对于传统电力系统来说，最大的挑战是对于柔性的迫切需求。在发电端，随着成本的快速下降和各国相关政策的强力支持，包括风电和光伏在内的新能源装机正在全球迅速增加。这些新能源装机既包括大规模集中式发电，比如我国西北的风电基地；也包括小规模的分布式发电，比如沿海地区的屋顶光伏电站。而且，这些新能源所发电力，大部分仍将是并网应用。但是伴随着新能源规模的快速扩张，由于布局不合理、输配电设施建设滞后等原因，导致新能源发展出现了并网难、设备利用率低、能源浪费、安全事故频发等问题。

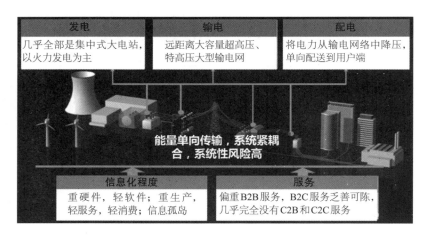

图 14–1　传统电力系统

资料来源：信达证券研究开发中心

风电的问题尤其严重，我国北方风电集中开发的地区大都遭遇较严重的弃风限电问题。据统计，2014 年上半年，全国风电场有效利用小时数仅为 976 小时，相比 2013 年同比减少约 83 小时。东北一些地区冬季弃风限电比例接近 40%，直接经济损失近百亿元。随着太阳能发电规模的上升，也出现了因无法并网而不得不"弃光"的苗头。在甘肃的一些电站，限电率甚至高达 50%，造成清洁能源的大量浪费。

中国非化石能源装机量占比　　　　　　中国非化石能源发电占比

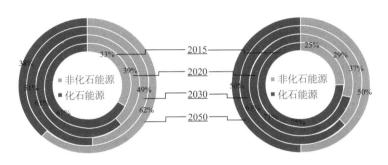

图 14-2　中国非化石能源发展规划

资料来源：中电联

有鉴于此，如何在不影响电网安全的前提下，将这些波动性很强的新能源电力尽可能多地并网，成了目前各国电力系统面对的最大挑战。与此同时，电力调节困难的火电和核电，却正在日益大型化，单体装机的规模越来越大，变得更加难以调节。而在需求端，随着电动汽车的大规模普及，电力消费的波动性也变得更加复杂。不久的将来，人类拥有的电动车将数以百万计，甚至更多。德国政府早在 2008 年 11 月就提出未来 10 年普及 100 万辆纯电动汽车和插电式混合动力汽车的计划。2014 年，仅特斯拉一家企业的电动车销量就超过 3.5 万辆，而日产聆风电动车 2015 年销量将突破 6 万辆。

根据特斯拉提供的数据，每辆特斯拉电动车平均每年行驶 15 000 英里，需要耗费 4 800 千瓦时的电力。这是个什么概念呢？2013 年，中国人均年用电量仅为 3 900 千瓦时，美国 2012 年平均每户居民耗电超过 10 800 千瓦时。因此，如果电动车大量投入使用，社会耗电量将大量增加。更糟糕的是，高度城市化导致全球人口前所未有的集中。因此，电动汽车用户一起充电将导致部分地区的电力负荷激增，严重威胁电网安全。如何满足几十万辆电动车同时充电，又不至于因为电压迅速下降导致电网崩溃，成为摆在电网企业面前棘手的难题。

正是由于以上原因，电网系统的调节空间正在从发电和用电两端被前所未有地压缩，这也对电力系统的调节和控制技术提出了更高的要求。在这样的背景下，柔性，或者也可以称为灵活性，将是决定整

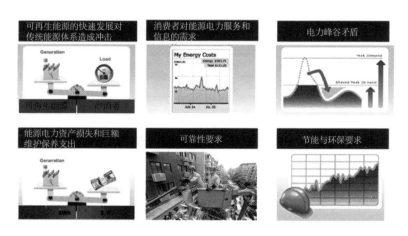

图 14—3　能源电力系统面临的六大迫切挑战

资料来源：信达证券研究开发中心

个电力系统先进与否的关键因素；而电力系统是否能够满足先进生产力的要求，将决定一个国家未来的竞争力。奥巴马一直将电力系统的先进性视作国家竞争力的重要方面，他在 2009 年就公开表示："中国、印度、日本、德国，每个国家都在争先开发智能电网和能源利用的新途径，而赢得这场竞争的国家将在全球经济中处于领先。我希望美国成为这个国家。"

目前电力行业组织形式也正在发生巨变，全球电力行业价值链上的企业和组织数目正在经历前所未有的增长。曾经横跨发电、输电、配电、售电和服务领域的一体化电力企业，因为政府监管、市场竞争、电力体制改革等诸多因素，而分拆成独立的发电、输电、配电、售电、电力服务等细分领域企业。早在 20 世纪 80 年代，英国政府就开始对电力工业进行改革。1990 年，英国政府将英国中央发电局分解为国家电网公司和 3 家发电公司；1996 年，美国联邦能源管制委员会出台法令，要求开放电力批发市场，明确要求发电厂与电网必须分离；我国也在 2002 出台电力体制改革方案，将国家电力公司拆分为两大电网公司和五大发电集团，完成"厂网分离"目标。现在中国新一轮的电力体制改革也已经推出，强调有序放开输配以外的竞争性环节电价，向社会资本有序放开配电业务和售电业务，有序放开公益性和调节性以外的发用电计划，全面放开用户侧分布式电源市场。改革后，中国电力市场将更加开放，各种类型、各种所有制的企业都将有机会参与电力市场的竞争。

虽然电力体制改革能够显著提升电力系统的效率和运营质量，但是改革也给电力系统的安全性带来了新的挑战。改革使得原有的电厂、电网之间的资产关系以及行政隶属关系都不复存在，代之以市场交易为主的经济利益关系。过去，电力系统内部的安全生产问题是"大一统"的电力企业内部自己的事情，其手段主要是贯彻法律法规和行政制约相结合；改革后，电力系统的安全问题变成了分而治之的各家电力企业共同参与的事情。电力安全管理体制和管理方式都发生了很大的变化，电网的安全问题已不是电网公司一家能解决得了的问题，相关企业设备的运行状况和安全管理状况，都将同系统的安全稳定运行息息相关。由于电力产品的瞬时性和电力事故的不可预知性，改革后多主体参与的电力系统管理难度成几何级增长。因此，如何做好不同电力企业之间的沟通和协调，实现电网安全稳定运行，如何监管横跨数个领域的众多电力企业，如何在跨多个公司的平台上进行电力调度，都是摆在监管者面前现实的难题。

同时，消费者也提出了更多样的要求。随着智能技术的发展，随时可以查询用电量、电价、碳排放量等基础数据已经成为新一代消费者的基本需求，而通过移动互联网实时控制用电器和屋顶的光伏系统也成为现实。因此，整个电力生产—消费链条将产生比过去多得多的数据。如何驱动电力公司信息技术平台和业务应用的升级改造，扩展电网对数据的传输、容纳和处理能力？如何提升电力公司在数据资源价值挖掘的整体水平，促进业务管理向着更精细、协同、敏捷、高效的方向发展？如何利用这些数据为用户和企业产生真正的价值？这些都是电力系统目前正在面临的挑战。

能源互联网应运而生

为了解决这些问题，能源互联网技术应运而生。目前对于能源互联网，不同企业和机构有着不同的定义，但相同的是，所有人都认为信息技术将在未来的电力系统中扮演核心角色，成为能源互联网实现的基础，因为只有信息技术才能实现整个能源系统内各系统和设备的互联互通。

图 14—4　能源互联网的特征

资料来源：远景能源互联网研究院

发电设备、电网设备、用电设备和用户连接到能源互联网后，可以进行实时的信息交换，从而实现对整个系统的效率优化和安全调度。基于信息技术的大规模应用，目前集中式、被动、弱信息化、单向传输、静态、封闭式的电网，将进化为去中心化、市场导向、服务导向、分布式和集中式相结合、动态、开放式的智能物联系统。电网将能够实现交互式优化，基于高度开放的信息化基础设施，企业能够开发出新的商业模式和服务应用。互联后的电力系统不仅将实现分布式发电和新能源装机的大规模安全并网，还能通过用户侧管理系统和能源路由器，帮助家庭用户、公共建筑以及中小型企业减少能源消耗，实现错峰用电，以减少电费支出。

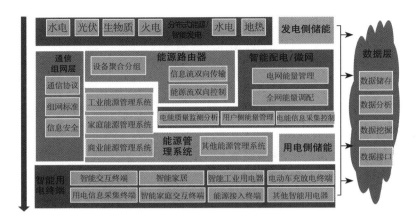

图 14-5　能源互联网架构

资料来源：信达证券研究中心

　　能源互联网包括六大板块：智能发电、智能电网、智能储能、智能用电、智能能源交易、智能管理和服务。这六个板块无法割裂，浑然一体，构成了完整的能源互联网。建立这样涵盖六大板块的能源互联网并非一蹴而就，需要有先有后。那中国的能源互联网从何开始？可以先看看能源互联网的先行者——德国是怎么干的。德国联邦经济和技术部在 2008 年发起了"E-Energy"（信息化能源）计划，通过在6 个地区试验不同的能源互联网项目，为德国最终的能源互联网建设积累经验。之后，又从 6 个项目扩展到了 11 个项目。我们来看看最初的六大项目的具体特色。

　　库克斯港 eTelligence 项目。项目区域内所有发电设备的即时输出情况和用能设备的即时能耗数据在网上一目了然。当供需情况双向透明之后，撮合能源交易和能源服务的机会就形成了。比如当风力发电能力出现剩余时，区域内某家酒店的游泳池或者冷库就会人工或者自动启动，利用剩余的风电制热或者制冷。

莱茵鲁尔地区E-DeMa项目。E-DeMa项目内，家庭在消费能源的同时，也在利用自家的微型分布式能源电站生产电力，并在社区内销售。这个项目的核心在于"智能能源路由器"，这种"路由器"既可以实现家庭用电的智能监控和需求响应，也可以反向将分布式电站所生产的电力卖给电网或者社区，能源路由器可以是光伏逆变器，也可以是家庭储能单元，还可以是家庭的智能电表。

卡尔斯鲁厄和斯图加特地区Meregio项目。该项目力图建立一个以传统的火电和燃料电池为主、基于互联网的区域型能源市场，为传统化石能源融入能源互联网提供了很好的示范。通过为区域内的用户安装智能电表，以收集用电信息和发布即时电价，并以电价波动带来的经济利益，鼓励居民错峰用电，参与削峰填谷，并以此来增加电源的利用效率，减少传统化石能源的温室气体排放。

莱茵–内卡城市圈"曼海姆示范城市"项目。该项目建立了能够融合水、电、气、热等在内的公共资源的泛能网络和分布式泛能中心，为能源互联网向电力以外的能源扩展提供了示范。居民所使用的电力、自来水、供热、燃气都来自身边最近的分布式能源中心，尽可能减少传输的损耗。

哈茨地区RegMod项目。项目核心示范内容是建立能够整合储能设施、电动汽车、可再生能源和智能家用电器的虚拟电站（VPP），是能源互联网的雏形。当可再生能源发电有富余的时候，抽水蓄能电站和电动汽车可以储存多余的电力，智能家用电器也会及时开启消费多余电力；在电力需求攀升的时候，这些储能设施可以和智能用电器一起构成虚拟电站，通过释放所存储的电力以及减少智能用电器的用电量，来满足紧张的电力消费需求。

亚琛Smart Watts项目。项目通过建立智能电力交易平台来实现所覆盖区域的分布式能源交易。消费者通过智能电表来获知实时变化的电价，根据电价高低来调整家庭用电方案和电动车充电方案。

以这六大项目为核心的E-Energy计划将促成德国整个能源价值链内更大的透明度和更激烈的竞争——从发电厂、电网运营商、服务企业一直到最终消费者。这将推动技术领域乃至整个工业领域的创新，加速能源市场自由化的进程，促成电网布局的分散化。

有四大元素几乎贯穿了德国的六大能源互联网示范项目，那就是分布式可再生能源、电动汽车、储能和智能用电终端。信息技术行业和能源产业共同开发出的跨领域设备和服务，将为未来电力网络奠定坚实的基础。用电设备拥有智能技术，从而融入能源互联网；经过改进的储能技术能够将分散的小型储能单元整合进电网；分布式发电厂不仅能够发电，还能够提供系统服务；最后，E-Energy为电动车与电网的一体化提供必要的技术。

有中国特色的能源互联网

由于中德两国情况迥然不同，德国人的能源互联网实践不可能在中国完全照搬。德国是典型的发达国家，2014年GDP增长仅为1.5%；德国还是世界人口平均年龄第二高的国家，在全世界仅次于日本，人口老龄化非常严重。因此，德国已经过了能源需求高速增长的时代，过去10年来的人口数量和能源需求一直处于萎缩中。此外，德国面积狭小，全境处于同一个时区内，东西时差只有30多分钟，因此不存在电力生产中心和消费中心不匹配的问题。

但中国的城镇化率刚刚迈过 50% 大关，经济增长速度也远高于德国。而且中国的能源发展面临一大现实矛盾和两大难题，即：能源需求的持续增长同能源电力产能结构性过剩的矛盾；能源生产消费中产生的环境污染难题，以及能源生产中心和消费中心的地理不匹配难题。中国的能源互联网发展路径必须具有中国特色，既要将现实矛盾和发展难题考虑在其中，也要面向未来、学习海外的先进经验。从可行性和必要性来说，在中国，能源互联网最先落实的应该是坚强智能电网和分布式光伏。

中国仍然处于迅速发展阶段。即使从中长期来看，保证能源供应安全，满足人民生产生活不断增长的能源和电力需求，确保国民经济迅速发展，仍是中国能源发展的第一目标。建设以特高压为核心的坚强智能电网，可以有效解决中国的能源消费和生产的地理错配问题。并且，智能化的特高压远程输电网络也可以像德国的能源互联网项目一样，大幅提高包括可再生能源在内的发电资产利用率，减少能源生产和输送过程中的污染和损耗。因此，特高压会成为将来中国能源互联网的坚强骨架。国家电网公司和南方电网公司也一直在致力于推进特高压项目。

如果说以特高压为核心的坚强智能电网是能源互联网的中国特色，那分布式光伏则是中国能源互联网建设面向未来的窗口。分布式光伏具有众多优势：首先，同集中式发电相比，分布式光伏倡导就近发电、就近并网、就近转换、就近使用的原则，不仅能够有效提高同等规模光伏电站的发电量，还有效解决了电力在升压及长途输电中的损耗问题；其次，通过在需求现场灵活满足用户对能源的不同需求，实现了能源精益化生产和消费；再次，分布式光伏电站还具备占地面积小、初始投资和后期运维成本规模较小、建设周期短、灵活智能、便于控制等优点，能够对大电网、远距离供电形成有益的互补和替代，未来发展到一定比例时，能够有力促进智能微网的发展。在德国，分布式装机占光伏总装机的比例接近 75%，是发达国家光伏发展的主流。而且，与其他清洁能源相比，光伏发电与工商业用电峰值基本匹配，因此分布式光伏相比于其他可再生能源具有更佳的经济性。

不过，真正赋予分布式光伏作为能源互联网入口优势的，还是因为在所有的能源形式中，只有分布式光伏才能够真正做到贴近用户、拥抱用户。在传统的能源电力行业中，规模经济为王，电站越大越好，项目越大，度电成本越低。但在能源互联网时代，需要考虑的却是如何化整为零，如何在不增加度电成本的前提下，将大项目拆成小项目，这样才能尽可能靠近能源消费者。在目前的技术条件下，煤电、气电、风电、水电、生物质发电、核电都无法做到百兆瓦级别的项目度电成本和千瓦级别的项目度电成本相近甚至相同，只有光伏发电能够实现这种逆规模经济，因为不管是集中式还是分布式，所有光伏电站本质上都是由一块一块光伏组件拼装组成的。因此，光伏电站尤其是分布式光伏电站，将成为能源互联网时代的最佳能源来源。

随着新一轮电改的强力启动，中国能源互联网发展的体制障碍将被扫清。未来，在电改得到有力落实的前提下，发电、售电、配电行业的竞争将前所未有的激烈，电价竞争将会出现。但以服务和消费者体验为核心优势的新型售电和配电企业将会走得更快，也能走得更远。而发电企业的核心竞争力也将不仅仅是发电资产的规模大小，更需要在提供优质低价电力的基础上，推出增值服务来吸引并黏住售电企业和用户。

电改是中国能源互联网发展的最大制度红利

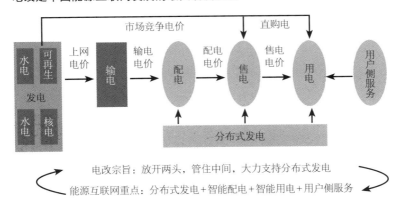

图 14—6 电改和能源互联网

资料来源：信达证券研究开发中心

这就更需要基于能源互联网的技术和商业模式来实现。通过大数据和云计算，收集并分析不同电力用户的用能和生活习惯，设计并精准提供有针对性的差异化方案，来满足不同用户的需求。并且由于电力商品的实时性、无形性、供求波动性、同质化等经济技术规律，电力行业的市场化更需要先进的信息和通信技术，来保障电能的生产、输送、使用的动态平衡，保障电力系统安全稳定运行和电力可靠供应。

根据电改未来分阶段的进展和时间安排，中国能源互联网建设也将会按照"三步走"的顺序有序落实。从目前开始是能源互联网的第一阶段，重心在于能源互联网基础设施的大规模建设和改造。包括分布式能源、储能、数据采集器、智能电表、充电桩、智能逆变器等设备和系统，这些能源设备相当于能源互联网的五官和触手，构成了能源互联网最基础的设备层。这一阶段的大规模建设将持续数年，带来万亿计的市场。

随着基础设施的基本完善，以及售电侧市场的逐步放开，预计中国将于 2017 年进入能源互联网的第二阶段——需求侧管理和服务市场。可以预见，2017 年前后，面向工商业用户的电力交易市场机制将基本建立；同时，也会有大量多背景的企业主体进入售电市场，包括发电企业、园区管理企业、大型用电企业、公用事业企业、分布式电站项目公司等。因此，售电侧的竞争也将日趋激烈。为了黏住电力用户，价格竞争难以避免；但是，单纯的价格竞争难免会让供需双方陷入零和博弈的陷阱。于是，能够提供基于能源互联网的综合性智慧用电服务的企业将会在价格竞争的泥潭中脱颖而出。此轮电改的核心目标之一，就是建立基于市场的电力电量平衡新机制。基于能源互联网的需求侧响应和管理将成为新平衡机制的重要调节工具。

第三阶段将以配电侧的智能化和竞争为主要特色。伴随着电改的深入贯彻，预计在 2020 年左右，所有增量配电和大量存量配电将向市场开放。届时，售电侧的充分市场化将带动企业间的竞争往配电侧传导。配电网络作为智能管道和管理平台的角色将得到企业重视，一大批基于能源互联网建设和改造的、以分布式发电项目为核心的智能微网将出现。同时，虚拟电厂作为分布式电站智能运维平台和需求侧响应及管理系统的高阶形式，将基于智能微网而蓬勃发展。至此，一个以分布式发电和智能用电器为核心，通过互联网广泛互联和智能管理，以综合性服务为特点，以电力消费者为核心，充分竞争和开放的能源互联系统将初步落成。

　　中国能源互联网的三个阶段并非是接力式的交替发展，而是会像三级火箭一样，三大阶段在时间上会交叉重叠、同时进行，最终将中国的能源互联网发展推向高潮。

能源互联网商业模式

　　从传统电网体系向能源互联网体系转换的过程中，将涌现出一批很有意思的新商业模式。未来，电网公司将逐渐从输配电资产的投资和运营管理企业进化为信息服务企业，很多新的服务模式将应运而生。

　　• 电网企业可以同发电企业合作，向下游电力消费者提供能源管理服务，根据其用能特征提供能源打包服务。

　　• 电网企业还可以根据大数据，甄别出优质的电力消费者，向发电企业推荐优质电力消费者，促成双方达成令人满意的售电协议。

　　• 期货交易所可以根据电网企业提供的大规模历史数据，向金融投资者和电力消费者提供丰富多元的电力期货。

　　• 电网企业将成为灾害预警中心，设备发生短路，电网将第一时间获知，及时通知用户或者消防队处理。

　　• 电网企业还能够利用大数据分析技术，对不同电力消费群体的用能习惯进行分析，制定针对不同消费群体的精细差别电价，奖励那些节能用户，惩罚那些浪费用户，而不是像现在那样，仅仅根据用电量绝对数进行一刀切的电力阶梯定价。

　　在首先提出能源互联网概念的德国，已经有一些非常有趣的能源互联网商业模式投入实践，例如 2013 年德国四大输电网公司共同推出的灵活投切负荷调峰平台。四大输电网公司每月提出总量为 1 500 兆瓦的调峰容量的招标公告，参与调峰的用电负荷每月每兆瓦能获得 2 500 欧元固定费用，然后根据主动参与调峰的实际负荷实现价格浮动，允许的竞价容量从最小 50 兆瓦到最大 200 兆瓦。这个平台主要针对直接介入高压电网的大型用电单位，比如电解铝厂、多晶硅厂、钢铁厂等，为大型用户提供一种新型的赢利方式，使得企业不仅能够发电上网挣钱，还能通过节电调峰挣钱。

试想一下，如果企业在电力供应紧张时停产，把相应的生产任务移到电价便宜时段，这个企业就可获得三重收益：既获得了主动参与调峰的补贴收益，还降低了自己的电力消费成本，另外每月每个参与调峰的兆瓦还能获得 2 500 欧元的固定收益。当然，这种商业模式的实现必须以能源互联网为基础，要求电网企业在用户侧引入智能控制系统，才能使瞬间的智能化操作成为可能。

另外，虚拟电厂这种新的业态将大规模涌现。一个虚拟发电厂可以由不同类型电源组成，如风力发电机、光伏组件、微型水电站以及微型生物质电站、电梯势能发电等小规模并且不稳定的电源。虚拟电厂运营商可以像现在的金融工程一样，利用先进的电力电子技术、通信技术和机械技术，在各种现有电源的基础上，进行不同电源、不同项目之间的组合和分解（消纳和储能），以设计出符合客户特定用能需要并具有经济性的电源组合。通过虚拟电厂工程，可以弥补不同类型可再生能源发电项目自身的不稳定性缺陷，从而使虚拟电站也可以被当成传统电站一样对待。

德国已经有多个虚拟发电厂"落成"，电厂的构成包括热电联产机组、水电站、风电场、光伏电站等电源，其实际能效和经济效益均要高于单独运行这些电源。德国电信还在向家用客户销售小型燃气锅炉发电机，这些发电机将接入互联网和电网，让它们在为家庭供暖之余，还可以共同作为一个虚拟电厂，供能源公司调用。根据美国调查公司Navigant Research 2014 年 10 月最新公布的预测，全球虚拟电厂合计容量到 2023 年将扩大至 28 吉瓦，相当于 1.3 个三峡电站，而这些发电能力将大部分由居民屋顶的光伏电站和海上的风力发电机组提供。

能源互联网与互联网思维

对于中国来说，能源互联网应用看似略显遥远，实则离我们很近，因为基础技术已经成熟，包括：需求侧管理技术、分布式发电技术、输配网级别的智能电网控制和调度技术、智能电表技术、物联网技术、大数据及云计算技术、新能源及储能、先进电力电子技术、超大型系统管理及规划技术、新能源汽车技术。

不过，技术仅仅是建设能源互联网的必要硬件。在"互联网+"时代，比硬件更重要的将是软件，能源企业的思维模式需要基于互联网实践而重构。能源互联网打破了行业中的信息不对称，极大提高了传统能源电力系统的效率，降低了成本。不过，能源互联网的价值远不止于此，更深远的影响来自思维方式的革命。这将是一种全新的思维模式，核心是以"全连接"来重构能源企业的思维模式，电力消费者和发电企业之间、发电企业和电网之间、电力消费者和电网之间，以及服务企业和消费者之间，都是全连接的。能源企业的商业模式、营销模式、研发模式、运营模式、服务模式等，都必须以互联网的时代特征为出发点进行重构。能源互联网不是简单的"能源＋互联网"，不是仅把互联网作为工具叠加在电力或者其他能源行业之上。重构能源电力企业的思维模式是最重要的，因为思维决定了行动和方向。互联网思维一旦同最保守的能源行业进行嫁接，将长出最不可思议的果实。互联网思维将从以下七大思维方式影响并改造能源电力行业，号称"互联网思维七剑下天山"。

第一剑：用户思维

用户思维是能源互联网思维的核心，一切都要围绕用户思维。其他行业早就开始以用户为中心重构企业战略，但对于能源行业来说，企业最欠缺的恰恰就是用户思维。能源行业企业早已经习惯了朝南坐，即使在竞争激烈的能源电力设备行业，以用户为中心也往往被异化成以价格为中心。真正的用户思维，要求能源电力企业在价值链各个环节中都要真正"以用户为中心"去考虑问题，必须从市场定位、产品研发、生产销售乃至售后服务整个价值链的各个环节，建立起"以用户为中心"的企业文化。不仅是理解用户，而是要深度理解用户，只有深度理解用户才能生存。能源电力企业的商业价值必须要建立在用户价值之上。举个例子，光伏电站开发企业为客户提供高质量的交钥匙电站项目已经不够，还要考虑到大部分电站业主并非专业的电站管理者，考虑到不同业主的电站使用习惯，为客户提供高质量、个性化的电站托管和运维服务，真正让客户能够放心发电、省心管理，那就算成功做到用户思维了。

第二剑：极致思维

极致思维，就是把产品、服务以及用户体验都做到极致，超越用户预期。对于能源互联网而言，极致思维重在把握用户的微小需求，并且提供超越用户预期的服务。比如在纽交所上市的Opower，这家公司通过互联网交互平台分析家庭电费账单，帮助家庭用户节省生活中不经意浪费的能源。甚至还有公司能够做到比Opower更极致，德国有一家公司是这么做的：每次你打开冰箱或者其他电器，平台就会通过移动终端立即告诉你，刚才你用了多少电，甚至还能让你知道，你比正常操作多用了或者少用了多少电，在社区里的排名如何。虽然同工商业能耗比起来，家庭节能省不了多少电，但Opower以及类似公司的极致服务的初衷很可能是吸引家庭用户购买其他增值服务。所谓极致思维的本质就是不要忽视任何一个消费者，不要忽视任何一项不起眼的需求。

第三剑：流量思维

对于互联网来说，流量意味着体量，体量意味着分量。流量即金钱，流量即入口，流量的价值不必多言。微信和微博之争、滴滴和快的的补贴大战，说到底就是为了抢流量。在互联网行业竞争中，免费往往成了获取流量的首要策略；互联网产品大多不向用户直接收费，而是用免费策略极力争取用户、锁定用户。但是，免费可以作为一种营销手段，但绝不是一种商业模式，因此免费战略的核心就是如何将流量变现。能源互联网应用流量思维可以有三种方式，首先，是基础服务免费，增值服务收费；其次，是短期服务免费，长期服务收费；最后，则是用户免费，第三方付费。国内有些能源企业已经将这三种模式应用于市场，一家中国的智能风机企业，通过免费的建站模拟服务吸引客户，再通过销售运维服务变现。一家国内光伏电站服务企业向市场免费提供较简单的光伏电站气象预报服务，但是精准的气象预报服务则需要收费。还有一家国内光伏电站运维企业，向电站客户提供免费的数据监测服务，并将数据报告出售给有电站融资和交易需求的银行、保险公司等金融机构变现。

第四剑：社会化思维

社会化商业的核心是参与，最典型的模式就是"众包"，以"蜂群思维"为核心的互联网协作模式，意味着群体创造。不同于外包，众包模式非常强调平等协作，维基百科就是典型的众包产品。与传统的集中式发电电力网络不同，能源互联网从一开始就是一个以众包定义的能源网络；在能源互联网中，每一个分布式发电项目和微网都是一个众包单元，这些单元通过协作和互补构成了一张智能强健并且绿色经济的电力网络。在这张网络的背后则是数量庞大的企业和家庭参与者，包括电站开发、电站运维、微网运营、管理平台、需求侧响应等等。不同于传统电力网络，在能源互联网中，每一个参与的个体角色都是平等的，协作将替代传统的电网调度命令。此外，在能源互联网时代，个人将首次能够参与能源系统的管理和投资，单个个体不仅能够通过互联网金融众筹建设分布式电站项目，还可以作为能源互联网的重要主体参与需求侧管理，成为电力网络最重要的末端细胞。在能源互联网时代，电力系统将先化整为零成为微型单元，再通过众包模式聚沙成塔。哪个能源互联网企业能够利用好社会化思维，将亿万个体聚合起来，哪个就能成为能源互联网时代的BAT。

第五剑：大数据思维

在互联网和大数据时代，用户所产生的庞大数据量使企业能够深入了解"每一个人"，而不是"目标人群"。这个时候的营销策略和计划就可以更精准，就可以针对个性化用户做精准营销。在能源互联网时代，信息和数据的经营是能源和电力企业的核心竞争力之一。数据挖掘和分析能力至关重要，基于大数据分析，能源电力企业可以做到对消费者的深入洞察，提供精准的服务和营销，获得科学的管理决策能力，最大化资产效能，最小化污染和温室气体排放。大数据记录了所有用电器和发电器的功率曲线，以及消费者的用能习惯，可以帮助企业有针对性地精细管理每一台用电器，做到精益用能。并且通过优化，可以实现每一个电站，甚至每一台风机和每一块组件的最大化输出，实现投资回报最大化。此外，大数据的使用也使精确的气象预测和用电需求预测成为可能。仰赖大数据预测，发电企业和电网管理企业可以精益管理和调度系统内的电源，实现资源的精益利用。其实能源互联网产生的巨量能源电力消费数据，在应用于能源之外，还有难以想象的商业价值，但需要通过其他行业的应用来变现。让我们开一个脑洞，对家庭来说，开灯往往意味着回家，关灯意味着出门，假使BAT能够通过电力数据采集器掌握每个家庭的开关灯时间，那岂不是可以非常有针对性地向用户提供出行方案和家庭娱乐方案？类似的能源电力大数据在其他领域的应用还有无数的可能性，就看谁有能力将数据变现了。

第六剑：平台思维

互联网的平台思维就是开放、共享、共赢的思维。平台模式最有可能成就产业巨头。全球最大的100家企业里，有60家企业的主要收入来自平台商业模式，包括苹果、谷歌等。平台模式的精髓，在于打造一个多主体共赢互利的生态圈。能源行业最大的平台其实是电网，但是由于电网的公共事业属性，导致电网这个超级平台的平台思维反而较弱，但这也给了其他平台以机会，比如光伏电站运维平台、智能楼宇能源管理平台等。将来能源互联网行业的竞争，一定是平台之间的竞争，甚至是生态圈之争，因为单一的平台是不具备系统性竞争力的。

不过，当传统能源企业要转型互联网，或者新的能源互联网公司创业，当不具备构建生态型平台实力的时候，那就要思考怎样利用现有的平台。并非所有公司都有能力成为能源互联网平台，而且市场空间能够容纳的平台数量也不会很多。在一个共生共赢的开放式平台中，细分领域的优秀企业照样能够获得长足发展。可惜的是，现在有一些能源电力企业，虽然在做能源互联网转型，但出于传统思维的局限，建平台是假，跑马圈地是真。一个真正的能源互联网必然不是割裂和垄断的，当你在建墙的时候，被限制的只有你自己。

第七剑：跨界思维

随着互联网和新科技的发展，物理世界与虚拟世界开始融合，行业的边界变得模糊，互联网的触角已经无孔不入。零售、图书、金融、电信、娱乐、媒体等行业早已互联网化，而制造、公用事业、环保、能源等传统行业也正在迅速被互联网融合。互联网的跨界颠覆，本质上是高效率整合低效率，包括结构效率和运营效率，对于能源行业来说也是如此。能源行业内部的跨界经营并不少见，在中国，例如协鑫这样传统的火电企业正在进化成为综合性能源供应企业，甚至转型成为能源服务和管理企业。而能源行业同其他行业的融合也将涌现，BAT这样的互联网企业会成为售电公司，华为这样的通信设备企业正在从事光伏电站运维，电动汽车企业经营微型电网业务已经成为现实，甚至电信运营商都有可能成为能源行业的重要玩家。未来类似的跨界整合会越来越多。能源电力企业如果不主动参与这个大融合的过程，那就很有可能被动地被其他行业的优势企业所整合。不仅如此，能源电力企业也不能局限于自己的圈子，有余力有理想的企业家也应该勇于跳出能源行业看世界，基于客户或者基于产品做跨界。比如，像阳光电源这样做逆变器的企业可以做电动车，像国网这样的公司也可以做虚拟电信运营商。

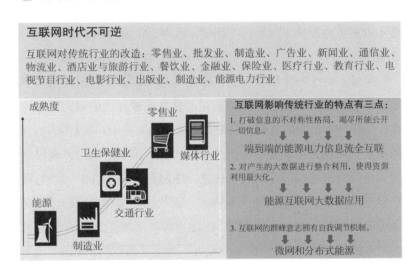

图14-7 互联网对能源行业的三大改造

资料来源：埃森哲咨询公司和信达证券研究开发中心

展望未来

观念决定一切。在很多人眼里，能源行业还是一种以脏兮兮的机器设备、污染、煤炭和石油、老国企为代表的陈旧事物，而现在突然变成了某种以软件、互联网、电动车、云计算和大数据、朝气蓬勃的创业企业为代表的摩登符号，大家是否能够接受？另外，政策层面和企业是否预见到未来能源革命的方向？是否意识到人类社会运行和生产方式正在发生巨大变化？从目前社会上的讨论看来，能源互联网观念的普及仍需一定时日。对于企业而言，每个企业都有权等待，直到它看到在自己能力范围内的产品和服务获得市场承认为止。当然，这样不可避免地要放弃市场优先地位，因为这个地位属于那些有眼光、有勇气的先行者。

但是，对于一个国家而言，等待则意味着失败，因为电力系统是工业技术的动力之源。先进的生产技术需要先进的电力系统，现在正是生产力革命的前夜，以德国为代表的工业 4.0 和以美国为代表的工业互联网正在颠覆着人类的生产方式，传统的电力系统已经无法满足以分布式制造（DM）、信息物理融合系统（CPS）、物与服务联网（IOTS）为代表的新工业技术。因此，德国和美国都已经在能源互联网方面提出自己的计划，比如德国联邦政府 2008 年开始推动的"E-Energy"能源互联网示范项目，就是以新型的 ICT 通信设备和系统为基础，在六个城市试点不同侧重的智能电网示范项目，以最先进的调控手段来应付日益增多的分布式电源与各种复杂的用户终端负荷。美国能源部和联邦政府也陆续推出了一系列政策支持能源和互联网技术的结合。幸好，中国也终于走上了自己的能源互联网之路，李克强总理在 2015 年《政府工作报告》中提出："开发利用网络化、数字化、智能化等技术，着力在一些关键领域抢占先机、取得突破……打好节能减排和环境治理攻坚战。环境污染是民生之患、民心之痛，要铁腕治理推动。推动能源生产和消费革命，大力发展风电、光伏发电、生物质能，积极发展水电，安全发展核电，控制能源消费总量，加强工业、交通、建筑等重点领域节能，积极发展循环经济。"李克强总理提出的"互联网＋"行动计划掀起了中国传统行业接受互联网改造的浪潮。摆脱了体制束缚的能源互联网，未来还可以和其他产业互联网融合对接。能源互联网甚至会成为包罗一切产业互联网的网中之网，成为中国产业互联网化最重要的动力和基础设施。不远的将来，我们就可以看到"能源互联网＋楼宇互联网"、"能源互联网＋车辆互联网"、"能源互联网＋家居互联网"、"能源互联网＋工业互联网"的"互联网＋互联网"的伟大图景！

曹寅

信达证券研究开发中心能源互联网首席研究员

中国能源互联网联盟专家委员

第十五章 "互联网+"与健康、教育

> 多数人在想到未来时，总觉得他们所熟知的世界将永远延续下去，他们难以想象自己去过一种真正不同的生活，更别说接受另一个崭新的文明……我们是旧文明的最后一代、新文明的第一代。
>
> ——阿尔文·托夫勒，《再造新文明》

移动互联网正以前所未有的广度和深度，加速驱动经济转型升级和社会发展进步，成为经济转型的新动力、人们工作生活的新方式。随着大数据、云计算、物联网等多领域技术与移动互联网的跨界融合，人与人之间的关系变得前所未有的紧密，人类生活将进入"互联网+"智慧生活新时代。

2014年这种变革在医疗与教育上体现得最为明显，互联网医疗产业投资额度不断翻新，慕课、K12在线教育（小学到高中的12年中小学在线教育）、在线外语培训、在线职业教育等细分领域规模迅速增长，"互联网+"正以迅雷不及掩耳之势推动传统产业转型升级。在"互联网+"的大时代下，产业结构与发展将直接由大众参与决定。而随着大众自主性的提升，以消费者为核心的"产业互联网"将逐渐取代以企业为核心的"消费互联网"，这一变革将为存在诸多痛点的医疗与教育产业带来巨大的机遇与挑战。个性化与互动化等创新模式的层出不穷，也为社会发展提供了无限想象空间。

"互联网＋"与健康：产业重构已经开始

250 多年前，先辈曾对传统医疗有过入木三分的描述：医生们每天诊断着大批一无所知的身体，诊治着连自己也不甚了解的疾病，开着自己也不熟悉的药。医学界的传统保守使得当年这种状况至今似乎并无实质性的改善。但医学，就要在数字化时代经历有史以来最大规模的重构与颠覆。

互联网开启智慧医疗美好图景

微软公司早在 2008 年曾用视频方式描绘过未来智慧医疗的美好图景：在健康数据记录方面，人们将通过可穿戴设备将体征变化导入私人健康数据平台；整合第三方健康应用数据，并支持医疗机构接收或传输用户数据；用户可以在移动平台中看到自己每天消耗的卡路里数、睡眠时间、跑步的公里数等。同时大数据健康管理平台将整合各种可穿戴设备中的数据，全方位检测用户身体状况，使用户在智能终端中实时查看到相关信息。在医生个性化服务方面，今后的可穿戴设备和健康 App 不仅只是起到监测血糖、血压、心率、血氧含量、体温、呼吸频率等人体健康指标的作用，更可以利用健康平台，将佩戴者的数据同步至医疗机构数据库，实现患者与医务人员、医疗机构、医疗设备之间的互动。如果用户发烧，手机 App 会立刻向你推荐符合症状的正确药品；心脏病发或晕倒，手环或手表立刻发送定位和求救信号到

图 15-1　L 先生 2020 年的一天

资料来源：中国传媒大学互联网医疗中国会

急救中心；去医院就诊前，医生提前从数据库中提取身体数据帮助诊疗……这些都将在不远的未来实现，我们的生活将彻底远离"去医院挂号、排队、诊断、拿药"等烦琐环节。

为了使这些智慧医疗场景快速实现，互联网巨头们正紧锣密鼓地搭建大健康医疗平台。最早开始探索互联网医疗的科技巨头当属微软公司，早在2007年便推出Health Vault基于网络存储的卫生健康服务平台，用户可从大约150个应用程序及200款兼容第三方设备上获得数据，还包括用药史、医疗检测等信息。

随后谷歌紧跟微软步伐，在2008年涉足电子健康市场，联合CVS药房及Withings等厂商为用户提供健康数据分享服务，让用户可以在其健康平台建立个人数据，更方便地获得健康服务。但遗憾的是，它没有集成主流的医疗服务及保险机构，并且没有谷歌眼镜（Google Glass）这样强大的硬件配合，所以最终于2011年结束了Google Health服务。然而谷歌并没有就此放弃在医疗领域的尝试，在2014年10月底，谷歌发布了全新安卓应用服务平台Google Fit，它可以与移动设备兼容，追踪用户的运动，包括走路、跑步和骑车等数据。

当然，作为前沿科技的代表，苹果自然不会错过这个机遇。在2014年6月的苹果全球开发大会上，苹果正式推出了移动健康应用平台Health Kit；其功能与Google Fit相像，用户可以在苹果Health应用中同步各种生理数据，比如行走步数、体重、睡眠时间、血压、血糖，同时用户也将得到有关自身健康和运动状况的反馈指导信息。此外，苹果还宣布开放医疗调查接口Health Kit，这将是一个专注于专业医疗信息的医疗项目，目前的合作伙伴包括美国罗切斯特大学、麻省总医院、斯坦福和牛津大学医学院，苹果甚至联合了包括首都医科大学宣武医院在内的多家海内外医院一起进行数据的收集、处理和诊疗工作。

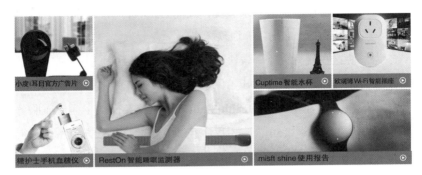

图 15-2　智能设备守护健康

资料来源：百度未来商店

不仅微软、谷歌和苹果在移动智能医疗领域有所尝试，在国内，拥有大数据和云计算技术优势的百度率先推动了一项全民远程医疗项目，通过利用云计算远程服务技术和较为成熟的智能医疗外部设备，组成一个联系全民的远程医疗数据通道，同时与北京市政府联合搭建北京健康云平台，共同整合上游的智能医疗设备商和下游的远程医疗服务商，借助互联网帮助老百姓实现"大病化小"、"小病化了"及"治未病"的目的。

在未来，百度将帮助北京市组成全民健康医疗档案。这个档案将以动态形式获取所有接入用户的健康数据，同时与医疗体系中的个人档案结合，当人们再去医院看病时，医生便可以很轻松地知道你的健康状况和既往病史，有助于医生及时准确地诊断。更重要的是，北京健康云的建立将帮助百姓实现多样化的个性医疗需求，根据人们不同的健康需求，对应使用不同的感知设备，得到的数据上传到云端后，将由专业医生给出相应指导建议，获取个性化健康数据，建立有对应的服务模型，从而指导和治疗相应的疾病和身体问题。

　　智慧医疗的另一个重要应用方向是养老。根据国务院办公厅2011年12月27日印发的《社会养老服务体系建设规划（2011–2015年）》指出，目前，中国是世界上唯一一个老年人口超过1亿的国家，且正在以每年3%以上的速度快速增长，是同期人口增速的五倍多。中国城乡失能和半失能老年人约3 300万，占老年人口总数的19%。人口老龄化现象日趋严重，不仅为政府带来了严重的财政负担，也使子女面临工作及生活双重压力。互联网医疗的到来，将有效解决这两大难题，一方面远程医疗服务系统解决了基层养老的医疗服务问题，提升医疗水平，大大降低医疗成本；另一方面智能可穿戴设备的实时监控，不仅可以预防及控制疾病发生发展，更为照护老人而力不从心的子女提供了监测与沟通工具。

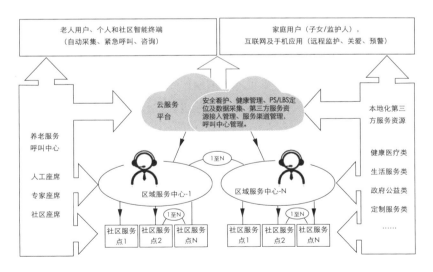

图15–3　智慧养老服务模式示意图

资料来源：武汉侨亚百老汇信息技术有限公司官网

智慧养老的一个终极目标是实现老人足不出户即可居家安养的状态。目前"互联网+"养老主要包括三种典型的服务模式。1）以在线咨询为主的远程医疗服务体系。实现远程咨询、远程会诊、远程监护以及远程手术等医疗操作。在线远程医疗的重要应用场景即基层卫生医疗机构和养老社区，依托大医院的医疗资源，打破地域的限制，实现随时问诊，及时处理突发情况，解决老年人不便远走等问题。2）养老O2O服务模式。借助远程医疗软件系统，并与社区健康小屋相结合，打造智慧养老服务平台，实现线上线下双层服务体系，同时提供治疗转诊、医疗协助、居民健康管理、家庭医生等核心服务内容。智慧社区的老人可通过电子终端设备，在遇到紧急情况时按下紧急按钮，社区服务人员和老人亲属就会立即收到通知，提供紧急帮助。O2O服务模式也可实现上门理疗服务、健康小屋慢病管理服务，从而解决老年人不会使用智能设备、无法按时进行健康管理等难题。3）智能可穿戴设备远程监测服务体系。目前针对老年人的可穿戴产品包括智能手表、血压计、血糖仪、老年人摔倒报警等产品。通过智能手机App，老人能够跟踪和观察到自己血压的连续变化曲线，从而能够更好地判断自身的健康变化情况。更重要的是，上传到云端的数据可以被子女或者亲人实时看到，子女能够真正每天看到父母的血压和变化情况，能够及时提醒父母测量血压、服药等等，极大程度上避免了以前由于没办法及时得知父母真实的健康状况而后悔莫及的情况，真正增强了亲情互动。智慧养老模式的出现，将实现区域医疗的信息化，未来通过可穿戴设备采集的老年人体征大数据更有助于完善医疗大数据，推动精准医疗及个性化医疗的快速发展。

互联网改善就医体验

"挂号排队时间长、看病等待时间长、取药排队时间长及医生问诊时间短"这"三长一短"的就医体验一直饱受社会诟病。而针对"排队时间长"这一"顽疾"，互联网的全面介入，为传统医疗行业提供了良好的"诊疗方案"，"根治"这一"顽疾"将指日可待。

互联网通过渗透就医各环节，试图改善患者就医全流程的体验。在预约挂号环节，一方面患者通过互联网可以随时随地进行挂号，并预估时间前往医院，大大节约患者时间；另一方面医院根据不同科室的预约情况甚至不同季节的患者需求，提前调配医生，进一步减少患者候诊时间，大幅改善医疗秩序，缓解医院的拥挤。在候诊环节，科室导航服务方便患者快速找到相应的科室。在缴费环节，网络支付免去到窗口排队缴费的麻烦，同时添加医保实时结算功能。在查取检验报告环节，患者可直接在手机上查看报告，不需要再到医院打印提取。在院外康复环节，患者通过在线问诊或者远程医疗设置与医生及时沟通病情；针对异常情况，及时采取应对措施。

目前，BAT巨头正试图全面介入就医流程全环节。阿里巴巴通过支付宝用户量及功能优势，着重发力在医疗挂号、候诊、问诊、支付及取药、取报告等环节，实现"未来医院计划"；腾讯以微信为核心搭建智慧医疗管理平台，通过投资丁香园与挂号网，获取医生资源及患者入口，同时借助微信完成线上预约到线下就诊的医疗O2O健康管理平台。

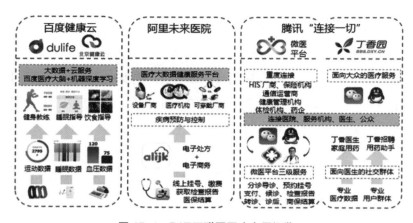

图15-4 BAT互联网医疗布局概览

资料来源：中国传媒大学互联网医疗中国会

与传统就医体验相比，互联网的全面介入使医院的就医过程更加便捷，一方面患者通过智能移动端即可完成全流程服务，减少患者排队就诊时间，另一方面医生可在线协调就诊时间，提高医院服务效率，提升患者满意度，使患者的就医体验更加完善。

"互联网＋医疗"样本：金蝶移动互联网医院

随着移动互联网、大数据的发展及其与创新2.0的互动与演进，推动医院的移动互联网转型成为必然趋势，而"互联网＋医疗产业"可以依靠互联网实现智慧医疗。

要想突破现状，医院需要从技术、管理、服务等三个方面转型，目前最为迫切的是服务转型。其根本是改善患者就医体验，提升就诊的便利性，改善医患沟通，提升医院信息可及性。

移动互联网医院是借助移动互联网、云计算、大数据、物联网等新兴技术融合创新，推动医院的移动互联网转型，使医院突破物理围墙与患者连接，随时随地提供以患者为中心的服务，使医疗服务更加智能，提供极致的患者就医体验。

"移动互联网医院"由金蝶医疗在 2014 年 4 月首倡。以构建平台为目标，通过利用移动互联网的连接特性，个性化制订"移动互联网医院"解决方案，目的就是"连接用户、连接信息、连接服务"，有效地整合线上、线下资源，促使业务更加移动化，帮助医院提高服务效率，让医院实现人民群众便捷就医、安全就医、有效就医、明白就医。

金蝶医疗移动互联网医院解决方案包括针对患者的移动服务平台；面向医生、护士、管理者提供医院移动工作平台；面向产业链上下游（药品供应商、设备供应商等）的移动供应链电子商务平台及下一代数字化医院平台。

截至 2015 年 7 月，金蝶医疗已经与 150 多家医院成功合作，突破 64 万患者粉丝，交易量达到 146 万次，交易金额突破 6400 万元，得到患者信赖与医院认可，并取得了明显的应用成果。

改善就医体验，便民惠民：患者不再受到时空限制，并可以在任何地方预约挂号、缴费、查看检验报告，随时随地享受医院医疗服务，便民惠民；医生与患者连通，医患真情互动，极大改善就医体验。

优化管理，提升效率：通过错峰就诊，以时间换空间，大大地提升了医院空间资源利用效率；通过移动互联网连接患者，为患者提供医疗咨询、院后随访等增值服务，增加医院的收入；通过费用的移动支付来进行金融创新。由此，患者在院逗留时间缩减一半，而移动支付占门诊量 30%。

凭借全国首创的"移动互联网医院"解决方案，金蝶医疗荣获"2014中国健康产业互联网创新价值TOP10"第一名；在2014亚太信息通讯科技大奖赛（APICTA）上，荣获健康保健领域"优秀创新项目"大奖。后者也是目前为止中国医疗信息化解决方案在国际舞台上所获得的最高奖项。

跨时空配置优质医疗资源

传统医疗服务模式多为"四面墙加一张检查台"，一般需要患者亲自前往医院。而我国医疗基础设施不健全，医疗资源配置不合理并且医疗资源匮乏，导致患者预约挂号难、医院拥挤不堪、医疗效率低下、医疗服务质量低等问题。在线问诊及远程医疗服务的提升，将使政府无须重新建造医院以及诊所，通过"虚拟化"的医疗体制和系统，将医疗服务惠及更多国民，并且远程监控、管理患者的信息。

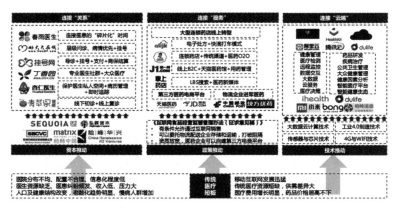

图15-5　"虚拟化"医疗服务系统连接健康

资料来源：中国传媒大学互联网医疗中国会

　　在线问诊与远程医疗借助互联网实现有限医疗资源的跨时空配置，提高患者、医疗服务机构和医生彼此之间的沟通能力，突破传统的现场服务模式，缓解医疗资源匮乏的现状。从患者角度，一方面突破地理位置的局限，只需通过互联网就可享受跨区域的优质医疗服务；另一方面打破时间的限制，可以随时向医生进行健康咨询，从而获得更便捷、快速的医疗服务。从医生角度，首先，提高医疗服务质量，远程设置通过持续地实施医疗监控，实时传输有关数据给医护人员，加快医疗干预患者治疗的速度；其次，节约医生时间，医生无须被动地发现患者的问题，通过监控器实时识别可能恶化的病情，并第一时间关注；第三，将医生从体制内解放出来，通过互联网合理利用其碎片化时间，为患者提供健康咨询服务，增加合法收入。

　　当前，以在线问答、电子邮件、文字及图片等交流方式，被称为"轻问诊"模式。病人通过描述症状、提出疑问，同时附加图片或检查报告文档等，让医生了解病人基本情况从而提供基础性的诊断意见和健康建议。"春雨医生"是国内"轻问诊"模式启动较早的在线问诊企业，其建立的"私人医生干预指导下的服务电商"模式主要是以"私人医生"服务为基础，服务内容包含"在线咨询、电子健康档案、社区"等基于互联网产品的"轻问诊"服务，也包括健康产品和药品等物理产品的电商服务，患者不但能够获得远程健康指导建议，还可以足不出户地享受咨询及药品购买一体化服务，大幅度降低了患者获取信息及购买药物的时间成本。

　　和"春雨医生"相比，"温暖医生"的不同在于让患者看到医生。"温暖医生"是中国首家视频医疗健康咨询服务平台，能够为患者提供三甲医院医生在线视频咨询服务，这一服务的起因在于创始人冯良会认为："中国人的就医体验非常糟糕，大多数的医生非常冷漠，而医生则觉得自己工作时间长、太辛苦。'温暖医生'希望能解决这个问题。""温暖医生"的服务特点是：第一，让用户通过视频获得医生的问诊服务，建立病患和医生之间的信任；第二，为用户提供足够长的诊疗交流服务，让用户跨地域获得良好的医疗服务。

尽管对于很多类型的疾病诊断、治疗、后续治疗等服务项目，患者仍需要与医疗服务机构（医院等）专业人员面对面地交流，但这种"见面"将越来越多地发生在远程和移动背景下，在未来更多将通过"网络医院"、"网上医生诊所"等形式在线即可解决患者问题，这种跨时空的优质医疗资源的配置将极大地改善医疗服务效率，提高医疗服务质量，提升就医体验。

医药电商重构购药方式

传统医疗行业购药环节存在诸多问题与不便：首先，处方用药不透明，医院在用药上有着绝对的垄断，导致医生与患者之间的信息存在严重的不对称问题，并且医院和医生的处方长期以来都处于无监控状态下；其次，传统医疗的购药方式多为医院看病购药以及实体零售药店购药，存在取药时间长、路程时间长等问题。

传统医药的互联网化主要体现在医药电商模式，通过去流通化的方式节省购买的时间成本，让患者更加方便、快捷、便宜地购买并获取药品，医药电商的运营方式以B2C和O2O两种方式为主。B2C模式使用户获得更加方便的购药体验，通过互联网药店或者第三方医药平台，可快速查询药品信息，进行比价，咨询药物信息，查看是否支持医保报销，使用户足不出户就能完成下单，并在 1~2 天内收到药品，对于不急用的日常药能省去前往医院、药店的时间。对于购药，一些用户具有时间诉求，即希望能够在较短的时间获取需求的药品，基于此的 O2O 模式目前正快速发展，通过实体零售药店的快速物流配送，力图在 1 个小时内完成药品的配送，为用户带来更加快捷的购药体验。同时线上药品通过缩减中间流通环节，相对于线下药品价格会有较大的优惠，让用户买到更加便宜的药品。

在开拓基于 O2O 的医药健康类互联网产品中，仁和集团作为集药品、保健品研发、生产、销售于一体的现代医药企业集团，率先迈出产业布局新步伐，集团股东出资成立独立运作的叮当快药（北京）科技有限公司。叮当快药是协助药店提供便民服务的第三方信息展示平台，消费者只需通过该 App 下单，执业药师将提供安全的用药指导，同时合作药店的专业配送人员，在 28 分钟内免费送药上门，随时方便购药，积极实现"家庭药箱"的概念。除此之外，"叮当快药"深化整合产业资源布局，联合 200 家知名药企及多家知名药店共同打造了"FSC（factory service customer，意为工厂服务消费者）健康服务工程"，一方面从产业链上游降低药品成本，从而降低药品价格；另一方面在产业链下游充分服务消费者，成为首家真正进入核心用药环节并打通上下游产业链的 O2O 医药企业，进一步保障药品品质和服务。未来，"叮当快药"将通过大数据分析，提供更多个性化的服务内容，实现智能设备实时监测、健康大数据管理、远程医疗服务、家庭医护、送药上门、健康管理个性化解决方案等，对消费者的健康进行实时管理，打造"大健康"4S［整理（seiri）、调整（seiton）、清洁（seiketsu）、素养（shitsuke）］服务体系。

随着网售处方药政策的放开，医药分离的状况愈加明晰，互联网医疗销售的药品种类将迎来大幅增长，医药电商的购药方式也将加速重构传统的购药方式，并更加深刻地影响着用户的购药习惯，为用户带去更加舒适的体验；同时也随着医保政策的逐步放开，"处方药＋电子处方＋医保在线支付"，也将成为未来医药电商平台销售新模式。

基因大数据催生个性化医疗

随着移动互联网相关技术在医疗领域的大力驱动，医疗健康管理正向个性化、移动化及数据化方向发展。《经济学人》曾经这样描述人类未来的生活："在未来，任何东西、任何人，无论是机器、装置、日常用品，甚至人类，都将变为传感器，收集与传递真实世界中的信息。"事实上，地球上每个有生命的和无生命的物体都能产生信息数据，这些数据的增长给医疗诊断精准性的提高提供了巨大的可能性，这些数据不但可以帮助揭示疾病尤其是癌症的复杂性，更重要的是帮助患者找到不同药物及治疗的解决方案。而在众多临床数据、遗传图谱和组织形态的大数据中，基因大数据的检测、分析与对比，正成为解决临床实际问题的新手段。

根据基因检测结果，医生就可在药品选择、剂量控制及联合用药等方面提出适合每个患者的个性化用药方案，从而提高药物疗效和降低药物毒副作用。比如在治疗炎症性肠病和儿童白血病的过程中会用到巯基嘌呤，不同基因型的患者在应用该药物时的疗效和毒性都不同，基因检测可帮助医生为个别患者定制剂量，增加药品使用的安全性和有效性。美国已完成了多个遗传药理学基因检测，这可以帮助医生设计儿童白血病、乳腺癌、心脏病、哮喘和抑郁症等疾病的最佳治疗方案，并且多家医院已经开始在抗肿瘤药物领域尝试基于基因检测结果的个性化药物治疗方案。

目前在美英等发达国家，基因检测已经成为新兴的主导产业。在英国，保险业务员在销售人寿保险时，必须要看被保险人的基因图谱。美国在 2000 年基因检测的收入已经超过 70 亿美元；2007 年达到了250 亿美元，年均增长率达到 20%。目前在美国，每年进行基因检测的有 700 多万人次，占人口的比例为 1.6%，而这些检测也使得美国女性乳腺癌发病率降低了 70%，直肠癌发病率降低了 90%。

如今我国已经在一些经济发达城市或地区开设了基因检测服务。据统计，2012 年，我国约 20% 的人已经认识到基因检测的重要性，基因检测正引导着预测医学的发展，并应用于疾病预防、基因诊断、个性化治疗等各个方面，从根本上改变着医疗产业的形态，也将改变整个健康产业的形态。目前华大基因已针对唐氏综合征、地中海贫血、新生儿遗传代谢病、白血病、宫颈癌、乙肝等多种疾病开发了世界领先的基因检测技术。

未来，互联网在医疗行业的重构与发展，将推动医疗大数据的产生，而医疗大数据的发展将帮助人们将疾病治疗转向疾病预防，实现个人医疗管理的重心前移。同时，基因大数据也可促进医疗个性化粒度细化，通过数据挖掘完成个性化医疗匹配，从而提升用药和治疗效果，为人类健康创造更大价值。而最终患者将主动参与到医疗全过程的诊断与治疗之中，实现互动与共享的个性化医疗解决方案。

"互联网＋"与教育：知识学习生活化

互联网与教育的融合并非一个完全新兴的互联网产业。早在数年前，新东方等大型培训机构已将教育业务搬到线上。事实上，这种在线教育的模式由于其核心价值在于知识的线上共享，本身就与人们对互联网的应用方式保持了高度一致。因此，早期的在线教育正是在这一理解的基础上，通过把线下教育的资源进行整合，以资料的形式放到线上，实现了教育资源的共享。

但是在线教育在相当长的时间里都属于探索阶段，没有形成自己独立的应用价值体系，而仅仅作为线下教育的一个辅助工具，多以在线题库、线下授课视频重播等形式提高学习便捷性，未有彻底变革。近年来，随着移动互联网相关技术的快速发展，互联网教育不再是简单地将线下教育课程模式复制粘贴至线上，呈现出多形态的创新，不仅仅局限于依赖线下教育的一个资源分享平台，更改变着传统教育以教学权威为核心的教育模式，进入了由用户原创内容、自主学习、互动游戏等新的教育模式当中。

实现知识学习的生活化

中国在线教育的发展所要面对的问题在于主流应试教育。应试教育的强势地位使得在线教育始终难以渗透到中国教育的核心区域，在线教育一直被视为应试教育的补充。在线教育所占据的是业余的时间，这使得这一产业一直处于主流教育的边缘位置。但随着互联网本身的发展，在线教育逐渐不需要依赖于线下教育的资源，而是开始形成一套互联网思维的独立教育思路。如果说过去的在线教育仍然在模仿线下教育的统一规范性和标准化模式，那么近来的在线教育以可移动设备为载体，实现了知识学习的生活化。

所谓学习的生活化，就是在生活中学习，在用户产生学习主动性的任何时间点都能够伸手即得。这种学习就不再是一种被排除在生活时间之外的额外学习，而成为日常生活的有机组成部分。新互联网时代的在线教育，用户所共享的除了具体的教学资源，还有学习框架、数据库、个性化服务甚至用户交流，由此，在线教育实际上形成一种更具创造性和生动性的教学模式。而在用户一端，又是完全个性化的，以用户的学习主动性为直接推动。因此，新的在线教育思维，一方面是知识的日常时间覆盖面大幅提高，另一方面是个性化服务与教学资料两者高度融合。这使得在线教育成为一个更加独立于线下教育，具有自身优势和产业逻辑、独特营利模式的新领域。

2014年，K12在线教育题库掀起产品风潮，手机"扫题"、社交类家庭作业问答平台等移动端App带来了学习生活化的新热潮，魔方格、爱考拉、作业帮、学霸君、求解答等产品层出不穷。学生可以将题目通过手机直接拍照提问，让学霸回答，产品可根据学霸回答和采纳数量，评选乐帮达人或采纳之星。快乐学继推出扫题产品之后，在2014年11月上线教、学、管一体的数学平台，学生在系统上做题，通过大数据来搜集学生的学习习惯和状态，及时指出学生易错题目，建立错题库来确定老师的教学重点，让老师的教学和学生的学习更有效率，这种通过日常在线答题及时积累与修正个人知识结构的方式，成为在线教育独立于线下教育的新模式。

传统教育产业转型法宝：O2O 闭环

时下呈现出的传统教育与在线教育的对抗，实际上并非是传统与新兴的对抗，而是双方都在摸索一个共同的新模式，并争夺主动权。传统教育机构，如新东方、环球雅思等，依托原有的资本与资源，在新的竞争中仍然具有优势。但是这些机构也存在一个如何整合线下线上资源，使得两方面既能互相配合、又不互相制约的问题。如何摆脱旧有的品牌印象，以及如何彻底地确立进入公众教育的新思维，是传统企业的一个潜在难点。而与此同时，如腾讯、阿里等网络企业，虽然没有深厚的教育行业积淀，但是凭借其互联网技术上的优势，以及对用户体验积累的丰富经验，它们能够迅速进入一种"浸染式"教学模式，占领新兴用户市场。

在传统教育行业里，新东方一直备受关注。尽管早在 2000 年的时候新东方就已上线在线 Koolearn，线上内容包含留学考试、学历考试、职业教育、英语充电、多种语言、中学教育等 6 大类，但新东方集团的重心仍以线下学校为主。2014 年，YY 语音旗下教育平台 100 教育上线之后挖走上千名新东方名师。面对名师资源的严重流失，新东方在 2014 年与百视通合作推出"新东方 TV 学堂"，由新东方名师主讲的中学全科教学内容将可以直接点播；并且在百视通的互联网智能电视机顶盒中，推出新东方原创少儿教育产品等作为探索 O2O 的新尝试。

作为老牌在线教育机构的沪江网也面临移动互联网的冲击。尽管其线上"主场"已经做得相当完善，但为提高用户使用黏性，不得不转战至线下教育这个"客场"，并在 2014 年 7 月份成立在线教育体验店，正式对外开放。体验店为用户提供包括外语、职场技能、兴趣学习、K12 等海量优质网校课程体验以及开心词场、沪江听力酷等各类掌上学习 App 体验，还将不定期举办与学习相关的各类线下活动。不管是做传统教育的机构，还是原本就是做在线教育的平台，布局 O2O 做到线上线下的闭环已成为其重要的转型法宝。

然而转型探索之路并不好走。根据中国经济网与移动学习资讯网联合推出的《在线教育前景与热点分析报告》显示，O2O 被视为最被看好的商业形式，但目前国内还没有一个真正适合当前教育培训行业的 O2O 模式，所以对 O2O 的探索也大多停留在理论阶段。沪江网在 2015 年 3 月推出"蚂蚁计划"，做出了新的尝试，他们邀请创业者共建互联网教育产业圈，并推出"零租金"入驻孵化器模式，以资本孵化的创新方式深度完善互联网教育产业链，是"互联网+"的一种尝试，也为在线教育 O2O 模式的发展带来新的期待。

学习这件事让用户做主

2014 年被称为在线教育"元年"。据有关机构预测，2015 年在线教育的规模将达到 1 700 亿元，2017 年规模将接近现在的 3 倍。值得一提的是，在该新兴产业布局伊始，就出现了明确的领域分类，比如 K12 教育、高等教育、职业教育等，这种迅速的针对性垂直分类可以被看作传统教育机构与传统网络企业双方融合互赢的结果。其中高等教育占比最大，占据了将近一半的市场份额（见下图）。

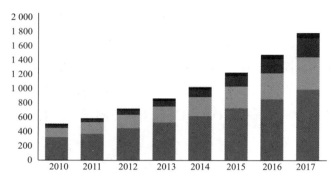

	2010	2011	2012	2013	2014	2015	2016	2017
■ 学前在线教育	0.8	1.0	1.3	1.8	2.2	2.9	3.8	4.9
■ 企业 E-Leaming	12.4	17.0	22.9	27.5	4.6	45.0	55.8	69.0
■ 中小学在线教育	31.0	41.1	56.6	76.5	102.3	138.0	191.3	265.4
■ 职业在线教育	128.7	151.9	183.6	217.6	257.0	300.1	355.6	428.7
■ 高等学历在线教育	318.1	364.0	436.1	16.4	601.9	705.7	830.7	965.9

注：2015、2016、2017 年为预测值。

图 15-6 2010~2017 年中国在线教育市场规模结构

资料来源：iResearch，《2014 年中国在线教育行业发展报告》简版

可见，在线教育的新思路，并非以往依赖于应试教育而作为线下教育的补充，它很大程度上依赖的是用户对教育的主观渴求。因此，在线教育的个性化服务，也并非是一种技术发明，而是来自用户对教育目标的个性化追求。其重要性在于，在线教育是对民众教育公平渴望的一种技术回应；而这种公平，在现有的教育体系下，主要由提供自由公开报考资格的教育种类提供，这也就决定了高等教育和职业教育的份额在一定时期内仍将大大多于 K12 教育。而这种公平、公开和自由的知识获取模式，就连带着提出了知识获取"生活化"的需求。在线教育主要依赖的仍然是用户获取知识的自主性，如何服务于用户的自主性而非仅仅制定具有计划性的学习程序，这是在线教育需要思考的重要问题。

为解决在线教育枯燥乏味的计划性学习方式，我国在线教育正在探索集"个性化、娱乐化、社交化"为一体的创新模式，通过"翻转课堂"颠覆传统产业。YY100教育率先开拓以社区化与粉丝化模式为主的C2C在线学习方式，通过在线教育平台将爱好相同的人群集聚成一个社区进行互动交流，以学生为中心的自管理方式自主选择所学课程及相应语音教室，这种用户生成内容的方式满足了90后追求个性与自我，找寻有共同语言与共同爱好的人相互学习的需求，大大增强了学生获取知识的积极性。在2015年YY100将战略布局个性化智能学习系统，其最大的创新在于从网络直播的单一上课方式发展为翻转课堂的模式，结合直播、录播、在线练习、在线作业评改、在线分组答疑等授课手段，让学生通过网络先自主学习，教师作为辅助角色帮助学生攻克学习难点，实现真正个性化学习效果。

图 15-7　中国在线教育产业链地图

资料来源：iResearch，《2014年中国在线教育行业发展报告》简版

慕课的新使命

随着教育改革的不断深入，互联网教育的前景必将愈加光明。但是机遇与挑战是并存的，互联网教育所经受的挑战仍然将继续来自传统教育，因为教育的评估体系在可见的未来仍然不会发生质的改变。然而美国慕课的成功实际上不仅仅是教育服务提供上的成功，一定程度上使得公开课模式成为"美国梦"在社会公共教育中的一种体现。

美国慕课涵盖了每一个教学环节，是一个相对完整的教育过程，拥有课前讲义、课堂提问、随堂测验、课后作业与交流、期终考试和结业证书，学生可以通过提问，得到相应的反馈与评价等信息；同时充分利用自身平台、教师、学习者和学习资源的优势进行交互，教师与学习者之间的互动主要包括学生对老师的测试、作业等要求的回应，老师对学生疑问的解答等；学生甚至可以按自己的进度选择性接收学习内容，形成了最初的"翻转课堂"体系。然而中美两国在慕课的授课内容与方式上均存在较大差异，美国慕课课程已形成团队化运作方式满足学生的学习需求，而中国单向性和缺乏互动性等特征仍亟待转变。

互联网和教育之所以能够联姻，一方面是由于技术上的亲和性，而另一方面是由于两者都是面向新事物、面向未来的领域。以K12教育为例，由于K12教育仍然直面传统的教学评估体系和标准，因此针对K12教育的网络服务仍然处于"寓教于乐"的思维模式当中，即它不可能完全改变K12教育基于传统评估体系和应试教育的封闭性，与线下的补习班相比无法体现出差异性和绝对优势。因此，K12教育的直接对象究竟应该是学生、学生家长还是学校教师，这仍然是一个需要讨论的问题。而在自主性较高的高等教育领域，互联网教育则应该采取一个更为积极的态度，即不仅仅是提供在线教育服务，而是应以互联网的前沿模式树立一种新的公共教育精神。如何通过互联网将教育塑造成一种新的时代风尚，一种显性的"互联网教育文化"，以及推动创新意识、创新能力、创新合作的发展，这是互联网教育能否长期发展的重点问题。

李未柠

中国传媒大学互联网信息研究院副院长

艾利艾咨询总裁

中国传媒大学互联网医疗中国会秘书长

第十六章 "互联网+"与智慧生活

> 全球已经步入移动互联网连接一切的时代。移动互联网就像电一样，正给经济社会发展带来翻天覆地的变化。人们不约而同地看到了移动互联网在提供公共服务、惠及民生方面的潜力：中国有全球最多的网民、最多的手机用户，6.5亿网民中，有5.6亿是手机用户，移动互联网渗透率远高于全球平均水平。这使得中国具备了得天独厚的基础，可以率先利用移动互联网把"人与公共服务"全面连接起来，实现智慧民生。
>
> ——马化腾

每一个个体都是"互联网+"不可分割的一部分，都是连接一切的重要组成元素。"互联网+"改变人类生活，让我们感受越来越深刻。我们越来越生活在一个连接的世界、一个充满智能的世界、一个洋溢着智慧气息的世界、一个散发人性光辉的世界。我们分析、前瞻"互联网+"所带来的变化，永远都不可能少了"人"，而且他们才是核心。不是基于"人"，没有对"人性"的洞察，"互联网+"就会坍塌。

互联网深度渗透社会生产、生活，引领着产业的变革和跨界融合。把硬件、传感器与软件和用户界面整合到一个设备中，它预示着世界正一步步滑向万物互联：硬件、软件和移动终端之间的界限不再清晰。本章选取智能家居产业生态进行解剖，窥一斑而见全豹。

让自己连连看

"连连看"是一款受众颇多的小游戏，而"互联网＋"则更像一个颇有卖相的连环游戏，裹挟越来越多的人、物永不下线，深度沉浸，还和用户一起创造场景，设计剧情，让他们每一个人都化身刘慈欣，成为想象力架构师，或者自主担纲产品经理、UI（用户界面）设计师，自主决定进度与走向。

我连故我在

《阿凡达》中哈利路亚山上的灵魂树是纳威族人的图腾，大家的连接器都可以与之相连，也可以互连，那个美轮美奂的和谐世界实在令人神往。

连接改变结构，连接强化开放，连接促进跨界，连接推动智能。反过来，岂不也是一样？

比如，"奇点"大概是在讲一个人工智能与人的智能、群体智能连接的故事；"穿越"自然不都是那些不足为训的搞笑剧，像电影《时间机器》里的时光隧道以及《星际穿越》表现的多重维度、虫洞、黑洞，则可能打开另外一种连接的可能。

如前文所述，从连接的层次看，可以概括为三种：连接、交互、关系。三层次的连接方式、连接内容与连接质量都不相同。最后一层，沉淀下信任性关系是连接的归宿。

用户卷入决策了，产销融合了，圈子社群化了，分享创造价值了……当连接成为基本逻辑，侵占了所有的场景、个人世界与公共空间，我们不得不问——连接，究竟是人性驱使，还是技术驱动？"连接鸿沟"会不会是数字鸿沟的下一个副产品？当复杂巨系统遇到连接器，她的舞姿是否也会变得婀娜、轻盈？连接的介质还将有什么，眼神还是脑波？还有，你怎样揣测"失连"这件事？

有时，连接的变化可以引致一场革命，甚至改变世界，我们可以对虚拟货币交易公司Ripple有这样的预期。或许可以展望，那些能够重塑结构、连接一切、有机交互、优化生态的组织将攫取领袖地位。

节点、控制、传感、生态，关于连接这件事，不都是这些冷冰冰的词汇。人性、信任、敬畏、包容、谦卑、责任、利他其实也相伴左右。而最强大、难以"失连"的是心灵的沟通，《阿凡达》告诫我们要"用心连接，用心感应"。

在这个连接一切的世界里，人与人，人与机器人，人与服务，人与动植物，人与自然，都需要"用心感应"。

我有我表达

每一个人在互联网上找到了另外一种存在。提供陌生交友的陌陌上市了，提供图片美化的美图秀秀火得一塌糊涂，提供朋友间较劲的打飞机几乎成为全民游戏；而一段视频、一个公案、一幅照片、一个事件，也变成了寻常事。每个人证明自己处于"连接"状态的表达方式五花八门，点赞、转发、献花、晒、秀，甚至让别人知道自己现在心情糟透了也是一种变相的炫耀。在社群，或张扬，或潜水，或分享，或张罗线下活动，或广告轰炸，都成为一种个性、一种格调、一种存在。

摇一摇·扫一扫·雷达一下

"摇一摇"创意据说来自张小龙大学时失败的追女孩体验。为什么摇一摇这个体验会让用户觉得爽？它有几个要素：画面很干净，用户很喜欢；"摇一摇"很刺激，用户很喜欢；画面打开以后，你也会很喜欢——所以说"摇一摇"这个动作本身，用户用起来也会很喜欢。

摇一摇的动作，配上一个来复枪的枪声，煞是性感。你会摇到谁，完全没法预料，也足够刺激。和数千公里外一个完全陌生人的"连接"，在这一刻，用这样神奇的方式发生了。

张小龙认为自然的体验是不需要用户去思考的，他回顾马化腾三年前曾经送给很多人一本书，《点石成金》（*Don't Make Me Think*）。他个人也欣赏原研哉等设计师的设计理念，设计应当挖掘人的本原的体验倾向。而大部分中国人其实是没有经受过"简单是美"的训练的；只有当对"极简"有反复体验和思考，才能将"简单是美"变成骨子里的审美观，并体现在设计中。

张小龙推崇简单而自然，认为自然往往和人的本性相关。微信的摇一摇是个以"自然"为目标的设计。抓握、摇晃，是人在远古时代没有工具时必须具备的本能。手机提供了激发人类这项远古本能的条件。设计摇一摇时，目标是和人的"自然"或者说本能动作体验做到一致。几乎没有比它更简单的交互体验了。张小龙说，感谢手机，让远古时代人们通过投掷石头来"连接"到其他人，进化到摇动手机来虚拟地"连接"人。

当我们还没从这种兴奋中走出的时候，我们又神奇地摇到了音乐，摇到了优惠，摇到了红包，摇到了电视节目。

如果说摇一摇让我们和不知道在什么时空的人建立连接，那么"雷达一下"让我们在相近空间的其他人发生关联。这是一个特定的场景，一群人在同一个屋檐下，既可以用雷达很酷地扫描，也可以面对面加群，确实各有各的妙处。

"扫一扫"很有科幻感，扫码成为一种仪式感很强的连接，O2O的虚幻神秘光影被"扫一扫"一扫而空。大家的名片还没来得及印上二维码，就直接相互扫微信码连接了；摇到 Wi-Fi，扫到服务，这种连接轻而易举，而且交互会随即发生。

社交 · 秀 · 分享

秀可以社交，点赞可以代替通话还可以拿红包；分享可以创造价值，创造的价值自己还可以有分享权。怎么看是不是好友？看点赞数量、评论到不到位、转发及不及时，这些都变成友好程度评价指标体系的KPI。这都是些什么逻辑？但是，正是这些催生了一种基于推荐的分享经济发端。二八原理再一次发挥作用，少部分人充当"猎手"，给大家推荐资讯，尝鲜服务，接下来就是那些搬运工、粘贴党、续貂达人来忙了。友人做的"美食中国"（Best Food in China）就是找人试吃、分享、传播，效果非常好。这种传播的恐怖和引爆的威力，在接下来徐志斌先生的章节会有精彩的分析。

智慧生活自由定制

智慧生活达人最大的癖好是显摆个性化，他们不会放过任何一次炫耀自己与别人不同的机会。我们讲"互联网＋"时代的六大特征之一就是尊重人性，所以无论是互联网产业，还是被"＋"的行业，尊重这个个性化的时代是不二的选择。

你的连接你做主

一个人的幸福感很大程度来自对自由度的满意程度。好像有这么一句口水话："假如不能选择做什么，至少还能选择自己不做什么。"大家其实都想很与众不同，很自由，很独立的样子，尽管他们可能隐匿了不自信，或者也心怀忐忑。

每个人都在经营自己现实世界和虚拟世界的地盘与资产，在不远的某一天，这种资产之间也会有一个合理的对价逻辑。自己的每一个行为都成为大数据的一部分，也都成为关系与信任的捍卫者、口碑与诚信的评判者。

你的生活你设计

自拍党的阵容越来越豪华、壮大，而不会修图几乎就像裸妆出镜；剁手族之强大也同样令人肃然起敬，不敢生丝毫小觑之意。如果非要找到二者的共性，那就是不需要节操的秀与晒。各种各样的拍照姿势在虚拟世界里成了分组标签，而强大的超女粉丝其实早就创造性确立了星O2O的标杆模式。

你的创新你掌控

这一点比较高大上。泡否的马佳佳、黄太吉的郝畅、雕爷牛腩的孟醒等，在拼命打造自己独特个人品牌的同时，也在商业上进行了一定的创新探索。而"互联网＋"创客就是国家力推的"大众创业，万众创新"。

在"互联网＋"的环境中，创新不同于过去，也不仅仅是大家"维基"一下那么简单，各种跨界、各类融合让创新变得那么性感，那么酷。即便你没有创新的想法，你也会不由自主被卷进这个创新的汹涌潮流，你的一次驻留、一次转发可能都成为创新的一部分。同一件事，假如你不用新奇怪的方式表达，你都感觉不好意思秀出来。当然对于那些不安分的创客而言，他们迎来了只有最好没有最坏的时代。

你是你的自由

如何打理自己的朋友圈、空间，你几乎享有至高无上的权力。是感伤多一点，还是矫情多一点？那次不成熟的路演如何修饰？那个偶然获得的与大佬合影如何故作神秘不解释？秀秀自己初萌的创意，还是刚刚上桌的美餐？是每天忠实记录自己平凡的轨迹，还是刻意经营一个"盗梦空间"？

当然，虚拟空间对自由也不会无限延伸，也有独立的规则与惯例。另外，自由归自由，鸟儿飞过，天空也会留下翅膀的痕迹，基于深度机器学习的用户画像不会放过任何蛛丝马迹，多维度建立的关于你的模型对你的刻画会越来越精确。

智能助理：从沃森到Siri到小冰

Siri（苹果公司的一款语音控制功能）似乎获得众口一词的首肯，即便它经常说"对不起，主人，我不明白您的意思"。捉弄Siri，大家似乎有一种快感；而Siri也确实一边像"小奴",一边又很淡定地回绝主人的无理取闹。反观并不是那么差的小冰,则显得不受待见而无处安放。这也许和小冰初期的莽撞有比较大的关系。而沃森似乎也不甘寂寞,不想只当一个答题明星,开始炫厨艺,教人制作美味佳肴。

智能助理的背后有语音识别能力的突飞猛进,也有人工智能的较大发展,当然也离不开搜索技术的不断提高。可以展开想象的是,一个更懂你、更个性化、生活秘书和知识秘书化的小助手小伙伴已经离你不远了。也许,智能助理会成为互联网行业争夺的另一个入口。

智慧智能无处不在

智能手机使个人生活发生了革命性变化,让大多数人全天24小时触手可及。据悉,2020年全球联网设备最少将达410亿台,最多将达800亿台。[1]当然,随着智能电视、智能汽车、智能插座等多终端的兴起,手机在联网设备中所占的比例可能会降低。今后,物联网将把我们的家居、车辆和办公室连接起来并收集海量数据。借助大数据和云服务平台,实现对个人信息、习惯、需求和喜好的精准分析和预测。

从电器到"网器"

互联网的强渗透性,使所有生产设备具备了计算、通信、存储的

---

[1] 李宏玮,童世豪:《物联网:搜索引擎的终结者》,财富中文网,2015年3月26日。

能力。人类正在告别电器时代，进入"网器时代"。网器时代因为终端多元化，硬件不再重要，终端不再重要，平台最重要，不再以终端为中心，而是以人为中心，背后则是云计算与大数据技术：每个人在虚拟的云世界都有且只有一个身份，每个人只能用这一身份访问多终端，不同的终端推送的是个性化的互联网应用与服务。^①当然，在"网器"领域探索得最成功的，是海尔、乐视和小米科技。

2015 年 3 月 11 日，海尔根据产品与生活的关系，在中国家电博览会发布了洗护、用水、空气、美食、健康、安全、娱乐等七大智慧生态圈及相应网器，标志着海尔将互联创造的智慧生活蓝图变为现实。将电器变"网器"，体现出海尔互联网转型及模式创新所带来的变化。这些网器，包括冰箱、洗衣机、空调以及厨房电器等众多产品，成为这些智慧生态圈的网器。它们不仅可以与互联网相连，而且很智能，成为智慧生活的一部分。

手机之外的多种控制方式也开始出现。目前，绝大多数的智能家居产品都和手机相连，通过手机App来对设备进行控制和查看状态。手机成为智能家居产品的最佳控制终端。或许考虑到安全性，目前智能家居产品已出现了触控、语音、手势等多种控制方式。例如，洗衣机、净化器等现在都出现了支持触摸控制的产品，语音控制则更多体现在电视、智能音箱等产品上，而手势控制在水杯、空调、音响上都有应用，至于独立的遥控器指的并不是家电自带的遥控器，而是独立的硬件按键，这样的独立遥控器优势在于通用性强，可以控制各种家电，且不需要手机开机解锁打开App一系列动作。

---

① 侯继勇：《从电器到网器：人工智能新时代》，百度百家，2014 年 5 月 14 日。

智能硬件

智能硬件厂家其实已经做了很多尝试，最成熟的像运动类，记录你的脉搏、运动轨迹等，也可以和伙伴相互监督。健康方面血糖监测做得不错，通过微信等可以很快知晓亲人的血糖状况。云健康也多要靠智能硬件来实时动态采集用户的数据，并做出针对性提醒。酷炫类的苹果智能手表没有看到太多亮点，反倒变成中看不中玩的奢侈品；而曾经风云一时的谷歌眼镜则已经尘封。当然，智能手表已经不能简单地把它划分为智能硬件，有专家指出，苹果智能手表的推出，实际上预示着物联网即将迎来的新一轮进化：硬件、软件和移动终端之间的界线不再清晰。不论怎样，脑电波与深度机器学习相结合也许是一个不错的方向，在医疗、教育、娱乐、智能终端等方面都可以深度结合。

智慧出行

现在如果问大家一个问题，有谁愿意回到 5 年前，重新用过去的方式去等出租、候公交？再一个问题，有谁愿意穿梭到 10 年前，自己无法甄选到目的地的线路和方式，用传统的方式问路？估计回答不愿意的会占多数。

出门问问，一问尽知晓；滴滴、快的，只需要告诉你想去哪里（而且再也不怕贵重物品落在出租车上了）即可享受接车服务。微微拼车让上下班的路途不再孤单；各类专车、租车、代驾，随时高质量恭候。导航会提醒你前方路段是否拥堵，智慧停车场会提前告知你有多少空车位，也会引导你在地下停车场的迷宫找到你的爱车。

再也不用提前去火车站排长长的队买一张不知道是否存在的票，再也不用几经辗转打听航班的消息、提前良久办理值机。如果这还不够，你还可以提前知道同一个航班有没有你的朋友熟人，你还可以选择电子方式进行安检与边检，你还可以通过网上提前货比三家订到理想的目的地酒店、做出理想的出行安排。

VR与AR

假作真时真亦假。每个人都有一个理想国，VR（虚拟现实）与AR（增强现实）就是这样的帮助利器。在电影《阿凡达》中卡梅隆描绘出他的理想国感染了不少人；而Kinect则可以感知语音、手势和玩家感觉信息，给玩家带来前所未有的互动性体验。其名字Kinect本身即为kinetics（动力学）加上connection（连接）两字所自创的新词。利用AR比如用手机镜头看真实的场景，当看到某一真实元素的时候，触发一个程序，可以加强体验。比如看到招贴画，突然发现招贴画上的人会走下来。

AR设备强调复原人类的视觉功能，比如自动识别跟踪物体；自主跟踪并对周围真实场景进行3D建模。典型的AR设备就是普通移动端手机，升级版如Google Project Tango。而VR则主要在于虚拟，类似于游戏制作，创作出一个虚拟场景供人获得良好的体验。至于与真实场景是否相关，他们并不关心。VR设备往往是浸入式的，典型的设备就是oculus rift。不过现在随着实时的3D建模技术的发展，Vision和Gaphics很多技术上开始融合得越来越密切，AR和VR两者以后的交集必然会越来越大。

智慧城市、智慧民生

对重庆老百姓而言，"互联网＋"给生活带来的巨大便利已近在眼前。日前，重庆市政府与腾讯签署战略协议，腾讯将专门定制一套基于"互联网＋"的"智慧重庆"解决方案，重庆将全面接入微信"城市服务"的入口。届时，市民就能通过微信轻松享受"互联网＋"所提供的各种便利生活。而这样的服务，最早的受益者是广州、武汉等地市民。

"城市服务"入口将把包括交通、医疗、社保、公积金、旅游、金融等分散的生活服务功能在微信上集合到一起，成为手机里一站式、全天候的民生服务大厅。市民足不出户，点点手机屏幕，就能获得便捷高效的服务体验。比如在缴费方面，市民通过微信的"城市服务"端口的微信支付，便可轻松完成路桥费、城市一卡通、快速理赔、支付医疗费、车辆违章罚单等多项服务。而在医疗领域，微信将与重庆市内各大医院合作，推出预约挂号服务，通过一个入口，就能挂到全重庆各个医院、医生的号。再也无须查找各种网站、拨打各种电话了。

此外，"智慧重庆"还将实现民政、出入境等民生服务。市民可以通过微信，预约结婚登记，也可预约出入境服务，并且查询办证进程，还能实现问政通道、环保气象、公益救助、景区购票、招考查询等多种服务，办事不必再担心跑断腿、说破嘴。

智慧社区

智慧社区是社区管理的一种新模式，利用物联网、云计算、移动互联网等新一代信息技术的集成应用，为社区居民提供安全、舒适、便利的现代化、智慧化生活环境，从而形成基于信息化、智能化社会管理与服务的一种新的社区管理形态。落到细节，就包括：智能门禁、基础物业服务改善、服务拼单、搭建小区社交圈、推行生活团购和预订式团购等方面，让小区居民能够更加便捷地生活。

"互联网＋"重新定义智慧社区：找物业、找快递、智能停车、遥控家中所有电器等生活服务只需要一部智能手机就全部搞定，这样的智慧生活即将成为现实。有业内人士指出未来的智慧生活更像是"互联网＋生活"。"互联网＋社区"的生态圈很大，智能家居、智能安防、智能楼宇等都可能融合在一起。[①]

智慧生活与产业：以智能家居为例

移动互联网与物联网、万联网的结合意味着，你和这个世界随时随地进行着信息与数据的交互，你个人的信息、习惯、需求和喜好等方面的数据也被记录，并随着数据的累积与智能水平的不断提高，甚至可以提前了解你的需求所在。

未来已来，平台争夺已陷入乱战

2014 年初，谷歌以 32 亿美元收购智能家居公司 Nest Labs 之后，智能家居的概念开始引爆全球。尽管智能家居技术就广泛使用的层面而言仍处于萌芽阶段，不过，随着谷歌、三星乃至苹果的加入，科技巨头纷纷抢食智能家居这块"大蛋糕"，智能家居市场无疑将加速发

---

① 新华网，《互联网＋重新定义智慧社区 合肥楼市"智慧升级中"》，2015 年 4 月 10 日。

展。飞利浦和霍尼韦尔等老牌家电公司也虎视眈眈，正逐步进入智能家居市场。

2014年的苹果全球开发者大会上，苹果首次向公众介绍了HomeKit平台：一个能与物联网设备相连的智能家居平台，只要厂商获得苹果授权认证就能生产支持HomeKit的智能家居设备，而用户则可以通过Siri来控制这些设备。用户可以创建个性化的指令来控制一系列家庭设备，比如关灯、锁门、关闭车库门甚至将恒温器调整至适宜的温度。

2014年10月，苹果正式完成旗下HomeKit智能家居平台硬件规格标准的定制工作，并通过MFi授权计划，向智能家居设备合作商全面开放这一平台。近期，海尔和美的相继宣布接入苹果公司HomeKit智能家居平台，并推出了基于这一平台的智能空调产品，允许苹果用户通过语音或是App发出指令来控制空调。

此前，谷歌以32亿美元现金收购美国智能家居公司Nest Labs，成为谷歌历史上的第二大收购案。Nest Labs也成为谷歌与苹果竞争的新筹码，在智能家居市场抢占先机。据说谷歌还正考虑收购联网安全监控摄像头制造商Dropcam，进一步拓展智能家居市场领域。

就连微软也在近期宣布，公司已与家庭自动化设备制造商Insteon建立伙伴关系，把流行的家庭自动化网络充分融入Windows生态系统，并计划联合推出智能家居产品。

三星公司提出全新的名为Smart Home的智能家居概念，并推出了电冰箱、洗衣机和电视机等可以用智能手机、手表控制的智能家电。消费者在家中可以将各种设备通过网络相连接，然后很容易地通过智能手机、平板电脑、智能手表甚至是智能电视机来控制家中的智能家居系统。从本质上来讲，Smart Home 系统已经将安装有控制应用程序的移动设备变成了遥控器，可以随时对网络内的任何装置进行控制。三星的新概念从某种程度上打造了未来所有连接的基础。

在 2014 年初 CES 展会（国际消费类电子产品展会）上，LG HomeChat 的智能家居系统正式亮相：用户通过"Line"或者"Talk"手机软件可远程操控智能家电。该技术采用了自然语言处理技术（NLP）和"Line"这样一款全球注册用户超过 3 亿的手机 App，使得用户能够控制 LG 智能家电，并与之交流。在人性化交互方面，HomeChat 模拟朋友聊天设计了 40 多种"Line"标签，赋予了智能家电更多的"人性色彩"，让对话轻松愉悦更具个人色彩。[①]

2015 年 3 月 11 日，西门子家电首次在中国推出新一代智能家居平台——"家居互联"（Home Connect），支持连接不同品牌家电产品，通过智能手机或平板电脑实现直观便捷地操控，该软件采用开放平台策略，可兼容不同的产品类型、品牌、功能以及服务。

国内企业也不甘居人后，小米很早就盯上这个市场，从 2013 年底布局智能硬件生态圈，从智能路由器到小米盒子、小米电视，从摄像头到与美的家电的合作，还计划投资过百家硬件公司，小米的步伐似乎很快也很坚定。腾讯在微信上也开放了硬件平台的接口，希望为每一台设备建立一个 ID。百度前不久也推出百度智能家庭软件平台，希望通过百度的平台帮助厂商以低的成本快速切入智能家居市场。不久前，阿里宣布成立智能生活事业部，重点在智能硬件的孵化和入口

---

① 《盘点智能家居五大平台系统 苹果 HomeKit 不一定最适合》，OFweek 智能家居网，2014 年 10 月 24 日。

的布局；京东也直接推出了京东创业生态圈，上线股权众筹平台，明确表示重点项目在智能硬件。海尔一边和苹果暗通款曲，一边推出自己的U+智慧生活平台，背后又有互联工厂支撑，用户的个性化需求直接对接互联工厂。而美的也匆匆发布了M-Smart智慧家居白皮书，并推出价格只有10元的蓝牙版智能家居模块，还准备把Wi-Fi版模块降到15元左右。

自建还是合作，这是一个问题

智能家居平台衍生了一些中间专家服务商的转型或诞生。如Marvell为苹果Homekit推出专门的SDK，简化了HomeKit配件的研发。采用Marvell SDK的硬件制造商可以获得HomeKit框架完整支持，能够节省数月开发时间。

但是，智能家居也乱象丛生，不但从业者还看不清连接与平台的方向，市场和用户更感觉无所适从。不但出现了IOS与安卓的适应问题，还导致用户在不同的App里管理不同的产品与服务，这本身就和互联互通、连接一切的方向相悖。加之一直没有统一行业技术标准，连接方式、连接协议、连接模块五花八门。

迈克尔·沃尔夫（Michael Wolf）是智能家居领域分析师，《福布斯》网站撰稿人。他认为HomeKit的出现并没有使得智能家居变得更为简单。苹果本希望借助HomeKit将用户尽量锁在苹果生态圈中，但HomeKit却无法做到在不需要进行烦琐安装的前提下即可顺畅使用，由此HomeKit或将逐渐被消费者抛弃。此外，还要拓展Siri的应用范围和功能，但是多数语音指令对于智能家居产品并不能发挥应有的效果，反而会招致用户的反感。

如何用一款软件来控制所有的家电，将消费者从烦琐的家务中解放出来？虽然市场上智能家电层出不穷，但大多是孤立的产品，功能还不够完善。不同商家的产品需要下载不同的App，组网通信就有Wi-Fi、ZigBee、Z-Wave、蓝牙等若干种协议。家居之间无法相互连接产生互动和交流，智能家居系统的构建更无从谈起。

无规矩不成方圆，各大企业纷纷出台自己的行业标准，但是依旧没有给出一个权威答案。合作大多还只是在小范围、浅层次发生。如果这些机构都无法让协同产生，那用户只会用脚投票。

连接，是唯一标准

智能意味着自己"思考"，自行自为。与传统家居相比，智能家居不仅是科技的成分多少，而是生活方式的改变。尽早统一标准才能给消费者带来最大的智能，这也是行业发展的当务之急。

自2014年年中开始，不同类型的产品之间的互联互通开始引起国内外关注，在国外，Misfit和Pebble手表、Jawbone UP24手环能够与Nest恒温器进行数据互通；在国内，小米与美的，海尔与魅族的联姻，让两家的产品都可实现数据共享和对接。他们对于智能家居的终极目标，即不同品牌的产品都可以互相连接成为一个整体开始进行了尝试。要连接，就必须在互联互通和多种控制方式上做文章。

要想迎来这一发展，我们所有的设备和数据都必须充分互联。到2020年，每个人平均将拥有超过4台物联网设备，但如果它们彼此孤立，就不会发挥什么作用。就像操作系统已成为移动生态系统的动力基础一样，让物联网设备彼此互联的中央平台也将成为行业基石。这些平台将收集并分析来自各种来源的数据，并与移动支付、商务和其他服务相连，从而使用户能基于这些信息采取行动。一个开放的平台是创建物联网生态系统的关键，这个系统整体比其构成部分更强大。[①]

　　不同品牌之间必须互联互通。各平台商都统一接口，为的是让不同智能硬件产品能够互联互通，数据共享。首先从云数据的对接来看，无论是阿里、百度还是腾讯云，都可以实行对接。其次，同一品牌的产品之间可以获取数据，例如小米手机、手环、路由器；海尔电视、冰箱、洗衣机等都可以实现互联互通。目前，大家都在解决不同品牌之间互联互通的问题。无论是小米、海尔，还是京东、百度、腾讯，都表示统一接口，建立开放平台，让更多不同类型和不同品牌的产品实现互联互通。但这一目标仍然难以在竞品之间实现。腾讯表示已实现人与设备的连接，目前不但微信硬件平台，手机QQ也已经增加了"我的设备"的页卡，可以对添加的设备进行管理，接入的设备涵盖电视、空调、空气净化器、插座、灯、窗帘轨、摄像头、体重秤、血压仪等。其QQ物联平台目前支持Wi-Fi、蓝牙、GSM、ZigBee、Z-Wave等多种连接方式，从底层和芯片厂商、设备厂商及系统厂商进行合作，直接将SDK写入智能设备中去，降低了合作伙伴的开发成本和用户的学习成本，手机发现硬件、识别硬件、连接硬件都变得异常简单。[②]

---

　　① 李宏玮，童世豪：《物联网：搜索引擎的终结者》，财富中文网，2015年3月26日。

　　② 范蓉：《2014智能家居：平台战初 现产品从单个智能走向互联》，搜狐IT，冷眼观潮，2015年2月27日。

谁主沉浮？生态系统就是一切

智能家居领域分析师迈克尔·沃尔夫批评苹果将本应更为开放的市场封闭起来。按照苹果过往的行事习惯，其在进入一个全新的产品领域时习惯基于此建立一个完整的生态圈，然后再邀请其他企业加入其中。然而智能家居领域的发展需要一个开放和互通的环境，苹果的上述做法显然已经不适用。他预计最终HomeKit将建立自身的完整生态体系，但其能否同其他同行保持良好的合作关系尚无法确定。

在公司层面，打造一个强有力的生态系统也是成功的关键所在。物联网的赢家将是那些打造出庞大且忠诚的用户群的企业。就产品而言，更多用户会产生更多数据，这会让算法获得更多信息并输出更好的结果。更大的出货量也会让企业对供应商获得更多优势，并使自己对合作伙伴产生更大的吸引力。正如社交层面一样，网络效应总是至关重要的。

纪源资本的李宏玮和童世豪研究认为，要成为一家成功的物联网企业绝非易事，必须同时具备以下这三类卓越企业的特质：

1.硬件企业：生产配备用于收集数据的高品质传感器的优秀产品。

2.平台企业：收集、处理并分析大量数据，提供有价值的洞见。

3.软件企业：创造一流的用户体验，使数据中获得的洞见可以执行。①

---

① 李宏玮，童世豪：《物联网：搜索引擎的终结者》，财富中文网，2015年3月26日。

智能家居平台之争初起，以电商为代表的京东、阿里；BAT的公司为代表的百度和腾讯；以硬件品牌商为代表的联想、海尔、小米、三星等都开始打造自身的生态系统。三星2014年收购了美国物联网平台开发企业SmartThings，宣布为智能设备打造一个开放的生态系统。已销售6 080万台手机的小米、占据全球大家电市场10.2%的海尔，都试图通过资源换市场。无论是小米与美的联姻，还是海尔U+智能家居平台已吸引到魅族、极路由等一批手机和创业公司的加盟，打造自身的生态系统，从这些平台公司的动作来看，智能家居已从单一企业之间的竞争，演变为一个联盟和另外一个联盟，一个平台和另外一个平台之间的竞争。①

中国公司实践

智能家居的大蛋糕各家都在争夺，但是其路径却截然不同。据名为Maomaobear的博主最近在新浪《创事记》的分析，小米肯花钱投资合作伙伴，肯把自己的资源共享给合作伙伴。万利达的空气净化器挂着小米的名义宣传炒作销售，就有人买。而美的和小米的合作也是金钱开路，12.66亿先买了股份达成利益共同体，然后再来合作。小米方式的优点是速度，只要智能家居加入小米的体系，就能获得小米的资金和资源，快速推广，这比苹果的"愿者上钩"要快得多，而问题是这种"一荣俱荣，一损俱损"的利益共同体一旦遇到麻烦就会波及整体。

而百度没有硬件，难以像苹果那样靠影响力和技术自定标准，也

---

① 范蓉：《2014智能家居：平台战初现 产品从单个智能走向互联》，搜狐IT，冷眼观潮，2015年2月27日。

没有像小米那样不断扩张打造帝国。百度选择是利益吸引，农村包围城市的路线。百度的智能家居推广是提供百度大脑、百度云这些高端资源，给草根的智能家居厂商一个廉价的方案和平台，吸引厂商加盟，当加盟数量足够多，也会成为事实的标准。

还有两家公司比较有意思，一家是京东，一家是美的。2014 年底，它们两家还达成了战略合作。说它们有意思是因为，美的既与小米股权合作，又和腾讯硬件平台合作，现在又与京东合作，表现了很高的开放性，当然从三家获得的价值各有侧重。京东，有互联网基因，有强大的自营营销能力，有大数据精准营销支撑，但在搭建智能家居平台上应该说是生手。然而刘强东硬是成立了智能硬件团队，而且现在还要面向智能硬件创业者提供支持。京东智能云和 JD+ 计划的推行，以及 2014 年发布的"超级 App"，实现了不同品牌、不同品类智能硬件之间的互联互通，成功布局智能家居领域。其实，京东还有一点比较强的在于敏捷服务，2014 年 11 月，全国首个大家电"京东帮服务店"在河北开业，并计划未来 3 年在全国开到数千家。通过"京东帮服务店"计划，京东可以将自身的家电销售渠道下沉到四至六线城市甚至农村地区，令更多消费者享受到京东家电"快速送货、安装维修"的全流程优质购物体验。美的方洪波表示："京东能够为消费者提供快速便捷的全流程优质购物体验，也能为我们制造商提供物流配送、互联网技术、大数据分析、智能云平台方面的帮助，这对于正在进行互联网转型和积极开拓智慧家居领域的美的来说，正是理想的战略合作伙伴。"

海尔正以智慧家庭为中心构建"一云 N 端"的产业架构，从而最终将每一类家电产品都变成互联网终端。这些终端具备智能感知、互联互通和协调共享的功能，可以实现人与家电、家电与家电之间的交流沟通，让用户无论何时何地都能充分享受智能时代的应用服务。

U+智慧生活开放平台的推出，将海尔集团带入传统企业互联网化的前沿。张瑞敏毫无疑问是希望通过U+开发平台的搭建，实现单一服务到智慧服务的转变，来尽早地占领智能家居领域的入口，吸附数量庞大的参与者，从而建立起海尔标准。

U+开发平台的野心：海尔争夺智能家居行业标准[①]

在互联网经济大潮中，一切旧有的模式都亟待更新甚至是颠覆。U+智慧生活开放平台的推出，则将海尔集团带入传统企业互联网化的前沿。

U+，目标是将多种服务入口统一整合在一个平台上，以实现单一服务到智慧服务的转变。在这一开放平台的构建下，洗护、用水、空气、美食、健康、安全和娱乐七大智慧生态圈都尽括其中。

在海尔集团副主席梁海山来看："通过U+智慧生活平台，实现了创客和用户交互，贯彻到产品设计、开发、制造、物流配送等等环节。全流程都来到这个平台上，为用户提供全流程体验。"在近日举行的家博会上，依托U+平台的支撑，海尔还发布了全套智慧厨房产品。这套智慧厨房，不仅颠覆了传统意义上的厨房概念，实现了厨电的真正"触网"，互联了产品与产品、产品与用户。

---

① 本文转载于《南方周末》，2015年4月8日。

U+平台包括了互联互通平台、业务数据中心云平台、大数据平台以及相关资源内容。通过开放的物联模块，软件中间件和云平台服务接口得以互通，平台上的所有参与者都能为最终用户提供智慧健康、智慧安防、智慧食物和智慧家电等一站式的智慧生活解决方案。例如，智能安防和空气检测，当燃气泄漏时，系统便会自动报警并通过手机通知用户；当用户忘记关火或者烧干锅时，系统也会通知用户和自动熄火。而当厨房空气质量出现健康、较差和很差这三种情况时，系统会向用户手机发出绿、橙、红三种颜色的提示，并适当开启油烟机进行通风换气。

"原先是生产家电产品，然后卖家电产品，这个是单链市场。现在转型，海尔转换到平台化。平台化很大的一个特点，就是双边、多边市场。"在梁海山眼中，U+就是双边和多边的模式，"用户靠平台定制自己的智慧生活，包括硬件、服务，也包括软件内容。U+提供入口，不管是App或者其他方式，都可以提出要求。平台需要什么样的智能硬件，需要什么样的软硬件服务，U+平台上的硬件提供商、软件提供商和服务内容提供商，都会满足用户需求。"

2014年正式推出后，U+开放平台经过一年多的发展，已日臻完善，填平硬件商、软件商、内容商、平台服务商和用户之间鸿沟。现在的U+平台，每天的设备上报数据达到1亿条，接入平台的产品数量百万级台，接入产品的品类也达到80多种。同时，U+也是一个开放的生态系统，华为、阿里、360、微软、高通等都是合作方。并且，U+在今年还将在控制、感知、交互等方面加速规划和落地，完善U+App 生态圈的构建，建立U+App 智能生活管家。

就战略意图来看，不得不佩服张瑞敏的洞察力。他毫无疑问是希望通过U+开发平台的搭建，来尽早地占领在智能家居领域的入口，吸附数量庞大的参与者，从而建立起海尔标准。早期的谷歌收购 Nest，三星收购 Smart Things，都是希望能成为规范和标准的制定者，而为了这个目标，张瑞敏做得比他们还要彻底和全面。所以，张瑞敏还必须保持U+的开放性，而并不是打造一个所谓的闭环，"引水活源"才是他的本质所在。

据海尔集团U+平台总监陈海林介绍，U+平台在诸多方面都保持了相当幅度的开放性：互联模块能被众多智能硬件商和传统商所用；USK可实现用户管理的基本功能；UGW是强劲的硬件载体；云上的开放平台。此外，对于参与者，硬件商可实现跨平台的互通和快速升级换代；对于软件商，基于U+可以很轻松地做一些个性化的、根据实际场景的用户体验，具备安全开放、全兼容、多年经验积累、融资平台、全产业链五大好处。《南方周末》记者了解到，U+平台为开发者提供了3.2亿人民币的基金支持，并希望在2015年完成U+平台的整体布局，建立一个有价值的智慧家居生态圈。

"U+对用户来说，是一个能够个性化定制生活，可以用一个App来控制家电，满足用户的个性化需求的平台。对合作伙伴而言，则意味着一个能够快速方便且低成本对接的平台。"海尔家电集团副总裁王晔表示，未来，U+将在控制、感知、交互等方面加速规划和落地，完善U+App生态圈的构建，建立U+App智能生活管家。

张晓峰

价值中国会联席会长

"互联网＋百人会"发起人

"价值中国智库丛书"主编

第十七章 "互联网+X"

> 我们要把握互联网和传统产业深度融合这一历史机遇，在移动时代，将我们的战略从"连接人与信息"延展到"连接人与服务"。我们已经花了 15 年时间，让人们在信息和知识面前逐步平等。未来我们还要让人们在获取各种服务时也同样高效而平等，为了实现这样的目标，我们不惜再花 15 年，甚至更长的时间！
>
> ——李彦宏 2015 年 1 月 24 日在百度 2014 年会暨 15 周年庆典上的讲话

当智能设备无处不在，当万物互联，一切皆数据，我们情不自禁地借用狄更斯的话语模式：这是一个一切皆有可能的时代，也是一个挑战想象力的时代；这是一个崇尚"掌握"的时代，这是一个需要"失控"的时代；这是颠覆的纪元，这是重生的纪元；这是光明的季节，这是迷茫的季节；我们似乎知道一切，我们好像一无所知；我们可能"星际穿越"，我们可能"盗梦空间"；我们即将超越极限，我们也将重新出发。

"互联网+"与智慧农业

农业是人类的"母亲产业"，是人类的衣食之源、生存之本。既因为是最古老的产业，也因为是"靠天吃饭"基于季节性生产规律的产业，农业与一日千里、迅猛发展的互联网产业比较，其变化一直都处于蜗速状态，尚未形成快速的技术与行业匹配。可以说，农业是"互联网+"的广阔新天地。

当农业遇上互联网

从 2009 年丁磊养猪，到 2010 年联想控股涉足现代农业并于 2013 年推出"佳沃"品牌强势务农，再到 2011 年京东商城刘强东"不务正业"种大米、2010 年软件起家的九城集团进军有机农场并成立生鲜电商平台"沱沱工社"……IT 企业务农已蔚然成风。与 IT 企业务农相对应，大型传统农业企业也纷纷"触网"。大北农布局互联网项目，针对养殖户和经销商推出猪管网、智农网、农信网及智农通的"三网一通"生态体系，积极拓展基于互联网平台的农业衍生业务；新希望依靠产业链数据优势拓展小额信贷的农业金融服务，还成立新公司专门负责推动养殖业和食品业的互联网式发展；芭田股份以并购的方式介入农业大数据、农业物联网、农业地理信息系统等领域，探索基于数据分析的新型农业衍生业务商业模式。与 IT 企业试探性涉农相比较，因担心互联网企业"狼性侵袭"而激发的危机感，使传统大型农业企业的"触网"显得更为迫切和全方位，涉及的环节涵盖种植、养殖、农业金融、农业电商、农业大数据等各个方面。

"互联网+农业"之所以在近年开始成为市场关注的热点，主要原因至少有三。一方面，农业在中国有特殊的重要性。民以食为天，农业对于中国这样一个有 13 亿多人口的大国而言，既是经济发展的基础，也是社会安定的基础，还是国家自立的基础，重要性不言而喻。另一方面，"互联网＋农业"有巨大的市场空间。据估计，通过互联网改造传统农业产业链，促进农业现代化，可带来万亿级以上的市场空间，吸引力难以抗拒。再一方面，技术上和经济上可行。近几年互联网产业的迅猛发展，特别是移动互联网的普及、智能设备价格的大幅下降以及互联网产品的日益成熟，"互联网＋农业"在技术上可行、经济上开始变得有利可图，可行性水到渠成。特别是智能设备在农业上的应用，使得古老的农业也插上了智慧的翅膀。

智慧农业图景

从餐桌端回溯，新型农业现代化背景下的农业产出需要实现从"强调数量、解决温饱"向"强调安全、满足品位"转型。农产品安全事关健康大事。随着收入水平的提高，人们对食品有更高的质量要求，有更多的个性化品类需求。因此，需要从餐桌到田间的可回溯机制来确保农产品安全，需要基于用户需求的定制化生产模式，当然也需要降低成本和提高产量的农业生产系统、管理模式及支撑体系。

想象一下，当农田里的各种耕种指标信息都能够传到云端供你调用查询，只要你愿意，可随时看到田间的作业情况，也可随时回溯摆上餐桌的任何农产品的产地；当智能冰箱等智能家居产品以及戴在身上的各种可穿戴设备能够精确估计你的营养需求与口味偏好，计算出未来一段时间内你的农副产品需求并自动传输到田间生产管理系统，田间终端根据土壤、气候等环境情况按需自动安排最佳生产计划，再通过系统化的物流把生产出来的农产品按订单配送到户；当农业生产能够根据过去的数据，推算未来一段时期的生产计划，并实现自动化的生产过程。我们说，这种类似工业制造 4.0 的新型农业，已经会"思考"了，已经具有"智慧"的意味。现实中，基于互联网的"智慧"已经渗透到农业的各个方面。

摩尔定律是过去 40 多年推动计算机行业迅猛发展的根本动因。受摩尔定律的影响，传感器的价格前所未有的廉价，我们几乎可以把廉价传感器所带来的"廉价"解决方案应用到整个生态系统和自然系统。如果田间作业都装上了廉价传感器，则关于土地、土壤、气候、水、农作物品种、施肥情况、作业过程、生长过程等各种信息的获取都将是快速、实时、低成本和高精度的，而基于这些数据分析所形成的农业宏观管理和预警决策体系，无疑将使"互联网＋"的农业管理和决策过程更加科学和智慧。

而田间传感系统和智能居家系统、个人可穿戴设备的结合，将使农业生产过程更加定制化和智能化。从农业生产环节的互联网及相关技术支撑来看，目前已经有集成应用计算机与网络技术、物联网技术、无线通信技术、音视频技术及 3S 技术等手段，建构农业生产过程的实时图像及视频监控、监测系统。其中，监控系统通过无线网络获取植物生长信息，形成对自动灌溉、自动卷膜、自动降温、自动喷药、自动进行液体肥料施肥等农业生产过程的自动控制；监测系统通过无线传感器获取各种种植环境及作物生长信息，根据种植作物的需求提供预警信息，为农业生产人员营造作物最佳生长条件提供及时的信息支持；而实时图像和视频监控系统则直观地反映了农作物生产的实时状态及营养水平，这些信息都给农户提供了更加科学的种植决策依据，使农业生产系统更加智能。显然，上述过程中的视频及沉淀的各种数据，再加上运输、销售等各个环节产生的信息痕迹，可为最终消费者提供溯源信息查询，这就在源头生产上保证了农产品安全。

智慧农业"新风口"

在中国，看一个产业能否成为"新风口"，要看互联网对这个产业的各个环节挖潜的空间，要看互联网能否切实有效解决这个产业发展上的一些根本问题，要看中央政府政策离它有多近。2015年中央政府一号文件依然聚焦"三农"，这样的聚焦已连续12年，可见"三农"工作是政府工作的重中之重。李克强总理主持的国务院工作会议明确提出，必须保持抓农业劲头不松、投入不减、深化改革步伐不停，着力转变发展方式，走新型农业现代化道路。中央政府的高度重视，农产品的刚需特征，"互联网+农业"的巨大挖潜空间，推动产业资本巨头布局"三农"，农业已俨然成为下一个即将被互联网彻底改造的传统产业，一批涉及互联网农业领域的个股在近期的资本市场上受到热捧。

在"互联网+"行动计划的推动下，形成智慧农业"新风口"有多方的推动力。首先，"互联网+农业"所形成的巨大投资是经济新常态下依靠投资拉动经济增长的有利着力点。过去几年政府投资一直是拉动经济增长的主要推动力，但随着基础设施的日益完善，投资对经济拉动作用日益减弱。我国农业农村的基础设施和公共服务比较落后，借"互联网+"的东风形成的大量新增投资需求，既可以解决农村人口的就业，也可以培育新的经济增长点，还可以为稳增长提供持续内需动力。可见，"互联网+农业"已是大势所趋。

其次，"互联网+农业"可以有效解决我国农业可持续健康发展的

"痛点"。当前我国农业的最大痛点之一是长期过量施肥所形成的土壤污染及与之相伴随的农产品质量安全，智慧农业基于传感器形成系统化的生态体系，将农田、畜牧养殖场、水产养殖基地等生产单位连接在一起，可对其间不同主体、用途的物质交换和能量循环关系进行系统、精密运算，在生产管理环节实现了精准灌溉、施肥、施药等，既节约投入又绿色健康，还可以随时随地追溯农产品的生产过程，实现了农产品从田间到餐桌全链条的质量安全监管，可有效解决"痛点"。

再次，智慧农业还可以显著提高农业生产经营效率。基于精准的农业传感器进行实时监测，利用云计算、数据挖掘等技术进行多层次分析，并将分析指令与各种控制设备进行联动完成农业生产、管理。这种智能机械代替人的农业劳作，不仅解决了农业劳动力日益紧缺的问题，而且实现了农业生产的高度规模化、集约化、工厂化，提高了农业生产对自然环境风险的应对能力，使弱势的传统农业成为具有高效率的现代产业。

最后，互联网对传统农业有强大的渗透性。农业有巨大的市场空间，产业相对落后，产业链长且各环节信息不对称程度高，基于互联网的信息透明所带来的价值增值空间巨大。另外，农村存在大规模分散的农户，通过互联网的方式，既可实现分散农户与个性化消费之间的对接，也可实现分散农户的集约化经营、互助经营及农业最佳实践的快速传播分享。而且农业的交易成本高、交易环节长、交易可持续强，可以通过互联网电商等方式大大减少交易成本。因此，2014年以来阿里、京东这样的电商巨头纷纷跨界布局农村战略。可以预见，未来互联网将显著改造农业产业链，搭上"互联网＋"列车的农业必将迎来一波快速发展的浪潮。

"互联网 +" 与智慧商业

什么是智慧商业

商业的智慧源自对消费者个性需求的深刻洞察、精准发现与贴心服务。当商业能够为每个进行消费的客户精确画像,提前预知消费者的个性需求,自动推送消费者所需的商品与服务;当商业能够自动记录消费者的消费轨迹,并在不同阶段持续提供让人满意的组合式产品与服务推荐;当商业能够整合信息流、商品流、物流、资金流,形成自动化的商业服务,我们说,这种具有自动化、学习能力的创新商业模式就是所谓的智慧商业。

显而易见,智慧以信息技术为支撑,其智慧化的特点表现在商业业态的不同环节中,例如,运用云计算技术的"智慧审计",运用移动终端、无线射频识别的"智慧支付",运用物联网、云计算、移动终端技术的"智慧物流",运用云计算、信息定位技术、大数据处理技术的"智慧旅游"等。这些新型商业模式不断推动着电子商务基础设施和支撑服务环境的改善,对整合社会成本、集约生产规模起到了重要的作用。

作为大数据时代下的产物,智慧商业日益成为主流模式,其中的 O2O 模式融合将是智慧商业的主要形态。在英国、美国等电商经济发达地区,O2O 模式已经发展成熟,例如英国的 Argos、连锁超市 TESCO,美国的梅西百货等。同时,O2O 的商业模式也不再仅局限于百货、家电、汽车、家装,而朝着社区商业、家政、餐饮、房地产、媒体等更广阔的范围扩展。可以预见,未来人们的生活中,任何有交易行为的区域都会被大数据所覆盖，形成其独特的智慧商业模式。

互联网对智慧商业的支撑

毫无疑问，互联网是智慧商业的基础平台。互联网与无线射频识别、电子数据交换（EDI）、全球定位系统（GPS）、移动定位服务（MPS）、大数据、云计算等技术的结合，既推动传统企业的创新发展，也不断催生新的商业形态，商业行为日益变得信息化、智能化、透明化、可视化、高效化。移动电商、移动支付、近距离通信等已为人们所熟悉，这些工具的应用每天产生海量的电子数据，与云计算、数据挖掘、机器学习等技术相结合，商家随时随地可以了解消费需求与习惯，孕育与碰撞出更多新的机遇。

与对消费者需求的把握相伴随的，是不断提高用户体验的智慧物流和移动支付。采用最新的互联网、物联网技术和设施，实现光、机、电、信息等技术的集成应用，智慧物流甚至可预测购买行为，在顾客尚未下单之前提前发出包裹，最大限度地缩短物流时间。而移动支付则将终端设备、互联网、应用提供商以及金融机构相融合，为用户提供前所未有的快捷支付服务。

案例：万达的智慧商业图景

商业巨头们早已嗅到智慧商业的"光明钱景"。万达围绕其商圈，基于"电商平台＋移动应用"，开展了一系列线上与线下用户体验相结合的智慧商业的探索。对于万达集团而言，将万达商圈每年现有的十几亿客流搬到线上来，既需要有优秀的应用平台"黏住"消费者，也需要强大的IT基础设施及数据挖掘服务提供后台支撑。

如果说"万汇网"和"万汇 App"是万达 O2O 实践的"表"，那么其内在的"里"则是基于数据挖掘与用户画像的万达电商会员体系。当消费者光顾万达广场时，可能产生两类数据：消费数据和行为数据。对于前者，通过与品牌店铺的会员体系对接，万达可直接跟踪会员的消费行为，并将消费数据实时同步到大会员系统中。对于后者，通过为每个门店用户提供免费 Wi-Fi 的方式，万达可真实还原消费者的行为"路径"：如消费者在何时到达与离开？停留过哪些店铺，时间有多长？

基于这两种数据，万达可有效开展各式大数据实验，创新 O2O 服务形态。消费行为画像、个性化商品与服务推荐、室内导航服务、基于地理位置的导购信息等，正可谓"广阔天地，大有作为"。据了解，在未来的规划中，万达将整合旗下所有业态，包括商场、院线、酒店、度假区等，共同为"大会员"制的电商平台服务，并提供一站式智慧服务。

"互联网 +"与媒体再造

从赢利能力的角度看，媒体的价值由广告收入决定。在网络媒体出现之前，电视和报纸的广告收入主要取决于收视率和发行量，也即曝光度。但在网络媒体出现之后，传统媒体就风光不再。

传统媒体价值的跌落

美国 2013 年的网络广告收入达到 428 亿美元，首次超过传统电视广告的收入，成为最有价值的媒体。在中国，2014 年互联网广告收入也首次超过了电视广告的收入。实际上，《哈佛商业评论》早在 2013 年《广告业的未来》特辑的封面上残忍地为传统广告敲响了丧钟，宣告传统广告已死。

传统媒体价值的跌落，除了因为互联网用户极其快速的增长之外，还有一个重要的原因是互联网媒体的广告具有互动性、精准投放和按效果付费的商业模式优势。在传统媒体上做广告，商家无从知道广告费用去哪了，但在网络媒体上做广告，商家可精准统计广告投放效果，准确掌握广告在各网络媒体间的互动状况，并根据营销目标实时分配广告预算及调整广告投放策略。

在哪里跌倒就在哪里爬起。被迅猛发展的互联网媒体所颠覆的传统媒体，同样也可以从与互联网的深度结合中，找到新的机会，找到更上层楼的契机。

电视与互联网的联姻

传统媒体与互联网联姻带给我们的强大震撼，首推 2015 年春晚"让红包飞"。一台晚会，每分钟 8.1 亿次互动的峰值，110 亿次互动总量，185 个国家 3 万亿公里的祝福传递，"摇一摇"在带给人们意外惊喜的同时，也改写了媒体传播历史，改写了用户观看电视的方式，展示了电视屏和手机屏双屏互动、电视台和互联网台网融合的巨大魅力。春晚过后微信即推出"摇电视"的台网融合产品，不到 2 个月的时间已经有 50 多家电视台近百个节目接入了"摇电视"，互联网已不再仅是电视媒体的颠覆者，同时也日益成长为电视媒体的成长伙伴。

融合了互联网的电视媒体，已经不再是传统意义上的电视媒体了。首先，微信"摇一摇"便捷的互动方式，改写了电视媒体"弱交互"甚至"无交互"的做法，赋予电视媒体"交互工具"的崭新定义。人们看电视已经不是被动接受信息，而是可以随时进行互动。由此，品牌商家可以选择在电视媒体上做交互营销，而不仅仅是广告；其次，微信的"定位"功能及"摇一摇"之后无限多的接入可能，使得台网融合后的电视媒体广告具备了精准营销和延伸产品体验的双重功能。商家可以基于"定位"为特定的人群提供各种差异化的体验和服务，用户"摇一摇"之后有无限可能的期待，而"意外"则是这个世界最让人期待的。

可以预见，基于各自优势的台网融合，将产生出更多让人惊喜的互动体验和信息传播方式，传统媒体与互联网的联姻将实现多方的共赢。

户外媒体的O2O模式

与网络广告比较，户外媒体广告的尴尬在于投放广告的商家无从知道投放效果，也无法和用户互动，然而移动互联网应用的快速普及却给户外媒体解决这两个问题提供了有效的工具。

手机屏让户外广告屏"动"起来。以经营二、三线城市公交车站候车亭的候客新媒体公司为例，为了让传统的灯箱广告能够与用户互动起来，该公司开发一款基于图像识别技术的拍图App。用户可以在手机上使用候客拍图拍摄广告画面，即可链接到广告客户指定的网页，实现户外广告屏与手机屏的关联。用户通过拍图既可以获得更多的与广告相关的信息如打折、促销、活动等信息，也可以进行互动或直接下单购买等。更让人兴奋的是，拍图功能让户外广告的客户可以了解到哪些特征的用户参与了互动，广告效果统计问题迎刃而解。总之，插上移动互联网翅膀的户外广告，实现了传统户外广告推广模式向线下体验与线上互动相结合的O2O模式转变。公交车站候车亭灯箱广告既是商家发布产品及活动信息的窗口，也是网络推广的入口，用户可以通过拍图软件直接链接到商家指定的页面，进行更丰富的交互活动。

移动互联网入口争夺凸显户外媒体价值。中国移动互联网史上最大的并购案是百度18.5亿美元收购91无线，巨资换来的是移动互联网App分发的入口。此举之后，关于各种特定情境下移动互联网的"入口战"持续升温。比如小米正在布局各种可以在4G及Wi-Fi环境下使用小米终端上网的入口，巴士在线与中兴通讯战略合作共同打造中国最大的"公交移动Wi-Fi"平台等。试想一下，当用户对高铁、地铁、公交车站等各种户外广告有兴趣时，即可直接用手机拍照并进入对应的链接页面，进行深度互动或直接交易等，此时的户外灯箱已经不是一个广告展示位，而是一个和移动互联网相结合的互动媒体和交易平台。显而易见，随着户外媒体移动互联网"入口"应用的不断完善，"户外＋移动互联"的O2O整合营销模式将改写人们对户外媒体的认识，大幅提升户外媒体的价值。

移动互联网让广播飞起来

时间性、地域性和单向性是制约传统广播的三大因素。其中，时间性指的是特定内容只在特定的时间播出，不能倒检索，错过了就听不到了，其结果是用户流失率极大；地域性指的是除了中央人民广播电台之外，地方广播电台不但内容有较强的地域性特征，而且只有在特定地理范围内才能够收听；单向性指的是广播内容的传播是单向的，缺少互动，个性化不足。但是，移动终端的迅速普及加上移动互联网极大地颠覆了传统广播的游戏规则，既让传统突破了时间、空间及单向性的限制，又极大地发挥了广播的特定优势。可以说，移动互联网让声音插上了腾飞的翅膀。

当广播借助移动互联网而有了"可移动"的特性之后，作为一种内容信息承载与传播方式，与视频、文字的内容信息载体相比较，基于音频的广播最大的特点就是释放了用户的双眼和双手。用户可以在伴随性时间和碎片化时间利用移动广播接收内容信息和参与互动，比如锻炼身体、徒步旅行、路上开车、床上休息等特定情境，广播都是最佳的内容互动方式。可以说，移动互联网实现了广播媒体的全时空化服务，移动起来的广播可以无处不在。更让人期待的是，移动广播还可以记录用户的收听轨迹，分析用户的收听偏好，根据用户的特征推送针对性的音频内容，实现个性化的音频服务。

移动广播的未来可以用这样一串数据来注解：2014 年我国汽车保有量 1.54 亿辆，这个数据到 2020 年将超过 2 亿辆，目前车主每年平均收听 600 小时音频节目，大约每天 1.6 小时；截至 2014 年底，我国移动互联网用户量超过 5 亿，估计 2018 年将达到 7 亿；调研机构 Canalys 数据显示 2013 年下半年，全球有 160 万台健康腕带和智能手表出售，预计 2014 年全年智能穿戴产品销量将有 1 700 万台，而到 2020 年将增加到 5 亿台年出货量。可以预见的是，各种移动终端出现的时空，也将是广播音频的天下。

"互联网+"与社会公益

随着企业社会责任意识的增强以及人们收入的不断提高，近年来社会公益受到越来越多的关注。不管是捐赠财物，还是捐赠时间，公益救助都涉及资源的投入。凡是有资源投入的地方，都需要依靠衡量投入产出效率的机制来提高资源的利用效率。

互联网与公益效率

对于营利性的企业而言，市场价格机制提供优化配置资源的机制。举个例子，对于同样的资源要素，出价高的企业优先获得，为什么能够出高价呢？是因为能够以更好的方式更有效地利用资源。所以价格机制提供了一种发现资源利用方式的信息发现机制，使得能够有效利用资源的企业优先获得资源要素；但是，获得资源要素的企业是否真正能够高效率利用资源，还必须经过市场的校正和检验，那些缺乏效率的企业最终会在竞争中被淘汰。所以，市场通过竞争产生的利润又提供了纠错机制，保证了在市场中存活的企业都是配置资源有效率的企业。

但对于公益组织，其资源配置效率信息是如何获取的呢？目前主流的模式是，捐赠者因为信任公益组织能够用好自己所捐赠的资源，把资源、时间等委托给公益组织集中实施救助，公益组织采集救助效果信息反馈给捐赠者。之所以要公益组织充当代理人，是因为公益组织具有规模优势和专业化优势。在这个委托代理关系中，公益组织作为代理人所提供的资源利用效率信息需要第三方提供审核证实，但第三方证实成本较高，所以现有主流的模式并不能有效提供公益资源的利用效率信息。既然不能有效提供利用效率信息，捐赠人的信任也就打折扣了。于是，有些捐赠人就采用 P2P 的救助方式，就是捐赠者和受助者一对一的帮扶，这种方式虽然能够保证救助资源的完整投放，但缺乏规模优势和专业化优势。比如腾讯公益截至 2015 年 3 月份历史善款总额 3.2 亿元，2 900 多万捐赠人次，平均每次捐赠约 11 元，如此零碎显然不具规模优势。同时，助人也是很专业的，多数公众并不具备实施救助的专业能力。

互联网能够解决公益资源投入效率的衡量问题吗？公益资源效率最大化主要体现在两个方面：第一个方面是，最应该和最需要的人优先获得帮助；第二个方面是，公益资源投入效果最大化。对于第一个方面，谁来判断哪些人是最应该和最需要获得帮助的，就像是市场机制一样，理应交给分散的个体，也就是说，每一个捐赠人来决定自己的捐赠应该帮助谁，分散的决策是最有效的；对于第二个方面，显然由公益组织实施救助是最专业的，也是最有效的。于是，新的模式帮助捐助者决定救助的对象，然后捐助者把资源交给公益组织，由公益组织提供专业化的服务。捐赠者因为指定了救助对象，就可以自己核实救助是否到位以及效果如何，再根据结果选择下一次应该找哪家公益组织。这就保证了公益资源的投入效率。

这当中需要解决的一个问题是，捐赠人能够接触到各种求助及帮扶对象的信息，而去中心化、无边界、跨时空的互联网可以提供各种解决方案。所以，"互联网 +"是公益资源配置效率的基础。

互联网与公益生产率

公益捐赠虽然是自愿的，公益救助虽然是免费的，但公益活动提供的是服务，但凡提供服务就涉及劳动生产率的问题，我们如何提高公益的劳动生产率？

公益的劳动生产率，说到底就是公益服务如何有效解决受助对象面临的问题。这就涉及两件事：一是，救助服务最佳解决方案的提炼，也就是最佳实践的总结问题，只有总结和提炼，才能为更多的人所掌握，才能帮助到更多的人；二是，最佳实践的工具化，这个工具化的过程可以使得人们不必掌握很多专业知识就可以实施有效的救助活动。

公益活动的最佳实践来自一个个受助者摆脱困境的鲜活案例。总体而言，受助者摆脱困境的诉求有三个递进的层次：摆脱物质困境，如解决饥饿、贫困的问题；摆脱能力困境，实现自食其力，也就是从授之以鱼到授之以渔；但有了技能还不够，受助者还得转变思维方式并获得生活的自信，即摆脱精神困境。也就是说，受助者的诉求是一个从资源到能力再到信心的过程。

受助者怎么样才能获得信心呢？最有效的方式就是从同类受助者摆脱困境的努力及其成功的故事中寻找自信，同类的示范效应是最有效的。也就是说，受助者除了需要直接的资源帮助外，更需要同类受助者之间的交流、鼓励以及成功摆脱困境的故事牵引。受助者之间可以相互帮助，相互鼓励，而不仅仅是单向接受帮助，就像中国的一句古话，"自助者天助"。同类受助者摆脱困境的最佳实践，才是其他受助者的"良药"。

由此，一个跨越时空的受助者之间信息交流、交互的平台，摆脱困境的受助者讲述故事的舞台，是提高公益生产率的基础，而这种跨时空的信息交互平台正是互联网的"绝活"。而对于相对复杂的最佳实践的沉淀、传播与工具化,新兴的互联网提供了一个可能的解决途径。

互联网与快乐公益

参加公益活动除了履行社会责任之外,可不可以成为一件快乐的事情?在公益项目募捐的过程中,我们往往关注如何让公众捐赠,但我们很少关注如何让捐赠者在捐赠的过程中更快乐。公益活动有没有可能是一个快乐的、酷酷的体验过程呢?2014 年 8 月份的"冰桶挑战"案例提供了一个有力的注脚,一个小小的游戏化改造,就在短短两天时间募集了 10 万美元的善款。有一串数据可以说明公益植入游戏化元素的重大意义。2013 年,中国网络游戏公司的销售收入 871.75 亿元,比同年全国慈善货币捐款总额 651 亿元高 220.75 亿元。完成一项公益活动任务和完成一项游戏场景中的任务没有本质上的区别,理论上游戏化元素完全可以植入到公益活动中。

试想,如果公益也像游戏一样有趣,愿意为游戏埋单的人是否也会愿意为公益埋单?让公益变得更有趣,需要的是让更多的智慧参与到公益活动的产品开发中,其本质就是让整个公益事业成为一个开放源代码的创造性事业。每一个公益活动都是一个创造性的过程,都既需要众力,也需要众智。当公益遇上"互联网+",我们有无限多的想象,公益的未来无极限。

"互联网＋"一切皆可能

在思考互联网能够与哪些行业结合、在哪些领域发挥作用时，我们发现互联网几乎可以"＋"一切。当"互联网＋"渗透到某个行业或某个领域时，实际上就使得这个行业或这个领域开始服从网络的游戏规则以及具有数字化的魅力。

正如凯文·凯利在《新经济，新规则》一书中所强调的，网络世界奉行的逻辑就是报酬递增——胜利连着胜利，丰富而非稀缺产生价值。网络效应的感染力在于，越多新的网络节点的加入，便越能增加原有节点及其网络的价值。此时，节点的价值已经不取决于节点本身，而取决于众多节点所构成的网络汇聚的能量及创造的丰富机会。伴随越来越多的行业"互联网＋"，参与网络系统的节点数量呈线性增加，网络的价值及创造的机会呈指数级增加，这意味着一切皆有可能。

数字化的魅力在于，"0"和"1"是计算机能够识别的语言，当一个行业各类信息能够进行数字化编码时，就意味着计算机的运算能力能够为其所用。数字化的魅力还在于，数字信息具有非竞争性，而且复制成本几乎为零，这种"取之不尽，用之不竭"的资源能够不断被我们所免费使用，推动着机会和财富的增进。

伴随着"互联网＋"的不断渗透，当越来越多的行业、数不胜数的智能设备和数十亿互联互通的智慧大脑连接在一起，在摩尔定律和数字化的共同推动下，无休止地探索着各种组合和各种可能的重组式创新机会，我们眼前的世界将彻底被颠覆。

也许，我们思考"互联网＋"的各种可能性本身就是一个错误，因为真正新奇事物的涌现本身就具有不可预测性，也正是这种不可预测性才能够给人类以意外的惊喜。也许，我们要做的仅是给互联网的发展提供肥沃的土地和自由的空气，允许它生根、发芽、生长和盛开，因为无人知道我们将从中收获怎样的惊喜。

钟惠波

北京理工大学经济系主任

经济学博士

工商管理博士后

第十八章　站在"互联网+"的风口

> 海尔的字典里面没有"成功"这两个字，所有企业的成功只不过是踏上了时代的节拍，踏准了就成功了，所以有句话叫"台风来了猪都会飞"。因此有的人成功了，却不知道为什么成功，成功的原因是什么。我们是人不是神，不可能永远踏准时代的节拍。怎么样才能真正赶上这个时代的节拍？只有去适应时代，时代不可能适应你。但是时代变化这么快，你能做到吗？
>
> ——张瑞敏，《我眼中互联网的"三个颠覆"》，2014 年

风口时代的"猪"

李克强总理在 2015 年的政府工作报告中把"互联网+"作为国家发展战略提出，旨在推动移动互联网、云计算、大数据等与现代制造业结合。"互联网+"将带来无限空间和想象力，"互联网+"将促使产业互联网蓬勃发展，企业级的移动互联网应用将呈现爆发趋势。

"站在风口上猪也会飞"这是著名的小米董事长雷军的观点，曾在国内互联网圈广为流传，大家都以此作为进入一个市场或选择一个业务的判断准则。之前，张瑞敏有类似的表述，说台风来了，猪都会

飞起来。雷军的风口论是典型的顺势而为思维,雷军说,把握战略点,把握时机,要远远超过战术。

下一个风口会是"互联网+"吗?我们又怎么能感觉到"互联网+"的风从哪里吹来?我们能不能抓住那阵风御风而行?让我们看看不同的IT与互联网大佬们是怎么看"风口论"的。

联想集团董事长兼首席执行官杨元庆认为未来互联网应该进行到一个新的阶段——大互联网——"人人互联网,物物互联网,业业互联网"。同时"联想不是往风口上去钻,我们现在是要好好练好自己的翅膀,等到风来了,我们可以展翅高飞"。

百度首席执行官李彦宏却认为"风口论"充满了投机思维,如果大家都用这种思考方式,是比较危险的——"并不是说看到了机会就会成功。应该是我喜欢什么,我需要怎么去做","如果心态是哪有风口到哪待着,在风口等着的人太多了,一会儿就把你挤出去了"。

阿里巴巴集团董事局主席马云认为猪碰上风也会飞,但是风过去摔死的还是猪,因为你还是猪。每个人要思考怎么把控这个风,怎么提升自己。所以不应该去寻找风口,而是把自己变成一点点风就能够飞起来的,以至于能够翱翔的"猪"。

腾讯公司董事会主席兼首席执行官马化腾则认为未来各行各业都将以人为中心,互联网产业发展的"下一个风口"是和传统行业的融合;而腾讯将专注于做互联网的连接器——连接"人和人"、"人和服务与设备"。腾讯要在风口上做个"二道贩子",不再去抢夺风口,未来将把公司"半条命"完全交给合作伙伴。"这么多家都看到风口,全部往那里挤,还在排队上。我不是想在风口上起飞,而是给这个风口搭一个梯子，或者卖降落伞，防止大家上去下不来；或者卖望远镜。对我来说，我们的心态是回归自身最核心的平台。"

不管大家是否认同风口论，但有一点是明确的，"互联网+"——互联网与传统行业的结合——已经成为业界的共识。那么，"互联网+"的风到底有多强劲？这股风将把我们吹到哪里？又能吹多远？让我们回顾一下历史上可以被称为产业革命的几次风口，这样的回顾有助于我们深刻认识"互联网+"的这股飓风。

第一次工业革命

以蒸汽机作为动力被广泛使用为标志的第一次工业革命，开创了以机器对手工劳动的替代，解放了体力劳动，推动人类社会迈入"机器时代"，可以说是近现代历史上第一次真正的大风口。伴随瓦特对蒸汽机的发明和改进，纺织工业、采矿工业、冶金工业和运输业把握住了机遇，在这次革命中迅速壮大起来，成为这次大风口上高飞的猪。

起于英国的工业革命是技术进步在生产领域渗透和扩散的过程，其影响涉及人类社会生活的各个方面，使人类社会取得了巨大的进步。1764年，织工哈格里夫斯发明了"珍妮纺纱机"，并在棉纺织业进行应用，在提高棉纺织业劳动生产率的情况下引发进行技术革新的连锁反应，揭开了工业革命的序幕。从此，在棉纺织业中出现了螺机、水力织布机等先进机器。

这一时期，在采煤、冶金等许多工业部门，也都陆续有了机器生产。随着机器生产越来越多，原有的动力如畜力、水力和风力等已经无法满足大机器生产的需要，蒸汽机的改良应运而生。格拉斯哥大学的技师詹姆斯·瓦特把握了机会，在1763年推出了改进纽科门的蒸汽机,并同制造商马修·博尔顿结成事业上的伙伴关系,为相当昂贵的实验和初始的模型筹措资金。这对现代意义上创业伙伴的事业被证明是极其成功的,到 1800 年即瓦特的基本专利权期满终止时,已有 500 台左右的博尔顿 - 瓦特蒸汽机在使用中。其中38%的蒸汽机用于抽水,剩下的用于为纺织厂、炼铁炉、面粉厂和其他工业提供旋转式动力。纺织工业、采矿工业和冶金工业随之发展起来,而这些行业的发展又引起对运输工具的需要,铁路随之发展起来。工业革命就是这样一环套一环,不断渗透和衍生出各种新的应用,改变着人类的生产和生活,留下了一个又一个御风而行的迷人故事。工业革命前后有很多种不同的发明,除了较为著名且最具代表性的蒸汽机外,还有很多发明对后世产生着深远影响。

第二次工业革命

第二次工业革命,也称第二次科技革命,发生在 19 世纪中期,其中西欧(包括英国、德国、法国、低地国家和丹麦)和美国以及1870 年后的日本,工业得到飞速发展。第二次工业革命紧跟着 18 世纪末的第一次工业革命,并且从英国向西欧和北美蔓延。

表 18-1　工业革命前后的一些重要发明

年份	发明者	发明
1733 年	约翰·凯	飞梭
1765 年	詹姆斯·哈格里夫斯	珍妮纺纱机
1778 年	约翰·哈林顿	抽水马桶

（续表）

年份	发明者	发明
1781 年	詹姆斯·瓦特	改良蒸汽机
1796 年	阿罗斯·塞尼菲尔德	平版印刷术
1797 年	亨利·莫兹莱	螺丝切削机床
1807 年	罗伯特·富尔顿	蒸汽轮船
1812 年	理查德·特里维西克	科尔尼锅炉
1814 年	乔治·斯蒂芬森	蒸汽机车
1815 年	汉弗莱·戴维	矿工灯
1829 年	理查德·特里维西克	蒸汽火车
1837 年	摩斯	电报机
1844 年	威廉·费阿柏恩	兰开斯特锅炉
1876 年	亚历山大·格拉汉姆·贝尔	电话
1885 年	卡尔·本茨	汽车

第二次工业革命中科学技术的突出发展主要表现在三个方面，即电力的广泛应用、内燃机和新交通工具的创制、新通信手段的发明。在这次工业革命中，电气、化学、石油等行业蓬勃兴起，人类进入了"电气时代"。

由于 19 世纪 70 年代以后发电机、电动机相继发明，远距离输电技术出现，电气工业迅速发展起来，电力在生产和生活中得到广泛的应用。内燃机的出现及 90 年代以后的广泛应用，为汽车和飞机工业的发展提供了可能，也推动了石油工业的发展。化学工业是这一时期新出现的工业部门，从 80 年代起，人们开始从煤炭中提炼氨、苯、人造燃料等化学产品，塑料、绝缘物质、人造纤维、无烟火药也相继发明并投入了生产和使用。

以电力行业为例，在电力的使用中，发电机和电动机是相互关联的两个重要组成部分。发电机是将机械能转化为电能；电动机则相反，是将电能转化为机械能。发电机原理的基础是1819年丹麦人奥斯特发现的电流的磁效应以及英国科学家法拉第发现的电磁感应现象。1866年，德国人西门子制成了自激式的直流发电机。但这种发电机还不够完善，经过许多人的努力，发电机逐步得到改进，到70年代，终于可以投入实际运行。1882年，法国学者德普勒发现了远距离送电的方法；同年，美国发明家爱迪生在纽约建立了美国第一个火力发电站，把输电线连接成网络。科学技术与工业实践不断结合，相互促进，最终推动了电力行业的发展。

让人艳羡不已的是，我们耳熟能详的大批富豪都出生在1831年到1840年之间，因为赶上这次"风口"而风光无限。如约翰·D·洛克菲勒（1839年）、J·P·摩根（1837年）、安德鲁·卡内基（1835年）、马歇尔·菲尔德（1834年）等。

第三次工业革命

第三次工业革命是人类文明史上继蒸汽技术革命和电力技术革命之后科技领域里的又一次重大飞跃。第三次工业革命以原子能、电子计算机、空间技术和生物工程的发明和应用为主要标志，涉及信息技术、新能源技术、新材料技术、生物技术、空间技术和海洋技术等诸多领域的一场信息控制技术革命。其中，电子计算机的广泛使用是第三次科技革命的核心，而计算机网络技术的发展使计算机产业成为最有前途的发展方向，推动人类进入了信息化时代。那些握住时代脉搏的勇者，再次成为人们关注的焦点。

一个广为人知的故事是，比尔·盖茨从哈佛退学，于 1975 年与保罗·艾伦在自家车库创业，此即微软公司的前身。而我们广泛使用的微软 Windows 操作系统和微软 Office 系列软件，就是微软的杰作。另一个广为人知的故事是史蒂夫·乔布斯。1976 年，史蒂夫·乔布斯和史蒂夫·沃兹尼亚克创立苹果公司，与微软公司的成立仅相差一年。目前苹果公司是全球市值最高的企业之一。事实上，第三次工业革命成就了一批执信息技术牛耳者，他们不少人都出生在 1953 年到 1956 年之间。如比尔·盖茨（1955 年）、保罗·艾伦（1953 年）、史蒂夫·鲍尔默（1956 年）、史蒂夫·乔布斯（1955 年）、埃里克·施密特（1955 年）、比尔·乔伊（1954 年）等。他们无疑是幸运的，因为身处 1975 年风口的时代，他们不是太老或太年轻以至于错过大好时机，而是处于刚好能赶上这次革命的合适的年龄，把握住了时代给予他们的机会。

数字化时代

数字化时代，是运用计算机将我们生产、生活和工作中的信息转化为 0 和 1 的过程，这个转化的意义在于数字化能够为机器所识别，从而使机器的运算能力能够为人类所利用。如果说第一次工业革命是解放人类体力的巨大进步，使人类能够超越自身体力的限制，则数字化时代是机器替代人脑的伟大进步，使人类超越了自身脑力的限制。

数字化时代各种传统行业将彻底被颠覆，其按照难易属性，先易后难逐步改造传统行业，赋予各行各业数字化的特征，进而把机器的计算能力导入传统行业，大幅提高传统行业的劳动生产率，并基于数据挖掘为传统行业提供各种创新的机会。

媒体是最容易数字化的行业，也是数字化时代走在前列的行业。在数字化时代初期，新媒体如雨后春笋崭露头角。新媒体主要指的是利用数字技术、网络技术、移动技术，通过互联网、无线通信网、卫星等渠道以及电脑、手机、数字电视机等终端，向用户提供信息和娱乐服务的传播形态和媒体形态。它是新的技术支撑体系下出现的媒体形态，如数字杂志、数字报纸、数字广播、手机短信、移动电视、网络、桌面视窗、数字电视、数字电影、触摸媒体等。相对于报刊、户外、广播、电视四大传统意义上的媒体，新媒体被形象地称为"第五媒体"。如今，各式各样的App已经占领了人们的移动端，微信、微博、视频网站已经成为人们生活不可或缺的元素，腾讯、新浪等公司把握住了机遇，迅速占领市场，获取了大量用户。

有意思的是，改变我们当下生活的一大批IT行业的"牛人"大多出生在1968年到1975年之间，如百度李彦宏（1968年）、腾讯马化腾（1971年）、网易丁磊（1971年）、小米雷军（1969年）、盛大陈天桥（1973年）、京东刘强东（1974年）等。他们把握住了风口机会，为我们谱写了因创新而变的励志故事。

智能化时代——工业4.0

世界变化之迅速，总令人始料不及。也许你才刚刚翻开《第三次工业革命》这本书，当你正为其中描绘的自动化工厂而惊叹不已时，你可能没有注意到，在遥远的大洋彼岸，整个工业界正发生着翻天覆地的变化。无数优秀的公司正用实际行动告诉你，第三次工业革命早已结束，另一个崭新的时代已经到来！

德国"工业 4.0 工作组"2013 年 4 月发布的最终报告《保障德国制造业的未来：关于实施工业 4.0 战略的建议》中认为，在制造业领域，技术的突破和发展将工业革命分为四个阶段。前三次工业革命分别是机械化、电力和信息技术的结果，而目前物联网和制造业服务化宣告着第四次工业革命——工业 4.0 的到来。

所谓工业 4.0，简单来讲就是利用网络和云科技，将更为庞大的机器群连接起来，让机器之间自相控制、自行优化、智能生产，从而大大减少从事重复劳动和经验工作的人力数量，使生产质量和效率提升到一个新阶段。其中物联网、服务网、数据网将取代传统封闭性的制造系统，是工业 4.0 和智慧工厂的基础。

在工业 4.0 时代，虚拟世界将与现实世界相融合，通过计算、自主控制和物联网，人、机器和信息能够互相连接，融为一体。从消费意义上来讲，工业 4.0 就是将一个生产原料、智能工厂、物流配送和消费者编织在一起的大网。消费者通过手机下订单，网络开通自动化和个性化要求发送给智能工厂进行生产，由其采购原料、设计并生产，再通过网络配送交给消费者使用的全过程。智能工厂的定制通过 App 完成。到那时，我们的消费方式和消费内容将彻底被颠覆。

"互联网＋"的风口

科技是第一生产力

科技是第一生产力的论断预示着知识经济时代的全面来临。过去，生产力的提高和经济的增长主要依靠劳动、资本和资源的投入，随着社会的发展，如今科学技术、智力资源日益成为生产力发展和经济增长的决定要素。人类实现了从"动手"创造价值到"动脑"创造价值的升华，知识创新迅速推动科技的发展，科技的飞速发展改变了生产力中的劳动者、劳动工具、劳动对象和管理水平。

第二次世界大战以来，科学技术发展速度之快、规模之大，发生作用范围之广、影响之深远，是历史上前所未有的。近30年来，人类所取得的科技成果，即科学新发现和技术新发明的数量，比过去两千年的总和还要多。产品的科技含量每隔10年增长10倍。在19世纪，从科学发现到技术发明的间隔期一般在65年到30年之间，到20世纪这种时间间隔大大缩短，其中集成电路只用了2年，激光器仅用了1年。

科技的本质在发现、发明与创造，规律的发现、机器的发明和管理的创新大大提高了生产率，人类的发展进入一个前所未有的快车道。高新技术正以越来越快的速度向生产力诸要素全面渗透，并同它们融合。这就是"互联网+"最核心的本质——互联网技术全面渗透到传统产业中，并彻底改变传统产业的运营模式和发展速度。这也是科学技术是第一生产力的有力诠释。

数据即资源

在过去，一个人的行为模式、认知习惯甚至个人偏好，往往只有其本人和生活中相当亲密的人才能了解。而在今天，互联网将用数据记录一切关于"你"的信息，在未来，缺乏数据的公司甚至没法创造出一个可用的服务来。数据成为每一家互联网公司垂涎的宝贵资源。

数据并不是新生事物，但只有到了今天我们才把数据视为金矿。原因在于今天的数据体量巨大、数据类型繁多、价值密度低，即所谓的大数据。此时，对数据进行挖掘将能够产生大量有价值的信息；此时，数据就是企业核心竞争力的源泉。电影《天下无贼》中黎叔有一句经典的台词："21世纪什么最贵？人才。"这句台词一度被管理者奉为圭臬，其所揭示的是人才是企业的核心竞争力。人才对于企业的重要意义在于人才提供了企业发展所需的远见、能动性和执行力，其中"远见"是企业成长的根基。而在大数据时代，企业核心竞争力的源泉发生了变化，数据正在成为企业最重要的核心资产，从企业的人脉关系、经验传承、客户资源到客户行为、竞争者行为、供应链关系等各种信息，都可以通过各种终端自动（或人工）录入形成数据形式存储下来，并经过模型分析导出各种有价值的结论，为企业的决策提供依据。

毫无疑问，如果企业能够提前预知用户需求，我们的服务将更便捷；如果政府能够及时感知经济风险，我们的调控将更有效；如果医院能够更早发现疾病，我们的身体将更健康。总之，随着数据的不断积累，人类发现规律的能力将不断提升，预测未来也将日渐容易，而这都将来源于数据，此时数据即资源。

体验式消费

体验式消费日益受到关注，根本的原因有二。其一，基于功能性的物质消费基本已经得到了满足。伴随科技进步，劳动生产率得到了大幅的提高，人类社会的供给能力大幅提高，功能性的物质消费已经得到满足。人们消费已经不仅仅是购买"产品"本身，消费

"过程的体验"也成了一种产品，刺激着人们的感官，从消费者购买行为发生之前就开始，一直延续在产品使用的全过程。而这个体验过程感受的回忆、分享带来的满足感，可能远比"产品"消费本身的满足感更强。其二，满足好奇心的精神需求是人类天性。当物质需求基本得到满足之后，对各种未知未历事物的体验就成为主要的消费诉求。锦上添花的是，互联网和信息技术的迅猛发展使得每一个人的个性化体验都能够以各种数字化的方式——文字、声音、图像、视频等分享在网络中，并为其他人所获取，同类爱好的人很便捷地就可以分享共同的体验，并把本来很小众的消费聚合成具有规模经济的事业。

既然购物已经是第二位的，消费者的心理体验才是第一位的，企业和商家就应该从生活情境出发，塑造人们的感官体验及心理认同。一组数据能够说明人们消费习惯已经发生的巨大改变，据调查统计，消费者在大型超市平均逗留的时间是45分钟，而在体验购物中心逗留的时间在2.5到3小时之间。这说明人们把更多的时间花在了购物之外，在注意力稀缺的年代，这购物之外的时间就是创新创业的大机会。

同样重要的是，物以类聚，人以群分。在注重体验的年代，我们如何为每个人的体验提供展示的平台，如何为各种体验的分享、聚合与消费提供便捷的途径。从吃、住、行、游、购、娱、教等方方面面，围绕着体验展开，一片广阔无边的蓝海等待着我们去冲浪。

场景式时代

进入场景式时代的基础是场景式应用的普及，其前提是各种移动智能终端如手机、可穿戴设备等的定位功能以及大数据分析，能够随时随地了解用户所处的场景，进而提供针对性的互动与服务。如果说双 11 是属于阿里的场景，那么微信红包就是属于腾讯的场景，这意味着中国的互联网竞争已进入场景式时代。

任何消费都是在特定的场景下发生的，由于用户在不同场景下的行为模式、需求特征差别较大，理解不同场景下的需求触发机制与满足方式，是"互联网＋"时代商业制胜的关键。由于不同场景下商业行为的差异以及特定场景的细分与组合有无数种可能，基于互联网的场景式应用同样有无限大的市场空间等待着我们去探索。

"互联网＋"的未来

未来匪夷所思

什么时候我们足不出户就可以游遍世界？什么时候我们可以触手可及身处地球遥远那端的人？什么时候我们能够和机器人合体？什么时候我们可以坐上电梯到达月球？假想一下我们来到了未来，我们会看到什么？哪些东西是我们在过去就已经预测到的？哪些景象根本就是我们无法想象的？

也许只有站在遥远的未来看我们今天的世界，我们才有可能真正理解"互联网＋"是如何改变世界的。人类借助理性发现了许许多多隐藏在这个世界背后的秘密，这些发现让我们的世界日新月异。但理性也在束缚着我们产生更大的创造力，就像重力让我们可以稳稳地站在地球上，却也剥夺了我们自由飞翔的权利。我们本来可以做得更不一样，但因为这样的不一样不合大众理性的逻辑，常常就被别人当成异想天开而饱受质疑与嘲讽。

科幻小说把我们带到一个似乎和现在完全没有关联的世界，它不仅仅增加了我们对未来的憧憬，更让我们深入思考今天从这里我们怎么走向未来，为了到达未来我们今天应该主动放弃什么？

如果我们仅仅认为"互联网＋"就是利用互联网连接传统企业，就是让传统企业插上互联网的翅膀，那么我们忽略了"互联网＋"在连接企业的时候，也把传统企业中最具创造力的人连接在了一起；当那些被束缚在传统体制中的知识发生碰撞后，必将产生火星撞地球般的威力，这个世界终将匪夷所思。

"互联网＋"的终极——脑机互联

在结束本书的最后一节里，有少数人一定还会再多问一个问题，"互联网＋"的终极连接是什么？今天我们所有的讨论都是如何利用"互联网＋"创造商机，如何利用技术来改变我们的世界，最后我们还没有回答一个问题：怎么让科技改变人？

科学家们的努力已经让我们知道了我们大脑是怎么样工作的，我们模拟大脑学习模式设计出了越来越强大的超级计算机，比如战胜世界国际象棋冠军的深蓝，组合出世界最美味道的创新大厨沃森。与此同步，科学家们也在努力探索把大脑和电脑连接在一起。翻开米格尔·尼科莱利斯所著的《脑机穿越：脑机接口改变人类未来》一书，你会发现这样的研究与探索最终将让人类超越脆弱的灵长类躯体以及自我的束缚，从而迎来一个全新的"人机一体"的时代。

早在 2003 年，尼科莱利斯实验室就已经成功地在猕猴大脑皮质区植入电极，通过电子数据的直接传送，使得猕猴能够自主地控制机器人的手臂，实现了大脑意识和电脑信号的联结，也就是我们所说的"脑机接口"。

大家一定不会忘记2014年巴西世界杯那个激动人心的一幕，28岁截瘫青年朱利亚诺·平托开出的第一脚球时所穿的"机械战甲"，它也是尼科莱利斯"重新行走项目"的研究成果。

我相信，未来的人们将会实现的行为、将会体验到的感觉是我们今天根本无法想象、无法表达的。脑机接口不仅仅会改变我们使用工具的方法，还会改变我们彼此交流以及与遥远的环境或世界进行联系的方式。对于脑机连接为人类带来怎样的未来生活，这些描述都还仅仅是万中之一。

"互联网＋"带给我们奇迹很快将不再是科幻小说中的内容，也不是我们的异想天开。此时此刻，这样神奇的世界正在慢慢地向我们走来，从遥远未来吹来的风中带着神奇的乐章在我们的耳边奏响。跟随人类创新的旋律，你所要做的就是翩翩起舞歌唱未来。

唐兆希

网龙首席知识官兼高级副总裁

亚洲MAKE（最受尊敬的知识型组织）大奖获得者

《渔说》一书作者，"互联网＋百人会"联合发起人

创造属于你自己的"互联网＋"时代

苹果在 1997 年前后拍摄了"Think Different"（非同凡"想"）系列广告，其中一个版本是乔布斯亲自掌勺配音的：

向那些疯狂的家伙们致敬

他们特立独行

他们桀骜不驯

他们惹是生非

他们格格不入

他们用与众不同的眼光看待事物

他们不喜欢墨守成规

他们也不愿安于现状

你可以赞美他们，引用他们，反对他们

质疑他们，颂扬或是诋毁他们

但唯独不能漠视他们

因为他们改变了事物

我们为这些家伙制造良机

或许他们是别人眼里的疯子

但他们却是我们眼中的天才

因为只有那些疯狂到以为自己能够改变世界的人

才能真正地改变世界

1995 年，尼葛洛庞蒂教授在其力作《数字化生存》中，向我们描绘了数字时代的宏伟蓝图，并阐明了从物理世界向数字世界发展的宏大趋势。今天，书中描述的数字技术和网络技术给人们生活和工作带来的种种新面貌多数已经实现。但是，这并不意味着结束，而是一个新的开始、新的起点，开始了以物理世界和数字世界深度融合为特征的新工业革命和全连接智慧世界的新旅程上，人类会选择怎样的方向进化？技术将遵循怎样的规则演变？商业在基于怎样的秩序重构？这样的探索之旅充满新奇，唯有洞察和拥抱新变化，才能适应时代，才能引领时代。①

华为展望"互联网＋"驱动数字世界和物理世界的融合、引领下一波信息化浪潮时，指出五个新的发展趋势。

互联网不仅仅是基础设施，更是全新的思维模式。其核心是以"全连接和零距离"来重构我们的思维模式，人和人之间、企业和客户之间、商业伙伴之间，都是全连接和零距离的。

从价值传递环节向价值创造环节渗透，互联网将深度改造传统产业。互联网已经全面渗透并改造了价值传递环节，当前，开始向产品

---

① 华为，2014 年报——行业趋势篇。

研发和制造等价值创造环节进行渗透。如特斯拉用信息技术和互联网重新定义汽车。

信息和数据经营成为核心竞争力，互联网将形成更高层次的信息垄断和不对称。信息社会，信息成为比基础设施更为重要的基础设施，信息和数据的经营已经成为并将继续成为更加强大的核心竞争力。

权利向用户转移，用户的全流程参与，汇集用户的智慧构建新的制高点。要让客户参与到商业链条的每一个环节，汇集用户的智慧，企业才能和用户共同赢得未来。

借助ICT技术实现创新，重新定义市场，ICT成为企业的核心竞争力。在信息时代，企业ICT系统向"产品数字化、数据资产化"的方向发展，正在成为企业业务发展的引擎和核心竞争力。[①]

"互联网+"最让人期待的可能还不是对传统行业的改变，对生产效率的提升，对经济增长的促进，而是对能动性最强的个体的激发、激活，以及他们自动自发对创新的追逐或对创业的热情。当"双创"逐步成为社会共识，年轻人洋溢青春的光彩，携手成为创新创业生力军和建设创新型国家主力军的时候，那才真正是我们实现中华复兴与"中国梦"的前夜。

"互联网+"指明了创新创业的方向，提供了创新的条件和创业的环境；互联网、开源技术平台降低了创业边际成本，促进了更多创业者的加入和集聚；而创客是"互联网+"的伙伴和推动者，创客的创新创业对于推进"互联网+"向各个传统行业、各个

---

① 华为，《用趋势赢未来，数字化重构新商业》，http://www.huawei.com/cn/special–release/hw–323283.htm。

垂直领域、各个价值环节的渗透提供了坚实的支撑。"通过网络信息平台，创业者的奇思妙想可以和使用者、用户进行直接的接触，缩短了和创业者、用户的距离，也加快了创新的步伐。"科技部部长万钢说。

李克强总理点赞创客不是偶然的。据报道，目前，中国民间的创客团体正如雨后春笋般崛起，并形成以北京创客空间、深圳柴火、上海新车间为三大中心的创客生态圈。业内人士认为，如今传统的工业化量产模式不能很好地满足多种多样的需求，而创客这种自下而上的科技创新者能够弥补和拓展大工业的模式，促进新科技和新需求更快地对接。但是，从创客到真正创业，完成这个过程还需要资金、技术、产业链以及品牌营销等方方面面的配合。①

那么，究竟什么是创客呢？创客是那伙不安分的人——

他们搞分享，他们玩创新；

创造是他们的信仰，"创活"是他们的生活方式；

他们有属于自己的沟通与互动方式，也更钟情于自己认可的管道与界面；

他们乐意称自己是"数字牛仔"或者是互联网"土著"，但又不愿意被标签化；

他们一面展示着对世界的责任和优雅，一面愤世嫉俗甚或恶毒诅咒意见相左者；

他们有些讨厌传统意义上的"组织"，但对类似于创客空间、创客公会又有很强的接纳力；

---

① 余建斌、邓圩：《"创客"缘何引总理点赞》，载于《人民日报》，2015年3月19日。

他们更敢于不断尝试用不一样的方法去找到解决原有问题的思路；或者他们推己及人，试着解决未被满足问题的方法；

他们追求独立，享受创新，乐于分享，喜欢标新立异；他们也可能对拥戴某些"部落"首领、技术精英、意见领袖有着异乎寻常的激情……

其实，创客与其说是一种称谓，不如说是一种信仰，一种精神，一种生活方式。创客就是你，或者在你的身上也能找到创客的影子。

当斯坦福大学的预言学家保罗·萨福（Paul Saffo）将美国经济发展历程概括为生产者经济、消费者经济、创造者经济时代（1998年以降）三个阶段之后，人们开始接受这个"创造者社会"，开始观察这个"自媒体"的世界，开始思考创造者经济的规则与创客时代的管理。

创客并非在创造者经济时代到来以后才产生的。创客具有自发性、自我主导性、乐于分享、希望肯定，他们可能并不受雇于任何组织，他们的特质正如TED（Technology，Entertainment，Design，即技术、娱乐、设计）大会受邀者要具备条件所描述的那样，"有好奇心、创造力，思维开放，有改造世界的热情"。其实，孔子、老子、释迦牟尼都是创客；古希腊三大哲学家苏格拉底、柏拉图、亚里士多德也称得上活跃的创客；每一名作家其实都是一个创客；大家耳熟能详的好莱坞其实就是创客协作工场：投资人花钱请人写剧本，定导演，选演员，制作场景，组织表演，并用摄影机将表演记录下来，压缩成胶片，再把经过取舍、剪辑、合成的影片放给观众看，观众甚至在制作前和观影中都可以参与、主导这种创造。

但是出现克里斯·安德森（Chris Anderson）在《创客：新工业革命》①一书中描绘的"创客运动"（网民和现实世界的交集）则是今天的事情。因为全球化、数字化、交互实时化、管理文化变革、知识产权制度让人人成为创客变得可能，想来这些大体是创客时代的驱动因素。安德森预测，"创客运动"是让数字世界真正颠覆现实世界的助推器，是一种具有划时代意义的新浪潮，全球将实现全民创造，掀起新一轮工业革命。

创造者经济时代的开放性、连接性、生态性的影响是深远的。理查德·斯托尔曼（Richard Stallman）的振臂一呼与开放合作践行，催生了自由软件基金会，并于 20 世纪 90 年代诞生了源代码公开的操作系统平台 Linux。正如纳斯达克上市公司红帽大中华区总经理陈实如此形容"开源"的魅力："抓起手来，什么都没有；张开手，你将得到一切。" Linux 的意义绝不仅限于鼓励开放附有源代码的软件这件事情本身，从 Wiki 到脸谱网、推特，从 App Store 到安卓，从众包到众筹，从微信到亚马逊 Kindle 电子书店，我们都不难发现它的影子。

创造者经济时代的一个重要特征是分散性、自主性、交互性。关系结构的变化，交互的要求与过去不可同日而语，交互的界面更是日新月异。同时，众包与创客都大量充斥着虚拟性、动态性、陌生合作。组织、团队、边界、协同、能力、资源、价值、优势等等都可能正在被重新界定与看待。此外，创客时代对开放、社区、关系也进行了重新定义，我们已进入了一个"人人自媒体，个个麦克

① 《创客：新工业革命》一书中文版已于 2012 年 12 月由中信出版社出版。——编者注

风"的透明时代。

美国麻省理工学院斯隆管理学院埃里克·冯·希佩尔（Eric von Hippel）教授指出我们忽略了一种重要的资源——消费者创新的热情和能力。在进行了大量案例研究的基础上，他提出了"创新的民主化"，认为消费者创新将成为一种不应被忽视的趋势。他倡导以用户为中心的创新，产品设计应由原来的以生产商为主导，转向以消费者为主导。

张瑞敏把海尔商业模式变革的目标确定为"三化"：企业平台化、员工创客化、用户个性化。公司创造一个非常好的平台，在这个平台上，每个人都可以是一个创业公司。

数字社会将迎来新一波发展浪潮，数字社会和物理社会走向更加深入的融合，"互联网+"成为传统行业创新的焦点，也是传统产业数字化重构的起点。

对于个人来讲也这样，可能我们会迈入这样一个时代——让我们自己的知识、资源、关系、人力资本能够更好地参与到游戏规则的设计、制定，价值创造和价值分配的过程中去，我把它称为"价值正义"。

"互联网+"核心就是连接一切，连接一切会给我们整个的国家带来新的发展格局，和更值得我们去预期的、和我们个人衔接更紧密的未来！

祝福每个人、每家机构都能创造属于你自己的"互联网+"时代！祝福我们的国家在新征途上融智融力，通过"互联网+"更好地连接世界，强化国家竞争优势，提高思想与文化的输出力，并给每一个个体更多面向未来的自由想象空间！

张晓峰

价值中国会联席会长

"互联网＋百人会"发起人

"价值中国智库丛书"主编

"互联网＋"是一种能力

互联网不是对传统产业的替代和颠覆，而是传统助力器

"互联网+"的概念最初是在 2012 年易观的一份报告中出现，当时我没有看到。

2013 年的时候，我们在上海举行了"众安保险"成立的活动，当时有一场访谈，那是第一次我们认识到互联网是一个跨界的概念，我们就分享了一些思路。我其实在跟我们这个行业和传统行业的朋友们沟通的时候，他们认为互联网是虚拟经济。虽然后来互联网的发展越来越迅猛，但是大家把它定义为一个颠覆、冲突和替代事物。

我自己的想法略有不同，所以在当时那个场合，我告诉他们，我认为我们干的这一行（互联网）就是一个工具，这个工具应该所有行业都可以用。我打了一个比方，说互联网类似于两次工业革命，像蒸汽机和电力一样，我们把它定义为第三次工业革命的一部分。从很多传统行业朋友们的眼神当中可以看得出来，他们也理解了这个概念。

互联网与传统行业融合是新的"信息能源"

再进一步拓展，其实互联网和传统行业一直在不断地融合，它是不是和前面蒸汽机和电力一样也是一种能源形态呢？今天我们把它定义为一种信息能源。

这样的话，所有的行业都应该很清楚，完全可以把"互联网＋"这个新的行业融入自己的行业当中，如果你不这么做，你在你所处的产业和行业就会落伍，继而被淘汰。

之前我经常举的几个例子就是，大概在两年半前，微信有一场风波，就是和运营商之间的风波。外界说微信取代了短信，占据了运营商的通道，对于运营商是一个替代和颠覆。这对当时的我们产生了很大的压力。以至于我在北京过安检的时候被人认出来，还问"你们的微信要收费吗？"我当时感到压力很大，这是新的移动互联网通信对传统通信第一次的巨大冲击。

在一年半前，互联网金融又一次引发了大家的讨论和关注，当时我们和阿里在共同推进互联网金融的过程当中引发了监管部门的关注，像网络信用卡被叫停。所以大家可以看到，互联网发展到一定程度，和传统行业，比如和金融业的整合遇到了很多的问题，但是这些问题是健康的，需要大家探讨和理解。

最近这一年滴滴和快的的竞争，在互联网交通这个领域又引发了全社会的讨论，在"两会"期间也是一个热点话题，大家很支持互联网交通，这是好事情。但是引发的问题是政府监管没有相应的政策能够把这种新业态和传统行业的出租车、传统的黑车划分出来。

我举的这几个例子都是当前最热点的"互联网＋"和传统行业结

合的例子，很多朋友一听就会明白。

我们还看到更多的领域都可以跟互联网整合。

这是因为最近这三年移动互联网高速发展，中国有 6.5 亿网民，是全世界网民最多的国家。其中有 5.6 亿通过手机上网，中国的手机用户是全球第一。

只有这样存在一个大的基础，才有可能形成 5.6 亿的人 24 小时不间断地和周边的传统行业保持实时连接，奠定了这个基础，才有很多的商机。这是大势所趋的，而且率先出现在中国，我觉得这是我们一个难得的机遇，是一个大浪潮。

腾讯只做两件事：连接器和内容产业

其实在这个大浪潮来临之前，我们站在第一线，三年前我们内部有一个组织变革，我们做了有史以来最大的一个组织架构的调整，来适应移动互联网以及互联网跟传统行业的结合。我们把过去的很多业务重新梳理，改变了我们原来什么都做的业务战略，我们把搜索卖掉、把电子商务卖掉，很多 O2O 和小的业务我们统统砍掉。

同时我们大量投资腾讯生态周边的伙伴们，我们现在的定位很清晰，也很简单，就做两件事情。第一就做连接器，通过微信、QQ 通信平台，成为连接人和人、人和服务、人和设备的一个连接器。我们不会介入很多商业逻辑上面去，我们只做最好的连接器。第二我们做内容产业，内容产业也是一个开放的平台。

提供"去中心化"的智能解决方案

这样的定位有什么好处？就是我们认为未来的"互联网＋"模式是去中心化，而不像过去是一个集市。我们是去中心化的、场景化的、跟地理位置有关的，千人千面，每个人需求都能实现。这样的话，才能最大限度地连接各个传统行业能够在自身垂直领域做出成绩的合作伙伴进行整合，这样的力量才是最强大的。

腾讯"互联网＋"的解决方案大家可以看到，它是一种更加立足长远，更加去中心化的一种智能解决方案。

与各方共同推进"互联网＋"

我们现在正在积极推动跟各大城市做"互联网＋"的合作，刚才提到很多产业，还包括民生、政务方面，我们都希望积极地和各地政府合作进行"互联网＋"的融合。我们甚至还希望跟各个地方的经信委合作，把"互联网＋指数"这个概念提出来，把十几项还是二十几项纬度能够列出来，每一项跟省市区进行对比，看能达到多少分来客观评价出城市的产业在"互联网＋"当中进展的程度和结合的程度，我想这是一个很有意思的话题。

最后我想表达的就是，"互联网＋"这个领域非常大，而且国家现在又提出一个新的众创空间，大的创新创业的概念。

腾讯在4年前用了3年时间提出来开放平台，昨天我们在移动互联网大会上宣了腾讯开放战略转型，升级为众创空间。

虽然腾讯这三年的开放平台成绩很大，可以说用了3年的时间在我们的平台上再造了一个腾讯，合作平台产生了超过 2 千亿产值、分成数百亿。今天我们看到有了"互联网+"，有了很多 O2O 的结合，越来越多的创客、创业团队跟每个产业、每个行业深度整合的创业思路。上次在上海我们举办了一个 3 000 多人的活动，就诞生出来很多很有创意的公司。今天我们也想向在座所有的城市提出申请，希望你们提供更多的资源，和我们一起把"互联网+"这个创新创业平台建好。

　　总之，"互联网+"这个世界非常大，让我们一起出去看看，谢谢大家！

　　（本文系 2015 年 4 月 29 日马化腾在"势在·必行——2015'互联网+'中国峰会"上的讲话）

马化腾

腾讯主要创办人

董事会主席、执行董事兼首席执行官

2015 年注定是不同寻常的一年。创新驱动的发展方式转型到了较劲的非常时刻，咬牙挺过最艰难的时刻，后面或许就是一片艳阳天，就会拥抱另外一个难得的快速发展机遇期；而假设转型出现偏差，这个结构庞大、问题重重的经济体就会遭受经济、社会、民族、多边等多重矛盾的冲击而有可能陷入一个长达十几年的静默期。这是我们对全球第二大经济体这个角色还不太适应的敏感节点，却已经要面对发展失速的困惑。不想陷入中等收入陷阱，就必须主动提前调整；而调整的时机、力度、节奏都是未知的难题。党的十八大之后，这是最为关键的一年，它承上启下，直接决定了未来 5~10 年中国向何处去。

我从来不过分担心中国经济未来 10 年的发展势头，因为我们还有许许多多制约创新创造、提高效能的因素，个体与组织的活力、创造性还没有得到最大的释放。我们人力资本并未被充分激活，许多还只是处于半激活状态。智力资本的价值还被掩盖、没有放大。更谈不上有效运营。所以，解放人、发现新的价值要素这个改革的红利还会很丰厚。就像李克强总理所言，我们还有很多工具没有用上。加之互联网带来的信息经济、连接经济、创客经济、WE 众经济，我们尚未从中充分提取价值，所以何惧之有？虽然有这种想法，同时也难免忐忑。因为不仅仅是惯性使然，转型有时候就是一场革命，要革自己的命，革惯性的命，革固有结构、既定规则的命，革权贵势力与使绊子、阳奉阴违者的命。这需要多大的勇气，多坚定的前瞻，和甘苦自知的隐忍！十余年前，我结合实践做智力资本研究，感觉也许 10 年后会有它应用的市场，现在看当时还是偏乐观了些。

我们看到国家对创新驱动发展的坚定不移，看到对发挥每一个细胞、每一个因子、每一个个体创造性和企业家精神的殷切，看到对"互联网＋"所带来的信息世界、连接一切的未来的准确洞察，而且承接党的十八大各项安排，将大力摒弃政府在公共服务、社会治理等方面的失范。这一切不但让人心透亮，让人对未来的预期也前所未有的坚定！

2015 年 3 月初到现在发生的事情足够多，也足够简单。3 月 4 日马化腾先生组织媒体见面会公布四项建议案，大谈"互联网＋"，希望成为国家战略。3 月 5 日，李克强总理报告不但提到"互联网＋"，还谈到"大众创业、万众创新"、"创客"、"中国制造 2025"、"一路一带"等。对此，我难捺激情，3 月 7 日晚欣然命笔，撰写《互联网＋：即将流行的未来》一文，发布在刚刚申请的微信公众号"连接一切"（connect-everything）上，没做任何推广，居然不出三天阅读量过万！3 月 9 日接到知名出版人、中信出版社二分社卢俊社长约稿电话，达成意向；到 3 月 16 日腾讯腾云组织云中智库专家举办"你眼中的互联网＋"闭门沙龙，敲定要做这件事。我排除了其他所有的事务，专心亦专注，辛苦而兴奋，因为做自己喜爱的一件事，因为有云中智库专家的合作，因为有腾讯的支持，因为有中信出版社的前瞻和耐心。这本书，不敢有半点松懈和应付，甚至出现合作专家作品被"打回去"不止一次的情况。感谢大家的理解和包容，因为这是一件重要的事！有沙尘暴，就有尘埃落定的时候。相信用心去做的事情会获得积极的回应，相信"用心"是最有力量的"连接"！当然，我们随时期待着您的批评，您任何的意见、建议我们都珍视，您可以发送到邮箱：zhangxiaofeng@chinavalue.org。您可能有机会和本书作者们共处同一个微信群，接收相关研究、实践最新进展的资讯，或有机会出席相关线下活动。我们正在发起创立"'互联网+'百人会"，也期待您的关注。

读者诸友，掩卷遐思时，请让我们一起感谢"互联网+"最早提出者易观国际的于扬先生、最有力的推动者腾讯的马化腾先生，他们还拨冗专门为本书撰文，与我们一道分享他们对未来的洞察。

我还要感谢腾讯的任宇昕、张小龙、程武先生，让我们有机会在本书中领略他们的智慧。感谢程武、胡延平先生担纲本书的顾问，并提供有力支持。要特别致谢腾讯研究院社会研究中心的各位同人，杜军、周南谊、毛晓芳、樊杰、肖垚、崔立成、刘彧、周博云。感谢腾讯政府事务部的刘勇先生、曹珅珅女士，感谢腾讯微信事业群的跳跳（黎叶）、冯韶文，感谢腾讯移动互联网事业群的林涛、腾讯基金会的贺捷；尤其感谢腾讯互动娱乐平台戴斌先生提供了大量精彩的观点和资料。当然，我更要感谢我的伙伴杜军女士，她蕴藏的能量令人惊叹，她的勇气和坚定令人赞佩。

感谢"云中智库"各位专家的支持，特别是王俊秀先生对全书大纲提出了许多中肯的意见；感谢刘锋、韩松、付亮、马旗戟、朱克力、杨孝文、张建设诸君，你们的观点为我提供了很好的帮助，你们的鼓励是我把书做好的动力。

感谢与我一道完成书稿的唐彬、唐兆希、曹寅、林永青、钟惠波先生，和李未柠、陈圆圆女士，我们用"互联网+"的方式完成了一次跨界融合（特别值得荐读的是陈圆圆那章，她是腾讯连接乡村项目的设计者、执行人，五年来和她的团队大部分时间待在贵州黎平和侗乡，她的文章完全是真情实感，对社会责任的分析也来自于团队的实践真知）。

感谢知名出版人、中信出版社卢俊先生和本书编辑赵辉先生，让我体会到目标同向、协同努力的魅力。

感谢徐志斌先生大度地应允我对他尚未付梓的《社交红利2.0》一书中的重点章节进行重新编排，祝愿他离开腾讯后创立的新公司顺利成长、持续引爆。

感谢易宝支付的唐文先生和中国传媒大学互联网医疗中国会的朱慧颖、王晶，你们做了默默无闻的工作。感谢所有的我不能一一标注的资料的著作者和思想持有者。

最后，我必须感谢、感恩我的家人、亲人，感谢他们对我的无条件理解和悉心关照，我爱你们！

祝愿"互联网+"不骛浮华，走得踏实、坚定、有力！祝愿我们都有一个美好的"互联网+"时代！